航空宇航推进系统
燃烧过程的数值模拟

郑　耀　邹建锋　著

Numerical Simulations of Combustion Processes in
Aerospace Propulsion Systems

浙江大学出版社

序

　　航空宇航推进系统燃烧室的燃烧现象十分复杂,存在湍流、多相流、化学反应甚至激波(超声速燃烧时)的多尺度耦合作用。单独而言,湍流、多相流、化学反应和激波等诸现象已经称得上是流体力学研究领域中的难题,更何况诸现象之间还存在复杂的相互作用。鉴于湍流燃烧机理的探索和认识对研制未来先进航空发动机和高超声速飞行器推进系统具有举足轻重的作用,在目前和未来的很长一段时间内,湍流燃烧相关问题的研究都是流体力学领域的重要问题之一。

　　本书第一作者郑耀教授曾在英美两国学习工作 13 年,回国前后的研究集中于航空航天数值模拟与验证等领域,致力于数值仿真的理论、方法和软件技术的研究。他曾在英国威尔士大学斯旺西分校工程数值方法研究所(有限元数值方法的发源地,现已改名为英国斯旺西大学辛克维奇计算工程中心)学习工作了 8 年时间。1996 年,前往位于美国纽约的 CD-adapco(现为西门子公司的子公司)任高级软件科学家,开发工程应用软件。1998 年,作为高级研究科学家,在美国国家航空航天局(NASA)格伦研究中心涡轮机械与推进系统部工作,直接参与了航空宇航推进系统相关的大规模并行模拟仿真与分析设计等研究工作。

　　2002 年回到浙江大学后,他组建了具有很强交叉研究背景的科研队伍,开展高端数字样机系统(High End Digital Prototyping,HEDP)的研发工作。燃烧数值模拟是 HEDP 的重要支撑应用之一。邹建锋副教授 2005年起在郑耀教授指导下从事博士后研究,参与高超声速飞行器推进系统和航空发动机相关的燃烧数值模拟,在算法研究、计算实现与工程应用等方面取得了一系列原创性成果。

　　本书深入介绍了高精度燃烧过程数值模拟所涉及的湍流燃烧相互作用

建模、高阶离散、激波捕捉、介质界面跟踪和自适应求解等关键计算方法和技术，全面系统地展示了本书作者在航空宇航推进系统燃烧过程数值模拟方面的研究实践和应用成果。

为解决推进系统中湍流/激波/燃烧相互作用的高度耦合难题，开发了基于大涡模拟的并行燃烧软件包，显著提升了推进系统燃烧室数值模拟的精度和可靠性，为实际燃烧室内雾化破碎、流动燃烧过程的详细计算分析和燃烧室的优化设计提供了有效支撑工具。软件包在航空发动机和超燃冲压发动机相关的国家科技重大专项中得到了应用验证。

本书系统性强，内容新颖，可实践性突出；全书简明扼要、重点突出，对从事航空宇航推进系统燃烧过程数值模拟的基础研究与软件开发的人员很有裨益。希望本书的出版，能进一步推动我国数值仿真，特别是航空宇航推进系统燃烧过程数值模拟的研究和教学，并鼓舞更多的学者树立信心，积极参与自主知识产权燃烧模拟软件的研发工作，推动数值仿真技术在工程实践和国民生产中获得更全面、更深入的应用，认真实践国家关于科技创新要面向国家重大需求、走中国特色自主创新道路的倡议。

2018 年 5 月 26 日

前　言

　　航空宇航推进系统的研究与发展是航空宇航领域的核心技术之一,对于提升航空航天技术水平有着十分重要的战略意义。地面试验、飞行试验和数值模拟是进行航空宇航推进系统相关基础和关键技术研究的主要手段。鉴于地面试验和飞行试验的投入费用高、研制周期长和测量数据覆盖范围小等局限,数值模拟成了辅助试验研究的重要手段,并在揭示工作原理、设计结构形状和评估性能特性等方面有着试验研究不可比拟的巨大潜力。

　　本书将重点关注燃烧过程数值模拟技术的算法构成及其高端数字样机系统的构建方法,并举例说明数字样机系统在航空航天推进系统内部燃烧过程模拟分析方面的应用实践。本书章节安排如下。

　　第 1 章为绪论,从未来先进飞行器的发展前景和发展趋势切入,概述航空宇航推进系统的燃烧过程。

　　第 2 章给出了气态碳氢燃料燃烧的数学控制方程,对方程的输运特性和输运参数进行了详细描述,也介绍了化学反应过程及其输运方程。

　　湍流/燃烧相互作用问题的数学建模对于燃烧过程的计算准确度有着很大的影响。第 3～5 章帮助读者深入认识湍流燃烧过程的数学力学特征,了解通用的燃烧模态划分方法,并结合雷诺平均纳维－斯托克斯(RANS)和大涡模拟(LES)技术,根据不同的燃烧模态,有针对性地叙述了对应的湍流燃烧相互作用过程模拟技术,即燃烧模型。

　　发动机系统都具有复杂的 3 维几何形状,非结构网格是对复杂的发动机系统进行有效数值模拟的前提。第 6 章详细介绍了作者所在研究团队开发的针对燃烧/超声速燃烧问题的数值模拟和分析工具,主要对模拟工具的网格数据存储、离散格式和边界条件处理等进行了说明。

第 7 章和第 8 章通过典型算例说明高端数字样机系统在不同构型低排放航空发动机以及超燃冲压发动机燃烧室的数值研究中的应用,分别对涡轮发动机和超燃冲压发动机内部的燃烧过程进行了模拟分析,验证了数值模拟工具的适应性。

作为独立的章节,第 9 章对液态燃料的射流雾化过程进行了补充介绍,给出了对应的模拟方法。第 10 章对研究团队开发的高端数字样机系统进行了简要介绍,涉及关键支撑技术。

燃烧学和燃烧模拟方面的著作在国内外已经有很多。比如,周力行的《燃烧理论和化学流体力学》是关于燃烧学的比较早的学术专著,书中对化学反应流体力学的燃烧理论及计算方法做了系统阐述。岑可法等的《高等燃烧学》对燃烧学基础和计算方法做了系统介绍,主要关注煤的燃烧理论。赵坚行的《燃烧的数值模拟》对燃烧过程数值模拟的基本理论、数学模型及其在航空发动机燃烧室中的应用做了详细阐述。徐旭常和周力行合著的《燃烧技术手册》,涵盖了燃烧理论、燃烧模拟及污染防治等多方面的知识。刘联胜的《燃烧理论与技术》针对不同性质的燃料,讲述了相应的燃烧理论和燃烧技术。万俊华等人的《燃烧理论基础》关注各种基本燃烧现象的物理和化学本质。严传俊和范玮的《燃烧学》介绍了燃烧学基础,并对航空发动机、火箭发动机等实际工程应用中的燃烧过程做了简要介绍。刘君、周松柏和徐春光的《超声速流动中燃烧现象的数值模拟方法及应用》,相对系统地介绍了超声速流动中燃烧现象的数值模拟方法及应用,主要关注基于结构网格的非平衡、湍流、两相流的统一算法。

与上述著作相比,本书侧重航空宇航推进系统内部燃烧流动的数值模拟技术,主要涉及燃烧过程的数学描述方程、湍流燃烧模型、液态射流模拟技术及数值离散求解技术。本书对湍流燃烧的大涡模拟研究进展做了比较丰富的调研和算法介绍,对相关的专业研究人员有一定的借鉴作用。与传统的结构网格求解技术相比,建立在非结构网格基础上的高阶低耗散求解技术在处理发动机燃烧室等复杂几何问题时有相当的优越性。本书中对国内外航空宇航推进系统的综述研究,可以帮助读者了解涡轮发动机、超燃冲压发动机和组合循环发动机的研究简况。

本书力图避免对复杂数学原理问题的过多介绍,而是按照读者学习和认知思维的规律出发,根据数值模拟技术的自身特点,以数值模拟的具体实现为基本目标,紧紧围绕数值模拟过程的实际需要,重点关注燃烧模型的程序实现流程。全书叙述力求简明扼要、突出重点，并注重新理论和新方法的调研与推介。

本书的工作源自第一作者自 1998 年开始在美国国家航空航天局（NASA）格伦研究中心涡轮机械与推进系统部的研究实践，主要是 2002 年回国后科研团队近二十年来的研究成果。衷心感谢研究团队多位同事和研究生，特别是解利军、陈建军、张帅、邓见、邢菲、盛东、汤彬、鲁阳、张阳、勾文进、李霄月、谢家华、王宇奇和陈明慧等，他们的研究工作是本书的基础，这里凝聚了他们的心血、汗水和智慧。

希望本书的出版能为国内在航空宇航推进系统燃烧领域内的研究添砖加瓦，有助于促进数值模拟技术在该领域内的应用和推广。虽然作者尽力将书写得全面准确，但囿于水平，定不乏纰漏之处。诚望广大读者和同行专家批评指正，以便帮助我们改进与提高。

郑耀　邹建锋

浙江大学航空航天学院

浙江省涡轮机械与推进系统研究院（筹）

2018 年 8 月 26 日

内容简介

　　航空宇航推进系统是推动飞行器的核心部件之一,是现代工业发展的明珠。推进系统的发展状况在很大程度上决定了飞行器的性能和水平,飞行器的每次重大革命性发展无不与推进系统的突破和进步紧密相关。因此,航空宇航推进系统的研究与发展是航空宇航领域的重要课题。地面试验、飞行试验和数值模拟是航空宇航推进系统试验研究的三类主要手段,其中数值模拟在揭示工作原理、设计结构形状和评估性能特性等方面有着巨大的潜力,在试验研究中发挥着越来越重要的作用。

　　本书重点介绍作者的科研团队近二十年来在航空宇航推进系统燃烧过程数值模拟方面的研究成果和科研实践,涉及湍流燃烧数值模拟若干关键技术的实现和验证,具体包括气态碳氢燃料燃烧过程的数学描述、湍流燃烧相互作用的建模、基于非结构网格的高阶离散自适应求解技术等;同时,从涡轮发动机燃烧过程、超燃冲压发动机燃烧过程和燃料射流过程等三个方面介绍数值模拟技术的典型应用实践。

　　本书主要面向航空航天动力等行业的数字化设计、分析与仿真以及计算力学等领域,可供相关科研人员、工程技术人员以及高等院校和科研单位的研究生与高年级本科生参考。

目　录

第1章 绪 论

人类对空气动力学知识的掌握是现代航空飞行活动的基础,对轨道动力学知识的掌握则直接推动了人类的航天梦想。可以说,"空"与"天"的区分和界限,是受人类自身对自然科学的认知和掌握程度所限。一旦人类对科学技术的掌握程度发展到一定层次,现阶段存在的航空与航天之间的界限终将不复存在。

科技发展到今天,我们已经具有足够的认知和技术储备,可以将"空"与"天"有机地连接起来,而未来先进飞行器的概念正是为行使这一历史使命而诞生的。

未来先进飞行器的研制作为航空航天领域的前沿研究方向,直接关系到一个国家的国防安全,对未来的空天运输事业也起着关键的作用。其中,对航空宇航推进技术的掌握则是未来先进飞行器研制的重中之重,是世界各国争相投入和激烈竞争的领域。

美、俄、欧等国家和地区都在积极进行未来先进飞行器方面的关键技术研究,分别制订了适合各自国情的先进飞行器研制计划。几十年来,我国积极迎头赶上,并在某些领域取得了长足的进步。各国在未来先进飞行器技术方面取得的相关研究成果对于推动航空宇航推进系统的研制起到了关键性的作用。

1.1 涡轮发动机发展概况和技术分析

航空发动机作为飞机的心脏,在航空技术的发展过程中起着关键性作用。航空领域的每一次革命性进展,无不与航空发动机技术的突破和进步紧密相关。在过去一百年里,主要的航空发动机基本可以分为活塞式发动机和空气喷气式发动机两大类[1]。有压气机的空气喷气式发动机又称为燃气涡轮发动机。

　　燃气涡轮发动机,自 20 世纪 40 年代初期出现以来,一直是推动飞机发展的核心动力,是飞机的"心脏",是现代航空工业"皇冠"上的"明珠"。涡轮发动机在很大程度上决定了飞机的性能和水平,是衡量一个国家工业水平和综合国力的重要标志。

1.1.1　概　况

　　纵观航空涡轮发动机的发展历程,军用航空涡轮发动机技术的不断进步引领着先进涡轮发动机的技术革新方向。涡轮发动机性能的表征参数有推力、耗油率、涵道比和推重比等,其中推重比为发动机推力和重量的比值,被作为军用涡轮发动机技术划代的重量标准。根据目前各国普遍认可的涡轮发动机的划代规则,20 世纪 40 年代以来,军用航空涡轮发动机已经推出了四代并正跨向第五代。具体划代方法及各代的代表发动机见表 1.1。

表 1.1　军用航空涡轮发动机的发展概况[2]

序号	表征参数	代表发动机	研制时间
第一代	推重比:3~4 涡轮前温度:1200~1300K	涡喷发动机 如美国 J57、中国 WP5 等	20 世纪 40 年代
第二代	推重比:5~6 涡轮前温度:1400~1500K	加力涡喷发动机和涡扇发动机 如美国 J79、美国 TF30、中国 WP6/WP7/WP13/WP14 等	20 世纪 60 年代
第三代	推重比:7~8 涡轮前温度:1600~1800K	加力涡扇发动机 如美国 F100、美国 F110、中国 WS10 等	20 世纪 70 年代
第四代	推重比:9~10 涡轮前温度:1800~2000K	高推重比涡扇发动机 如美国 F119、美国 F135、欧洲 EJ200、中国 WS15 等	20 世纪 90 年代
第五代	以提升发动机推进效率与增强任务适应性为首要目标,目前仍在研制当中		

　　第四代高推重比涡扇发动机,是为满足先进战斗机的超声速巡航、隐身、高机动、远航程和短距起降、强生存等各个方面的性能需求而研制的。

　　第五代涡轮发动机的设计理念起源于 21 世纪初。与前四代发动机追求高推重比不同,第五代涡轮发动机将提升发动机推进效率与增强任务适应性列为首要目标,目前各航空航天大国在争相研制当中。

美国的普惠公司借助美国空军自适应发动机技术（AETD）项目[3]正在进行第五代发动机的测试,试图通过突破变循环发动机的关键技术,使发动机耗油率降低 30%。

变循环发动机,是指通过改变发动机的某些部件的几何形状、尺寸或者位置,以实现不同热力循环特征的涡轮发动机。利用变循环改变发动机循环参数,如增压比、涡轮前温度、空气流量和涵道比,可以使发动机在各种工作状态下都具有良好的性能。具体到涡喷或涡扇发动机,研究的重点是改变涵道比。例如,发动机在爬升、加速和超声速飞行时,使涵道比减小,接近涡喷发动机的性能,以增大推力;在起飞和亚声速飞行时,加大涵道比,以涡扇发动机状态工作,从而降低耗油率和噪声。

中美两国在军用航空发动机研制方面的进展及发展趋势如图 1.1所示。

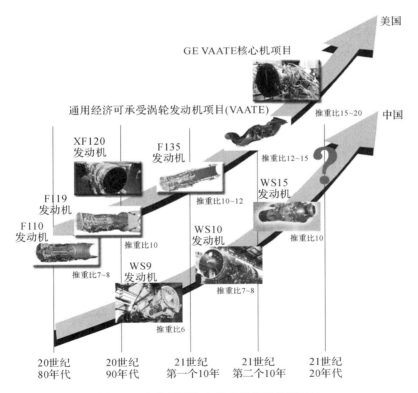

图 1.1 中美军用航空发动机发展差距对比

1.1.2 发展趋势

航空涡轮发动机的进步和革新离不开先进发动机技术的发展和验证。先进航空涡轮发动机技术具体涉及以下四个方面。

①设计方法。致力于借助气动设计和结构设计方法的应用,对发动机核心部件进行有益的改进,提升涡轮发动机的热力循环效率,减轻发动机自身的重量,以提高发动机各方面的性能指标。

②材料性能。轻型高强度材料和新型耐高温材料的应用,可以有效提升发动机核心部件的强度,提高发动机涡轮前温度,减轻发动机重量,增加发动机的单位推重比,提高其可靠性。新材料的应用是未来提升航空发动机各项性能指标的重要突破口。

③制造工艺。针对高性能航空发动机应用大量新材料和新结构的趋势,需要提升和改进现有的加工与制造工艺。

④控制技术。未来航空发动机控制系统的发展趋势是提高性能、减轻重量,从而适应恶劣环境,具有高可靠性和易维护性,向综合化和智能化方向发展。

1.2 超燃冲压发动机发展概况和技术分析

我们知道,作为未来先进飞行器优秀动力候选之一的涡轮基组合循环发动机(TBCC)要由涡轮发动机和亚燃/超燃冲压发动机依照一定的热力循环方式组合起来。本节将对超燃冲压发动机的研究现状做简要介绍。

不同于技术发展日趋成熟的涡轮发动机,超燃冲压发动机在进排气系统设计、燃烧组织模式、燃料选择以及耐高温防热材料设计等多个方面都对现有技术提出了挑战。超燃冲压发动机运行机理及其应用研究对成功研制高超声速推进系统起着举足轻重的作用[4-7]。为此,各航空航天大国都极重视超燃冲压发动机技术的研究。下面简要介绍几个主要国家和地区在这个研究领域所开展的工作以及取得的成果,希望有助于读者认识超燃冲压发动机研究相关的主要基础问题和技术难点,并对我国的航空宇航推进系统研制有一定的参考意义。

1.2.1　美　国

从 20 世纪 50 年代开始,美国凭借巨额的资金投入和雄厚的技术基础,在超燃冲压发动机技术研究中占据主导地位。美国超燃冲压发动机相关的部分研究项目如表 1.2 所示。限于篇幅,这里仅对其中的 FALCON 研究计划[8-10]进行简要回顾。

FALCON 计划(从美国本土运送和应用兵力计划)自 2002 年开始第一阶段的研究。该计划由美国国防高级研究计划局(DARPA)和美国空军联合组织进行,目的是开发和验证能够执行快速全球到达任务的高超声速技术,演示可负担得起的空间飞行器。它主要包括两大任务:①开发作为高超声速试验飞行器或小型军事卫星助推器的小型发射飞行器(SLV);②验证到 2025 年能实施全球打击的高超声速巡航飞行器(HCV)所需的技术。该计划中拟加以验证的高超声速飞行器技术包括高升阻比气动构型、轻型耐高温材料、热防护技术(包括主动冷却)以及弹道选择、目标更新和自动飞行控制。

值得注意的是,美国 FALCON 计划中,其试验验证高超音速飞行器(HTV)采用的是 TBCC(图 1.2)。涡轮发动机和超燃冲压发动机分别使用两个不同的流道,燃料均使用 JP7。涡轮发动机工作至接近马赫 4,之后启动双模态超燃冲压发动机并工作到马赫 10。2007 年已经完成 HTV-2 的关键技术验证计划,2012 年开展 HTV-3 的试飞工作。

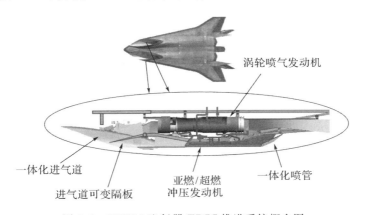

图 1.2　HTV-3 飞行器 TBCC 推进系统概念图

表 1.2 美国超燃冲压发动机研究简表

项目/计划	研究机构	年份	研究内容	研究型号/应用背景	完成情况
IFTV	USAF GASL	1965—1967	超燃冲压发动机增量飞行;地面试验模块发动机研制	试验飞行器	被取消
HRE	NASA	1964—1978	超燃冲压发动机飞行试验;全尺寸模型发动机的地面试验	X-15 飞行器和 SAM、AIM 模型机	完成
SCRAM	NAVY JHU/APL	1962—1978	研制使用可储存反应燃料的超燃发动机;采用模块化布斯曼进气道	小型舰射导弹	部分继续进行
NASP	DARPA	1984—1995	研制马赫 4～15 的氢燃料超燃冲压发动机;进行缩比/概念论证发动机试验	X-30 试验型单级入轨空天飞机	被取消
HyTech	USAF P&W	1996—2006	研制马赫 4～8 的液体碳氢燃料、进气道自动启动、进行吸热循环的双模态冲压和超燃冲压发动机	高超声速导弹;高速跨越大气层飞行器	部分继续进行
Hyper-X	NASA	1997—	验证一体化设计方法;获得双模态冲压发动机的操作特性和飞行性能;完善气动和推进性能数据库	X-43A 高超声速巡航导弹	进行中
ARRMD	DARPA P&W	1998—2001	Cheap Shot(1995—1997)计划的延续,采用乘波体气动布局的碳氢超燃冲压发动机	低成本、高超声速导弹武器	部分继续进行
HyFly	NAVY DARPA	2002—	马赫 6 的轴对称飞行试验验证的双燃烧室双模态冲压发动机	低成本、高超声速快速攻击导弹	进行中
ASTP	NASA	2000—	以火箭基组合循环发动机(RBCC)为动力装置的飞行器方案	进入地球轨道的飞行器	进行中
FALCON	DARPA USAF	2002—	自行携带部分氧化剂的超燃冲压发动机;采用乘波体气动布局的双模态超燃冲压发动机	可重复使用、自主飞行的高超声速巡航飞行器	进行中
RATTLRS	NAVY USAF	2004—	作为组合动力一部分,研制马赫 3～4 推进/机身一体化设计的飞行器	超声速巡航导弹	完成第一阶段
SED	DARPA USAF	2005—	采用工作马赫 6、主动冷却、智能控制操作的超燃冲压发动机	X-51A 研究性飞行器	进行中

USAF:美国空军(United States Air Force);

GASL:综合应用科学实验室(General Applied Science Laboratory);

NASA:美国国家航空航天局(National Aeronautics and Space Administration);

NAVY:美国海军(United States Navy);

JHU/APL:约翰·霍普金斯大学应用物理实验室(Johns Hopkins University Applied Physics Laboratory);

DARPA:美国国防高级研究计划局(Defense Advanced Research Projects Agency);

P&W:普拉特·惠特尼集团公司(Pratt & Whitney Group)。

1.2.2 其他国家

除美国外,俄罗斯(苏联)、英国、法国、德国、日本、印度和澳大利亚等其他国家也先后制订了符合各国国情的研究计划,以推动超燃冲压发动机研制工作向前发展。限于篇幅,这里只简要介绍澳大利亚的 HyShot 计划[11]和英国的 SKYLON 计划[12],这两个项目的公开资料比较全面,可供有益参考。

(1)HyShot 计划

澳大利亚于 20 世纪 80 年代开始展开高超声速技术的研究,先后利用 T3 和 T4 激波风洞完成了燃烧室直连式试验和超燃冲压模型发动机自由射流试验,对氢燃料超燃冲压发动机技术进行了广泛研究[13]。澳大利亚的高超声速技术发展计划主要是 HyShot 计划(图 1.3)。

HyShot Ⅰ	HyShot Ⅱ	HyShot Ⅲ	HyShot Ⅳ	HyCAUSE
2001年10月30日发射	2002年7月30日发射	2006年3月25日发射	2006年3月30日发射	2007年6月15日发射

图 1.3 澳大利亚 HyShot 计划 5 次飞行试验照片

(2)SKYLON 计划

欧洲航天局(ESA)通过英国国家宇航中心(BNSC)拨款 100 万欧元给英国的 REL 公司[14],用于 SKYLON 空天飞行器的研制。SKYLON 飞行器是一种可重复使用、单级入轨、有翼的空天飞机。它可以从常规跑道上依靠自身起落架起飞和降落,主要用来执行常规低成本的运送任务。

SKYLON 单级入轨飞行器将采用 REL 公司[14]的 SABRE 预冷却涡轮增压组合循环发动机(图 1.4)。英国方面预计 SKYLON 空天飞机将于 2025 年开始正式投入商业运行。

图 1.4　英国 SKYLON 飞行器及 SABRE 发动机概念图

1.3　涡轮基组合循环发动机简述

航空宇航推进技术是研制未来先进飞行器最重要的技术之一,它直接影响整个未来先进飞行器设计方案以及经济性。众所周知,不同的吸气式推进系统,比如涡轮发动机、冲压发动机和超燃冲压发动机等,在不同的飞行马赫数范围内具有不同的适应性和经济性。为了满足航空宇航推进系统在全工作范围内的动力需求,实现高效性,相关研究表明组合循环发动机是一类可行的具有实际工程应用背景的推进系统设计方案。目前各国科研人员的研究成果充分显示,涡轮基组合循环发动机(TBCC)、火箭基组合循环发动机(RBCC)、空气涡轮发动机(ATR)和脉冲爆震发动机(PDE)等是可用于未来先进飞行器的四类主要组合动力系统的优秀候选。

航空航天大国美国自 20 世纪 60 年代初就开始 TBCC 发动机的研究和试制。从近 20 年可以公开获取的 NASA 相关技术文献看,TBCC 的研发力度在 NASA 的资助项目中所占比重连年增加,一定程度上可以体现 TBCC 设计将成为未来先进飞行器最合适的动力方案之一。TBCC 在低速条件下的比冲特性较好,此外,水平起降和易于重复使用等特性使得 TBCC 方案的经济性优于其他可选方案(图 1.5)。

涡轮基组合循环发动机主要由涡轮发动机、亚燃/超燃冲压发动机等推进装置按照一定的热力循环规则联合而成,能够实现变循环工作过程,使飞行器在亚、跨、超等飞行条件下都能获得较为理想的动力特性。根据 TBCC

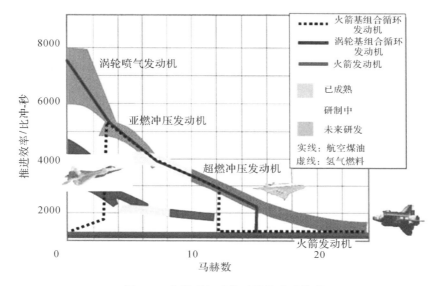

图 1.5 各类吸气式发动机的比冲情况

发动机的结构布局进行分类,TBCC 发动机主要有两种组合方案:串联式布局和并联式布局。

串联式布局的优点在于结构紧凑、附加阻力小,但如何保证燃料的稳定燃烧、如何实施模态转换、如何防止气动不稳定成了最大的技术难点。对于并联式布局方式来说,迎风面积大造成阻力损失明显,但这种形式的发动机能够很大程度避免串联布局形式存在的模态转换困难和气动稳定性等问题。

美国空军向洛克希德·马丁公司提供了一份合同,期望在"黑鸟" SR-71[15]退役后由臭鼬工厂开发出一种新型的超高速隐形侦察机 SR-72[16],其最高飞行速度将达到马赫 6。结合 SR-72 飞行器项目,臭鼬工厂开展了大量的 TBCC 技术研究。该 TBCC 方案以并联的方式集成了先进的涡轮发动机和具有低马赫数点火性能的双模态亚燃冲压发动机(DMRJ),共用进气道和排气喷管(图 1.6)。

综上可知,涡轮基组合循环发动机的推进性能很大程度上取决于当下涡轮发动机和亚燃/超燃冲压发动机的发展状况。

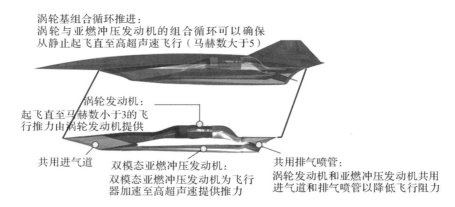

涡轮基组合循环推进：
涡轮与亚燃冲压发动机的组合循环可以确保
从静止起飞直至高超声速飞行（马赫数大于5）

涡轮发动机：
起飞直至马赫数小于3的飞
行推力由涡轮发动机提供

共用进气道　　双模态亚燃冲压发动机：
　　　　　　双模态亚燃冲压发动机为飞行
　　　　　　器加速至高超声速提供推力

共用排气喷管：
涡轮发动机和亚燃冲压发动机共用
进气道和排气喷管以降低飞行阻力

图 1.6　并联式布局的 TBCC

1.4　燃烧机理研究的重要性

要研制作为航空宇航推进系统优秀候选之一的涡轮基组合循环发动机，需要在研制高效高性能涡轮发动机和超燃冲压发动机的基础之上，深入探索组合发动机的热力循环技术和布局形式，涉及的基础研究和关键技术非常广泛。本书关注的重点是其中的燃烧过程，希望从燃烧机理分析的角度，为航空宇航推进系统燃烧室的分析和设计提供有效的数值分析工具。

这里我们对涡轮发动机和超然冲压发动机燃烧室中燃烧过程的特殊性做简单的阐述，为本书后续内容的编排从研究背景和研究意义上做铺垫。

1.4.1　燃烧机理的研究是研制高性能燃气涡轮发动机的基础

众所周知，对涡轮发动机燃烧室内部的燃烧机理开展深入研究，可以对燃烧室几何的设计方法提出有益的改进措施，从而有针对性地提升推进效率，降低耗油率[17-19]。耗油率是表征涡轮发动机性能的重要参数，是影响飞机性能和经济性的最主要因素。以民航客机为例，在过去半个世纪中，喷气民航机的单位耗油率（每座每公里）下降了近 70%，其中 2/3 的贡献由发动机降低耗油率提供。随着航油价格逐渐走高，燃油成本在航空公司总成本中的比例已经高达 50%，节油性能成为各家航空公司选择发动机的重要标准，也是发动机发展的重要技术指标。

在研制先进高性能航空发动机的时候,除了一如既往继续强调发动机推重比和推进性能,对发动机的稳定燃烧性能、低排放性能和低噪性能的重视也提上了议事日程,特别是在民用发动机的设计过程中[17-19]。

另外,当前或未来的高性能航空涡轮发动机在起飞、低空飞行和机动等大推力工作状态下,燃烧室内的工作压力将远远超过其燃料的临界压力,此时燃烧室内处于超临界流动和燃烧状态(RP-3 煤油的临界温度为 660K,临界压力为 2.4MPa)。因此,认识超临界状态下的燃烧也很重要。

(1)低排放燃烧

在先进涡扇发动机中,燃烧室的工作压力达到 4MPa 以上(起飞和低空飞行状态),甚至达到 7MPa。民用航空发动机在提高航空发动机性能和降低油耗的同时,还要满足日益苛刻的污染物排放要求。民航发动机燃烧碳氢燃料的污染物排放,主要包括 CO、NO_x、UHC、CO_2 和烟等。在各种污染物排放中,NO_x 对环境和人类生活的影响尤为显著(如对人体和动植物具有毒性,破坏臭氧层,污染严重时会造成光化学烟雾、酸雨等重大生态环境事故),但其控制也是最为困难的。

为了大幅度降低民用航空发动机对环境的破坏,许多国家和组织机构已经提出明确的航空发动机 NO_x 减排目标。如国际民航组织(ICAO)下属的航空环境保护委员会(CAEP),中期(到 2016 年)技术目标较 CAEP-6 标准低 45%(±2.5%),远期(到 2026 年)技术目标则比 CAEP-6 标准低 60%(±5%),且均是按照增压比 30 航空发动机来换算的。欧洲航空研究咨询委员会(ACARE)分别于 2000 年和 2011 年发布远景计划 2020(ACARE Vision 2020)和飞行路径 2050(ACARE FlightPath 2050),对欧洲航空业的未来进行了阐述,包括多项雄心勃勃的关于环境影响方面的目标,其中 NO_x 排放应相对于 2000 年发动机水平分别降低 80% 和 90%。NASA 也提出了相应的下一代航空器研制计划,其 N+3 计划则致力于 2030—2035 年的先进亚声速商用航空器,提出了更具挑战性的目标,即 NO_x 排放比 CAEP-6 标准低至少 75%。公开资料显示,我国中航工业商用发动机公司研制的 C919 民用大飞机的第一台航空发动机预计于 2023 年装机试飞,其排放指标是所有污染物,包括 NO_x、CO、UHC 和烟灰,都比 CAEP-6 低 50%。而下一阶段目标是发展超低排放燃烧室,NO_x 排放比 CEAP-6 低 75%,以服务 ICAO 的长期环境保护目标。

　　在燃烧航空煤油的发动机中，NO_x 以热力型 NO_x 为主，即燃烧时空气中的氮气和氧气在高温条件下反应生成 NO 和 NO_2，其形成速率取决于发动机燃烧室主燃区停留时间、火焰温度、压力、氧气和氮气浓度等。根据 Zeldovich 机理，热力型 NO_x 的生成速率分别与 O_2 物质的量浓度的平方根和 N_2 物质的量浓度成正比。当发动机燃烧压力增大时，NO_x 的生成会显著增加。因为燃烧污染物成因与压力密切相关，必须在相关工作压力下对燃烧机理和污染物形成过程进行研究，设计出先进的高效低污染动力系统。

　　燃烧室 NO_x 和 CO 排放量与温度的关系如图 1.7(a)所示。当燃烧温度控制在 1680～1900K 时，CO 和 NO_x 的排放量都比较低。而这个温度区对应着燃烧的贫燃区或富燃区，如图 1.7(b)所示，当燃烧当量比处于 0.6～0.8 时，NO_x 和 CO 排放都很低；同时，当燃烧当量比处于 1.4～1.6 时，NO_x 排放较低。这分别对应着两种燃烧污染物的控制方法——贫燃预混技术和富油燃烧-猝熄-贫油燃烧（RQL）技术。国际上各大航空发动机公司纷纷采用这两项技术，有效降低了发动机氮氧化物的排放。特别是贫燃预混或贫燃预混预蒸发技术被较多采用，如 GE 的双环预混旋流 TAPS 燃烧室，罗罗公司的精益燃烧贫燃技术，以及赛峰公司的清洁燃烧技术等。其在贫燃预混火焰较低的温度下进行燃烧，有效降低了热力 NO_x 的生成，同时保持 CO 等其他污染物的低排放特性。

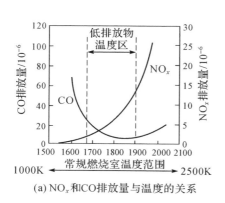

(a) NO_x 和 CO 排放量与温度的关系

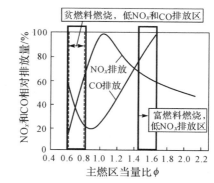

(b) NO_x 和 CO 排放量与当量比的关系

图 1.7　燃烧室 NO_x 和 CO 排放量与温度和当量比的关系

　　GE 的 GEnx-1B 和罗罗公司的 Trent 1000 发动机采用了先进的贫燃预混燃烧技术，其 NO_x 排放量比 CAPE-6 标准的规定目标分别降低了 55% 和 50% 以上，这比上一代发动机（增压比为 30 左右）的排放量水平还要低，即在减小燃油消耗率的同时还保证了环境保护的需求。贫燃预混燃烧技术能有效地降低燃烧温度,从而实现非常低的 NO_x 污染物排放。贫燃预混燃烧技术已经被新一代航空发动机燃烧室设计(特别是在起飞、爬升、巡航的大推力模式下)所广泛采用。

(2)燃烧不稳定性

贫燃预混燃烧模式对扰动非常敏感,设计燃烧室的时候需要充分考虑静态稳定性和动态稳定性问题。静态稳定性即吹熄,是指火焰不能在燃烧室实现物理驻定,主要由化学特征时间和驻留特征时间的关系来决定。动态稳定性又称燃烧不稳定性,即湍流燃烧过程中火焰的热释放速率脉动与压力场耦合所造成的一种热声共振现象。贫燃预混工况很容易导致燃烧不稳定性问题,通常认为它是由非定常的放热速率和燃烧室的固有声学模式之间的反馈链路造成自激振荡。

燃烧不稳定性的动态反馈链路如图 1.8 所示。①速度和当量比的波动 u' 和 ϕ',导致热释放速率的脉动 $\dot{Q}'$;②热释放速率的脉动造成声学振动(或压力脉动 P');③声学振动以声波形式向整个流场传播,进而对流动和混合产生影响。如此反馈循环就有可能造成燃烧不稳定现象,其产生的判断条件为著名的瑞利准则(Rayleigh Criterion),即当燃烧热释放脉动与燃烧室声场的相位一致时(放热脉动和压力振荡的乘积在一个周期内的积分值为正),燃烧室内的压力振荡被不断加强,最后形成持续的大振幅压力振荡。这种现象可导致燃烧室乃至整个发动机振动加剧,发出巨大的噪声,热负荷增高,污染物排放增加,从而影响发动机的性能和寿命,甚至还会直接对发动机部件造成机械破坏,对设备的安全运行具有很强的危害。燃烧不稳定性的机理及其相应被动和主动控制技术和方法,是燃气涡轮发动机发展中非常关键和亟须解决的问题,也是国际上发动机燃烧基础研究的热点问题。

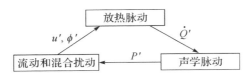

图 1.8　燃烧不稳定性的动态反馈链路

前人的研究表明,速度扰动和当量比扰动是引起燃烧放热速率脉动的两个最重要因素。发动机贫燃预混旋流燃烧室的燃烧不稳定性如图 1.9 所示。液体燃料喷管在进气道内喷入,经过蒸发与空气混合,在燃烧前形成一定燃空比的预混气体;预混旋流火焰由于在燃烧室内控制在贫燃状态,绝热火焰温度较低,因而抑制了 NO_x 的产生。但是,燃烧火焰面和反应速率的脉动会形成声波,在受限空间内传播。这个声学压力振动首先会引起速度脉动,与火焰相互作用后,改变火焰面面积。其次,燃烧室的压力振荡会传递到燃料喷嘴和空气入口附近,引起燃料或(和)空气供给流量的脉动,并影响其雾化、蒸发、混合过程,进而造成燃空比脉动。而当量比的变化会影响化学反应放热量和火焰传播速度,同时后者的变化也会间接改变火焰面。火焰面、火焰传播速度和反应放热量的改变都会造成燃烧放热速率的脉动(图 1.10)。

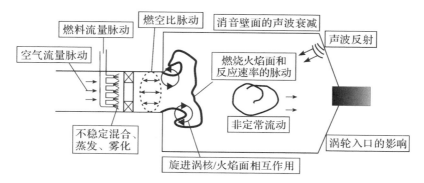

图 1.9　发动机贫燃预混旋流燃烧室的燃烧不稳定性

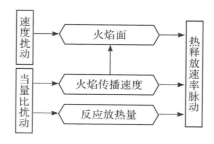

图 1.10　速度扰动和当量比扰动对燃烧放热速率脉动的影响

　　贫燃预混燃烧模式非常容易导致热声不稳定性问题,而燃烧室内放热速率与声学的相互作用,与燃烧室的结构、压力、温度、当量比和气体组分密切相关。燃烧热声不稳定的机理和控制技术的研究是大客机发动机实现高经济性与低环境排放的关键问题,是低排放燃烧室设计的瓶颈问题,也是国际燃烧研究领域的重要方向。我国必须加强对低排放燃烧室燃烧不稳定性机理的研究,建立燃烧室热声耦合作用的预测方法,发展被动控制和主动控制技术,以解决高增压比低排放航空发动机振荡燃烧的工程问题。

（3）超临界燃烧技术

为了不断提高民用航空发动机的燃烧和推进效率,发动机的总增压比近年来不断提高。目前国际上的先进航空发动机,如 GE90 和 LEAP-X 等,其压气机压缩比已达 40 以上。因此,发动机在飞机起飞和低空飞行等大推力工作状态下,燃烧室内的工作压力已远远超过其燃料的临界压力（RP-3煤油的临界温度为 660K,临界压力为 2.4MPa）,处于超临界压力下的流动和燃烧状态。同时,近年来,航空煤油在喷入燃烧室之前也被建议用来冷却发动机的高温部件（包括压气机级间冷却、燃烧室再生冷却、涡轮冷却气流预冷却）,在实现冷却目标的同时提高燃料喷射温度至临界温度之上,实现高效雾化。因此,为了设计先进的航空发动机燃烧系统,必须深入开展超临界燃烧机理方面的研究工作。

1.4.2　超声速湍流燃烧机理的探索推动超燃冲压发动机的研制

高超声速飞行器是各航空航天大国在航空航天领域的战略研究重点之一,也是人类在发明飞机、实现超声速飞行后在航空航天领域正在突破的第三项划时代成就[20,21]。高超声速飞行器同时具备航天和航空用途,有着极高的军事和经济应用价值。全世界各航空航天大国都在积极开展高超声速飞行器航空宇航推进系统的研究工作,都希望在该领域占据一席之地。在未来相当长的一段时间内,各航空航天大国都将围绕这个研究热点开展研究工作。

超燃冲压发动机技术是研制高超声速飞行器推进系统,尤其是涡轮基组合循环发动机需要解决的关键技术。超燃冲压发动机在飞行过程中可以从大气中获取氧气,无须携带氧化剂,从而减轻飞行器自身的结构重量,这也就意味着在相同质量的推进剂下,超燃冲压发动机可以产生更大的推力。除此之外,超燃冲压发动机还具备成本低、速度快、结构简单等优点。它与涡轮发动机在一定的热力循环条件下可以组合,构成同时适应低速和高速飞行的涡轮基组合循环发动机动力系统。

在超燃冲压发动机燃烧室中,燃料都是在超声速流动中实现雾化、蒸发、掺混和燃烧放热的,呈现所谓的超声速燃烧过程。超声速燃烧过程中会发生剧烈的化学反应和流场变化,同时伴随复杂流场结构的出现,如激波、火焰、间断和边界层等,以及激波/火焰等不同流场结构之间的相互作用。

面向超燃冲压发动机的超声速燃烧过程相关机理的研究始于 20 世纪 50 年代,各航空航天大国都参与了该项先进技术的研究,其中包括美国、俄罗斯、法国、德国、日本、印度等。至 20 世纪 90 年代,随着研究工作的不断开展和研究水平的不断提高,一些有效的针对超燃技术的科研成果逐渐形成。我国在超声速燃烧研究方面的起步相对较晚,20 世纪 80 年代才开始较为深入和系统地探索。此后超声速燃烧技术和超燃冲压发动机的研制问题日益受到国家重视,国内多家科研单位和院校共同针对超声速燃烧问题开展了专项研究工作,设立了专门的超燃冲压发动机燃烧地面试验点,配合使用数值模拟手段分析燃烧流场,在飞行器的几何结构和材料性能改善以及发动机/飞行器一体化研究等方面取得了重要研究成果和突破性进展。

超燃冲压发动机的几何结构(图 1.11)主要包括前体、进气道、隔离段、燃烧室、尾喷管和后体等核心部件。与传统航空发动机相比,超燃冲压发动机中不存在压气机和涡轮等结构部件。由于机身一体化设计方案的采用,飞行器前方的高超声速空气来流在通过进气道时受到直接冲压作用,将获得很强的压缩效应,使得燃烧室入口处的气流压强增大、流速降低,但燃烧室进口处气流的速度水平保持超声速(马赫 2 左右),避免过度冲压导致的增压增温效应超出发动机几何结构的耐压耐温极限。在超燃冲压发动机燃烧室内,超声速气流的驻留时间为毫秒量级。燃料射流与超声速空气需要在如此短的时间内完成雾化、蒸发、掺混和点火燃烧等一系列行为过程,难度之大可想而知,这对发动机燃烧室的合理设计提出了挑战。燃烧产生的高温产物通过喷管发生膨胀,并对外做功产生推力,为平稳飞行提供必要的动力。

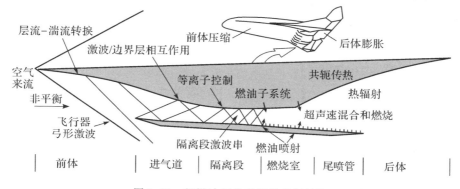

图 1.11　超燃冲压发动机的几何结构

超燃冲压发动机燃烧室内的超声速湍流燃烧存在很多复杂的物理流场结构及其相互作用关系,如激波、湍流、燃烧波等流场结构。概括来说,这些相互影响使得超声速湍流燃烧流场具备以下特点[22]。

①强可压缩性。超声速燃烧情况需要考虑压缩效应。当流动马赫数较小时,只有在平流过程会发生可压缩效应;当流动马赫数较大时,声效应和激波造成的流场压缩效果趋于显著。研究燃烧问题,必须重视压缩现象,因为压缩现象对反应速率有显著的影响。

②流动变量的强耦合性。超声速流场一个重要特点就是速度、密度、压力和温度之间存在强耦合关系,流场密度的变化受到燃料燃烧释热的影响,流场动能与化学反应释放的热能相比不在一个量级,导致影响密度变化的因素存在多尺度效应。

③湍流/激波/火焰之间的强相互作用。超声速燃烧流场中存在湍流和火焰的相互作用:一方面,湍流会增强流动的混合,加剧火焰的褶皱程度,增强燃烧释热效应;另一方面,燃烧释热反过来会影响流场的压力和速度分布,强化湍流效应。此外,还要考虑激波和火焰的作用问题:当激波扫过火焰前锋时,会引起温度和压力场的剧烈变化,促进燃烧反应的进行;同时,燃烧反应也将改变激波的强度和传播方向。

④自燃、熄火和再燃现象。超声速流动气流本身具有很高的焓值,容易发生自燃,加上超声速流场温度、燃料组分和湍流的不均匀分布,火焰在传播过程中容易发生局部熄火和再燃的现象,这对实验技术和数值模拟技术提出了挑战。

目前研究超声速湍流燃烧的方法主要有地面试验研究和数值模拟两种。地面试验是指利用地面装置模拟实际高空飞行环境,比如来流组分、温度、压力和速度等。在地面实现高空飞行条件需要非常高的费用和先进的试验设备支撑。目前国内多家单位具备开展超燃冲压发动机基础研究的关键试验装置,已经实现氢和碳氢燃料在超声速环境下的稳定燃烧,并对超燃冲压发动机进气道[23]、燃烧室[24]和尾喷管[25]等部件进行了深入的探索性研究工作[26]。真实的超燃冲压发动机流场内部结构非常复杂,存在激波与边界层、激波与火焰等相互作用现象,需要不断创新实验测量技术。到目前为止,对湍流、激波和火焰的 3 维流场结构的捕捉和测量还存在技术上的困难和挑战。近年来,高分辨率光学测量技术推动了超声速燃烧试验的机理性研究。Bryant 等[27]使用 OH 和丙酮平面激光诱导荧光(PLIF)观测到了超声速火焰的基础结构。Ben-Yakar 等[28]通过比较氢气和乙烯燃料射流，分析了两种不同燃料流场特征的区别。Takahashi 等[29]使用丙酮 PLIF，分析其优势和有效性。耿辉等[30]使用 OH-PLIF 技术，针对马赫 1.72 的氢气横向喷射超声速燃烧问题观测到了 2 维结构图像。

与地面试验研究相比，数值模拟手段在实际耗费和耗时等方面的代价比较小，可以在一定程度上弥补实验测量存在的投入费用高、研制周期长和数据测量困难等诸多短板，使得数值模拟手段在超声速燃烧问题研究中的地位和作用日益突出，在提供详细流场数据、揭示燃烧机理等方面有着试验研究不可比拟的优势。数值模拟不仅能获取宽范围的物理参数分布信息，还能得到实验中很难捕捉与观测的空间细节特征和时间细节特征，可以对真实的物理现象有更加深刻的认识和理解。在进行试验性研究的同时，辅助一定量的数值模拟工作，不仅可以对试验结果的有效性和可信程度进行验证，还可以弥补地面试验设备精度不够所造成的实验结果表达不够完整、参数覆盖区域窄等不足。随着计算机硬件和大规模并行计算技术的飞跃式发展，数值模拟研究的有效性和可信度也得到了极大的提升。

1.5　燃烧过程数值模拟

1.5.1　燃烧过程数值模拟的难点

燃烧过程尤其是超燃冲压发动机燃烧室中的超声速燃烧过程十分复杂，需要考虑湍流、激波、边界层、多相流和化学反应等不同尺度结构的复杂耦合。即使单独而言，湍流、激波、多相流和化学反应等现象已经称得上是计算流体力学(CFD)研究领域中的难题，更何况它们之间还有复杂的相互作用，因此对燃烧现象或超声速燃烧现象进行准确数值模拟具有相当的难度。

流动是燃烧过程的一部分，燃烧流动具有强烈的湍流特性。若应用雷诺平均纳维-斯托克斯(Reynolds Averaged Navier-Stokes，RANS)方法进行湍流模拟，湍流模型是一个绕不过又难以解决的障碍。受限于 RANS 方法和湍流模型自身的先天不足，湍流脉动引起的动态特性在 RANS 方法中不能被准确描述。因此，用 RANS 方法进行湍流燃烧模拟，无法得到精细的瞬态特征，这制约了 RANS 模拟精度。大涡模拟(Large Eddy Simulation，

LES)方法则可以较好地解决湍流的模拟问题。虽然该方法需要应用合适的亚格子湍流模型,但亚网格尺度的流动可被视为各向同性,模型建立相对容易,通用性也更好。众多文献已经分别从理论和计算实践两方面阐述了 LES 在湍流燃烧模拟的精度上大大优于 RANS。可以预见,随着计算机技术的飞速发展,LES 方法将成为湍流预测的主流,广泛应用到复杂工程问题的数值模拟研究。

根据 Kravchenko 等[31]的研究,LES 方法计算结果的质量依赖于计算格式的精度和计算网格的质量。低精度格式所引起的数值耗散和色散严重,对湍流涡结构的计算精度有不可忽视的负面影响。另外,对于复杂形状的工程实例,无法划分高质量的结构网格也是影响计算结果精度的重要因素。而要在非结构网格上取得与采用结构网格接近的网格尺寸和计算精度,需要的网格规模非常大,产生的计算量也将会大大增加。同时,超燃冲压发动机内部的流场存在激波、火焰面和燃料喷射等复杂的局部特征,因此对这些局部特征的准确预测需要适当加密局部网格,这也将使计算量大为增加。

在反应流的 LES 模拟中,动量和标量输运通量的封闭广泛借鉴了无反应流动问题计算中的亚网格模型,模型的推广应用取得了成功,不存在依赖于反应流动问题的特殊建模难点。因此,湍流燃烧大涡模拟计算的研究重点或难点是滤波化学反应源项的模型封闭研究,即湍流与化学反应相互作用的数学描述。由于强非线性项的存在,对滤波后的组分源项和热源项进行直接封闭在技术上是不可行的。基于实验认识和理论分析,一般认为湍流燃烧中的化学反应和释热行为主要在亚网格尺度内进行,因此必须从亚网格尺度上研究对应的数学描述,进行合理准确的模化处理。

考虑到燃烧问题中存在明显的局部特征和各向不均匀性,通过采用高阶精度离散格式和网格自适应求解技术,以提高计算精度和分辨率。数值计算必须在网格上进行(无网格方法除外),网格设计合适与否对计算精度和计算效率有很大影响。为了捕捉到详细的局部特征,常常需要在激波、喷口和边界层等处加密网格。然而具体在何处进行加密,往往需要根据计算流场的特征进行判断,这就产生了对网格自适应计算的需求。

CFD 研究者为提高模拟精度付出不懈努力,并取得了重要成就。针对气态燃料湍流燃烧问题(不考虑多相流),这些工作主要集中在湍流模型、计算格式、湍流燃烧模型及计算网格等方面。如前所述,得益于 LES 方法的发展,湍流的模拟能力得到了很大提升,湍流模型在现阶段不是最重要的制约因素,也不是当前燃烧数值模拟研究的关注重点。下面侧重对网格自适应计算、高阶离散格式和湍流燃烧模型等方面的研究状况进行综述。

1.5.2 各向异性网格自适应求解技术

网格自适应求解技术在湍流燃烧模拟特别是超声速湍流燃烧模拟中早有应用,由于结构网格的适应性不强,一般都基于非结构网格进行自适应求解。Oevermann[32]利用基于 RANS 方法的网格自适应计算方法模拟了德国宇航中心(DLR)超燃冲压发动机的燃烧过程,得到了很好的结果。

近年来,广泛发展起来的基于各向异性非结构网格的自适应求解技术,能够充分考虑和利用物理场的各向异性分布特征,在保证流场求解精度的同时有效降低数值模拟问题的计算量。各向异性网格单元可以在流场物理量变化率较小的方向上采用相对较大的网格尺寸,从而显著减少计算网格的数量;在变化率较大方向上则采用小尺寸的网格,显著增加网格分辨率。各向异性网格的使用可以有效减小计算规模,并且对局部特征特别是火焰、激波、界面、边界层等具有各向异性特征的流动现象的捕捉更加精确,能够获得更高的分辨率。

各向异性非结构网格自适应求解技术在国外已有较为广泛的应用,Almeida 等[33]使用各向异性非结构网格计算了超声速无黏气流流过楔形体以及黏性气流流过垂直放置平板等问题,分别得到了准确的斜激波特征和详细的边界层分离/激波分离现象;Castro-Diaz 等[34]成功计算了超燃冲压发动机进口段的无黏流动及黏性超声速机翼绕流场,同样得到了高分辨率的激波和边界层流动;Mura 等[35]在对 DLR 超燃冲压发动机燃烧室进行流场模拟时,采用了各向异性非结构网格自适应技术。

国内在各向异性网格方面的研究工作开展较少,徐明海等[36]、赵建军等[37]研究了各向异性网格的自动生成算法,但在 CFD 中的应用情况鲜见报道。本书作者近几年在各向异性非结构网格自适应求解算法的实现和工程实践方面有所收获,第 6 章将进行介绍。

1.5.3 高阶离散格式

CFD 中经常使用的偏微分方程组数值解法主要有三种:有限差分法、有限体积法和有限元法。这三种都是比较成熟的方法,各有特点,都在 CFD

自身发展和工程运用中起到重要作用,其高阶精度格式及其特点如下。

①有限差分法。在有限差分形式上,总变差减小(TVD)这一概念的提出[38],为构造高阶精度有限差分格式开拓了崭新的思路,并在构造无波动激波捕捉的 2 阶格式上取得了巨大成功。但分析表明,TVD 格式一般局限于 2 阶精度[39],在极值点处还将自动退化为 1 阶精度。为此,在 2 阶 TVD格式的基础上,Harten[40] 又构造出了本质不振荡(ENO)高阶格式[45,46]。之后,基于 ENO 格式的思想,Liu 等[41] 提出了加权本质不振荡(WENO)格式,并将 ENO/WENO 格式成功向多维问题推广。在 ENO 格式被提出的同时,张涵信院士提出了 2 阶无波动、无自由参数的无波动、无自由参数的耗散差分格式(NND)[42] 及其隐式格式(INND)[43],并借鉴 ENO/WENO 的构造思想,发展了一类高阶精度 NND 格式[44]——ENN/WENN 格式。此外还有傅德薰和马延文、邓小刚等学者构造的紧致格式[45,46]。有限差分类高精度格式构造简单,计算效率高,数据存储量小,在复杂流动现象的机理研究中发挥着重要作用,但其必须建立在结构网格上,这一限制制约了其在大量实际工程问题中的应用。

②有限体积法。结构网格上的有限体积离散可以直接使用有限差分类格式,故这里讲述的高阶精度有限体积离散格式的构造主要针对非结构网格。刘伟[47] 做了相关研究工作的总结。在此基础上,结合近几年的研究进展,对这些工作做一简要介绍。其中主要有 Barth 等[48] 提出的 k-exact 重构法,Abgrall[49] 构造的基于非结构网格的 ENO 格式,Chang[50] 提出的时空守恒元(CE)/解元(SE)方法,Titarev 等[51] 提出的任意精度无振荡格式,Wang[52] 提出的谱体积方法,以及雷国东[53] 提出的最小二乘高精度有限体积法等。有限体积方法可以操作结构和非结构网格,是目前大多数商业软件和解决实际工程问题常用的求解方法。但要构造高阶精度格式必须通过扩大节点模板来实现,而基于非结构网格的数据存储形式缺乏规律性,这导致节点模板的搜索扩展很不方便,使构造高精度格式及其向高维形式推广的难度大大增加。

③有限元法。有限元方法最初用于椭圆型方程的数值求解,在固体力学的研究中颇为流行。其计算精度高,适用于非结构网格,在流体力学的研究中也有广泛应用。但流体力学方程多为双曲型,有激波、接触间断、分离等局部特征,有限元方法对此类现象的处理相比有限体积法更复杂,加上计算量比较大,有限元方法在 CFD 领域中的应用受到一定程度限制。近年

来,对高阶精度格式的强烈需求,使人们把更多注意力放在有限元方法上。因为有限元类高阶精度格式构造相对容易,紧致性又好,再加上计算机硬件水平的提高和间断解计算方法的完善,有限元方法在提高流体力学数值模拟精度上的优越性已大大超过上述不足。

含有间断的双曲型方程的有限元解法主要有两种,一种是泰勒-伽辽金(Taylor-Galerkin,TG)有限元,另一种是间断伽辽金(discontinuous Galerkin,DG)有限元。Donea[54]最早提出 TG 有限元方法,在时间上进行泰勒展开,在空间上构造高阶精度有限元格式。他推导出了时间 3 阶或 4 阶精度、空间 3 阶精度的单步有限元格式,称作欧拉-泰勒-伽辽金(Euler-Taylor-Galerkin,ETG)格式。在此基础上,Quartapelle 等[55]推广得到 2 步 3 阶或 4 阶精度格式(TTG3、TTG4)。Löhner 等[56]构造了 2 步拉克斯-温德罗夫(Lax-Wendroff,LW)型有限元格式。DG 方法最早则可追溯至 1973 年 Reed 等的报告[57]。1990 年前后,Shu(舒其望)和 Cockburn 发表了一系列论文,提出了龙格-库塔间断伽辽金(Runge-Kutta DG,RKDG)有限元方法,引起广泛关注。刘儒勋和舒其望在他们的专著[58]中对此方法做了详细介绍。RKDG 方法具有高精度特征,但计算量较大。高阶 DG 方法在间断后产生明显的非物理振荡[53],还需研究解决。

Colin 等[59]经过研究,认为 TG 有限元方法是在合理的计算开销下获得 3 阶(或更高)精度的最好选择,而且对于高维非线性问题也有很好的适应性。但上述 ETC、TTG3、TTG4 等格式的数值耗散问题比较严重。他们在 2 步 TG 方法的基础上推导出了时空 3 阶精度无条件稳定的紧致有限元格式,称为 TTGC(two-step TG compact)格式。TTGC 格式具有数值耗散低、计算量适中等特点,适合开展 LES 计算。2005 年,Moureau 等[60]将 TTGC 格式推广应用到基于移动网格的化学反应流动的计算上。该格式在欧洲有一定影响,已用于大量基础流动问题及实际工程问题的计算研究。

TTGC 格式是专门为 LES 方法的应用而开发的,较多应用于低速燃烧的 LES 模拟中。Selle 等[61]做了工业燃气轮机燃烧室中甲烷燃烧的 LES 模拟研究,得到了与实验研究较为符合的结果,其中离散方法用了 TTGC 格式。Wang 等[62]模拟甲烷与空气的预混燃烧火焰,得到了非常好的结果,其中用到的 LES 燃烧求解模块也使用了 TTGC 格式。

TTGC 格式也被用于新提出的湍流燃烧模型验证算例的计算。Colin 等[63]针对大涡模拟改良了适用于预混燃烧的增厚火焰模型(TFM),在此基础上，Legier 等[64] 提出了预混/非预混燃烧通用的动态增厚火焰模型（DTFM），两篇论文中验证算例的计算都使用了 TTGC 格式。

但 TTGC 格式应用于超声速流动及燃烧模拟的例子还比较少见。唯有 Dauptain 等[65] 使用基于 TTGC 格式的 LES 求解器，对美国国家航空航天局（NASA）兰利（Langley）研究中心的超声速氢氧燃烧火焰进行数值模拟研究，得到了与 NASA 实验数据相一致的结果。

1.5.4 湍流燃烧模型

目前基于 LES 方法的燃烧计算中，化学反应源项的处理方法主要有以下几种。

①有限速率模型。不考虑湍流与化学反应相互作用，直接使用阿伦尼乌斯（Arrhenius）公式计算滤波化学反应速率的方法，称为有限速率反应模型。

②概率密度函数法和滤波密度函数法。不对火焰结构做任何假设，根据概率分布理论计算滤波反应速率的方法，称为概率密度函数法（PDF）。以亚网格尺度内混合物分数的概率分布密度来计算滤波组分质量分数和温度的亚网格概率密度函数方法，称为滤波密度函数法（FDF）。

③线性涡模型。在亚网格尺度内进行直接模拟获取小尺度流场信息，再分配到 LES 网格系统中的模型，称为线性涡模型（LEM）。

④增厚火焰模型。不对能量方程和组分方程进行滤波，人为增大火焰厚度以达到 LES 计算网格尺度的方法，称为增厚火焰模型（TFM）。

⑤"唯象"模型。不基于流体力学方程的推导，而从"唯象"的角度来考虑湍流燃烧过程，从而对滤波化学反应源项进行封闭的方法，常见的有涡耗散模型（EDM）和涡破碎模型（EBU）。

这些方法中，有的并非是针对滤波化学反应源项的封闭，甚至不出现滤波化学反应源项，但为了方便，习惯上统称为燃烧模型。其中，FDF 根据组分质量分数与温度的不同表达，可以分为层流火焰面模型（LFM）、条件矩封闭模型（CMC）和 BML（Biham-Middleton-Levine）模型等。

参考文献

[1] 刘大响，陈光. 航空发动机飞机的心脏[M]. 北京：航空工业出版社，2015.

[2] 焦华宾，莫松. 航空涡轮发动机现状及未来发展综述[J]. 航空制造技术，2015(12)：62-65.

[3] Adaptive Versatile Engine Technology[EB/OL]. [2016-09-22]. https://en. wikipedia. org/wiki/Adaptive_Versatile_Engine_Technology.

[4] 蔡国飙，徐大军. 高超声速飞行器技术[M]. 北京：科学出版社，2012.

[5] 皮布尔斯. 通向马赫数 10 之路：X-43A 飞行研究计划的经验教训[M]. 郑耀，徐徐，译. 北京：航空工业出版社，2012.

[6] 冯志高，关成启，张红文. 高超声速飞行器概论[M]. 北京：北京理工大学出版社，2016.

[7] Peebles C. Eleven Seconds Into the Unknown：A History of the Hyper-X Program[M]. Reston，VA：American Institute of Aeronautics and Astronautics，Inc. ，2011.

[8] 赵莹，周军. 美国的 FALCON 技术演示计划[J]. 飞航导弹，2005(9)：4-5.

[9] Walker S H，Rodgers F. Falcon hypersonic technology overview[C]//AIAA/CIRA 13th International Space Planes and Hypersonics Systems and Technologies Conference，May 16-20，2005：3253.

[10] Walker S，Tang M，Morris S，et al. Falcon HTV-3X-A reusable hypersonic test bed [C]// 15th AIAA International Space Planes and Hypersonic Systems and Technologies Conference，April 28-May 1，2008.

[11] HyShot[EB/OL]. [2016/9/23]. https://en. wikipedia. org/wiki/HyShot.

[12] Skylon（spacecraft）[EB/OL]. [2018-02-10]. https://en. wikipedia. org/wiki/Skylon_%28spacecraft%29.

[13] Curran E T. Scramjet Propulsion[M]. AIAA，2001.

[14] Reaction Engines[EB/OL]. [2018-02-10]. https://www. reactionengines. co. uk.

[15] SR-71 Blackbird[EB/OL]. [2016-09-22]. https://en. wikipedia. org/wiki/Lockheed_SR-71_Blackbird.

[16] Lockheed Martin SR-72[EB/OL]. [2018-02-09]. https://en. wikipedia. org/wiki/Lockheed_Martin_SR-72.

[17] 黄勇，林宇震，樊未军，等. 燃烧与燃烧室[M]. 北京：北京航空航天大学出版社，2009.

[18] 何小民，张净玉，李建中. 航空发动机燃烧室原理[M]. 北京：北京航空航天大学出版社，2015.

[19] 金如山，索建秦. 先进燃气轮机燃烧室[M]. 北京：航空工业出版社，2016.

[20] 沈剑，王伟. 国外高超声速飞行器研制计划[J]. 飞航导弹，2006(8)：1-9.

[21] 王振国，梁剑寒，丁猛，等. 高超声速飞行器动力系统研究进展[J]. 力学进展，2009

(6):716-739.

[22] 张会强,陈兴隆,周力行,等. 湍流燃烧数值模拟研究的综述[J]. 力学进展,1999, 29(4):567-575.

[23] 张堃元,萧旭东,徐辉. 非均匀超声速二维进气道绕流研究[J]. 空气动力学学报, 2000,18(1):92-97.

[24] 刘世杰,潘余,刘卫东. 超燃冲压发动机支板喷射燃料的燃烧过程试验[J]. 航空动力 学报,2009,24(1):55-59.

[25] 文科,李旭昌,何至林,等. 超燃冲压发动机尾喷管研究概述[J]. 飞航导弹,2011 (3):77-81.

[26] 贺武生. 超燃冲压发动机研究综述[J]. 火箭推进,2005,31(1):29-32.

[27] Bryant R A, Driscoll J F. Structure of supersonic flames imaged using OH/acetone planar laser-induced fluorescence[J]. AIAA Journal, 2001,39(9):1735-1741.

[28] Ben-Yakar A, Mungal M G, Hanson R K. Time evolution and mixing characteristics of hydrogen and ethylene transverse jets in supersonic crossflows[J]. Physics of Fluids, 2006,18(2):026101.

[29] Takahashi H, Oso H, Kouchi T, et al. Scalar spatial correlations in a supersonic mixing flowfield[J]. AIAA Journal, 2010,48(2):443-452.

[30] 耿辉,翟振辰,桑艳,等. 利用 OH-PLIF 技术显示超声速燃烧的火焰结构[J]. 国防科 技大学学报,2006,28(2):1-6.

[31] Kravchenko A G, Moin P. On the effect of numerical errors in large eddy simulations of turbulent flows[J]. Journal of Computational Physics, 1997,131(2):310-322.

[32] Oevermann M. Numerical investigation of turbulent hydrogen combustion in a SCRAMJET using flameletmodeling[J]. Aerospace Science and Technology, 2000,4(7):463-480.

[33] Almeida R C, Feijóo R A, Galeao A C, et al. Adaptive finite element computational fluid dynamics using an anisotropic error estimator[J]. Computer Methods in Applied Mechanics and Engineering, 2000,182(3):379-400.

[34] Castro-Diaz M J, Hecht F, Mohammadi B, et al. Anisotropic unstructured mesh adaption for flow simulations[J]. International Journal for Numerical Methods in Fluids, 1997,25 (4):475-491.

[35] Mura A, Izard J F. Numerical simulation of supersonic nonpremixed turbulent combustion in a scramjet combustor model[J]. Journal of Propulsion and Power, 2010,26(4):858-868.

[36] 徐明海,陶文铨. 二维各向异性非结构化网格的自动生成与应用[J]. 西安交通大学 学报,2002(3):221-225.

[37] 赵建军,钟毅芳,周济. 各向异性网格生成及其在曲面三角化中的应用[J]. 中国图象 图形学报,2002(9):86-91.

[38] Harten A. High resolution schemes for hyperbolic conservation laws[J]. Journal of

Computational Physics，1983，49(3)：357-393.

[39] Harten A，Engquist B，Osher S，et al. Uniformly high order accurate essentially non-oscillatory schemes[J]. Journal of Computational Physics，1987，71(2)：231-303.

[40] Harten A. Nonlinear Hyperbolic Problems[M]. Berlin：Springer Berlin Heidelberg，1987：23-40.

[41] Liu X D，Osher S. Convex ENO high order multi-dimensional schemes without field by field decomposition or staggered grids[J]. Journal of Computational Physics，1998，142(2)：304-330.

[42] 张涵信. 无波动、无自由参数的耗散差分格式[J]. 空气动力学学报，1988，6(2)：143-165.

[43] 张涵信. 无波动、无自由参数、耗散的隐式差分格式[J]. 应用数学和力学，1991(1)：97-100.

[44] 张来平，贺立新，刘伟，等. 基于非结构/混合网格的高阶精度格式研究进展[J]. 力学进展，2013(2)：202-236.

[45] Fu D X，Ma Y W. A high order accurate difference scheme for complex flow fields[J]. Journal of Computational Physics，1997，134(1)：1-15.

[46] Deng X G，Maekawa H. Compact high-order accurate nonlinear schemes[J]. Journal of Computational Physics，1997，130(1)：77-91.

[47] 刘伟. 基于混合网格的高阶间断 Galerkin/有限体积混合算法的研究[D]. 绵阳：中国空气动力研究与发展中心，2010.

[48] Barth T J，Frederickson P O. High order solution of the Euler equations on unstructured grids quadratic reconstruction[C]// 28th Aerospace Sciences Meeting，January 8-11，1990：13.

[49] Abgrall R. On essentially non-oscillatory schemes on unstructured meshes：Analysis and implementation[J]. 1994，114(1)：45-58.

[50] Chang S C. The method of space-time conservation element and solution element：A new approach for solving the Navier-Stokes and Euler equations[J]. Journal of Computational Physics，1995，119(2)：295-324.

[51] Titarev V A，Toro E F. ADER：Arbitrary high order Godunov approach[J]. Journal of Scientific Computing，2002(17)：609-618.

[52] Wang Z J. Spectral (finite) volume method for conservation laws on unstructured grids：Basic formulation[J]. Journal of Computational Physics，2002，178(1)：210-251.

[53] 雷国东. 计算流体力学非结构混合网格高精度格式研究现状[J]. 航空科学技术，2011(2)：61-64.

[54] Donea J A. Taylor-Galerkin method for convective transport problems[J].

International Journal for Numerical Methods in Engineering，1984，20(1)：101-119.

［55］Quartapelle L，Selmin V. High-order Taylor-Galerkin methods for nonlinear multidimensional problems［J］. Finite Elements in Fluids，1993，76(90)：46.

［56］Löhner R，Morgan K，Zienkiewicz O C. An adaptive finite element procedure for compressible high speed flows［J］. Computer Methods in Applied Mechanics and Engineering，1985，51(1)：441-465.

［57］Reed W H，Hill T R. Triangular Mesh Methods for the Neutron Transport Equation［R］. Los Alamos Scientific Lab，N. Mex.(USA)，1973.

［58］刘儒勋，舒其望. 计算流体力学的若干新方法［M］. 北京：科学出版社，2003.

［59］Colin O，Rudgyard M. Development of high-order Taylor-Galerkin schemes for LES［J］. Journal of Computational Physics，2000，162(2)：338-371.

［60］Moureau V，Lartigue G，Sommerer Y，et al. Numerical methods for unsteady compressible multi-component reacting flows on fixed and moving grids［J］. Journal of Computational Physics，2005，202(2)：710-736.

［61］Selle L，Lartigue G，Poinsot T，et al. Compressible large eddy simulation of turbulent combustion in complex geometry on unstructured meshes［J］. Combustion and Flame，2004，137(4)：489-505.

［62］Wang G，Boileau M，Veynante D. Implementation of a dynamic thickened flame model for large eddy simulations of turbulent premixed combustion［J］. Combustion and Flame，2011，158(11)：2199-2213.

［63］Colin O，Ducros F，Veynante D，et al. A thickened flame model for large eddy simulations of turbulent premixed combustion［J］. Physics of Fluids，2000，12(7)：1843-1863.

［64］Legier JP，PoinsotT，Veynante D. Dynamically thickened flame LES model for premixed and non-premixed combustion［C］// Proceedings of the Summer Program，Center for Turbulence Research，Stanford，2000：157-168.

［65］Dauptain A，Cuenot B，Poinsot T J. Large eddy simulation of a supersonic hydrogen-air diffusion flame［C］// Complex Effects in Large Eddy Simulation，Limassol，2005.

第 2 章　气态碳氢燃料燃烧过程的数学方法

　　发动机燃烧室内的湍流燃烧问题在空间和时间上均具有显著的多尺度特征,超燃冲压发动机燃烧室内的超声速湍流燃烧这一特点尤为显著。即使单独而言,激波、湍流和化学反应三者已经称得上是流体力学研究领域中的难题,更何况三者之间还存在相互作用。因此,对航空宇航推进系统(航空发动机和超燃冲压发动机)内部的流动问题开展深入的基础研究具有相当的难度。然而,鉴于高速燃烧尤其是超声速燃烧机理的探索和认识对于研制未来先进飞行器,尤其是高超声速飞行器的推进系统,具有举足轻重的重要作用,在目前和未来的很长一段时间内,高速燃烧和超声速燃烧相关问题的研究都将是流体力学领域的挑战之一。

　　地面试验、飞行试验和数值模拟是进行航空宇航推进系统相关基础研究和关键技术研究的主要手段。鉴于地面试验和飞行试验的投入费用高、研制周期长和测量数据覆盖范围小等局限性,数值模拟成了辅助试验研究的主要手段,并在深入揭示航空宇航推进系统工作机理方面有着试验研究不可比拟的巨大潜力。但由于以下多个方面的制约因素,数值模拟手段在湍流燃烧机理的探索和航空宇航推进系统的设计研究上的作用还未能充分发挥。

　　(1)几何模型的复杂性。航空宇航推进系统内部燃烧室的几何结构非常复杂。比如,超燃冲压发动机由进气道、隔离段、燃烧室、燃料喷射装置、混合增强设备、火焰稳定器和喷管等部件组成。如何设计出优良可靠的网格生成系统是计算模拟的首要问题。涡轮发动机燃烧室的几何结构就更加复杂了,对网格设计技术的要求也更高。

　　(2)几何尺寸跨越大。以超燃冲压发动机为例,其整体尺寸一般为米的量级,而燃料喷嘴的尺寸则通常为毫米的量级。为了达到合理的计算分辨率,如此大的空间尺寸跨越将导致网格布局困难,引起网格单元总数和计算规模剧增。

（3）燃烧流场的时空多尺度。燃烧室流道内存在湍流边界层、流动旋涡分离、燃烧火焰或激波等复杂流场结构，这些复杂结构相互之间存在耦合作用，流动情况十分复杂。湍流流动、化学反应及燃烧火焰等流动现象具有强烈的时空多尺度特性，对这些流动特征进行高分辨率计算需要强大的计算资源和高效的数值模拟方法及程序。

（4）物理模型不完善。不可压缩及低速可压缩条件下的湍流燃烧模型、多相流模型及雾化蒸发模型在实际应用中有着比较强的认可度，并在常用的商用软件里得到很好的实现。但这些模型需要经过细致的原理研究和参数改进，才能被应用于高速以及超声速燃烧过程的计算。

（5）碳氢燃料化学机制的复杂性。为了准确计算燃料的化学反应源项，需要应用基元反应化学描述方法。比如，氢气是分子式最简单的燃料，具有高比冲特点，其基元反应描述包含 11 个化学组分和 23 个基元反应；为了合理描述具有良好应用前景的煤油碳氢燃料的反应机制，至少需要考虑上百个反应过程。如此复杂的化学反应系统需要庞大的组分反应方程组加以描述，导致计算规模急剧增加。

（6）流场数据特征抽取和可视化分析技术的局限性。航空宇航推进系统内的燃烧流场特征十分复杂，常规的流场可视化方法在流场数据描述和可视化方面存在困难和不足，需要针对高速及超声速燃烧流场特性开展深入的有针对性的特征抽取及可视化分析技术研究。

大涡模拟技术是目前开展发动机燃烧室内湍流燃烧流场分析最有效、最可行的数值模拟技术，非结构网格系统则广泛应用于复杂燃烧室的网格剖分，开发基于非结构网格的高阶时空离散格式是大涡模拟分析和计算的主要挑战。为了对复杂的时空多尺度问题进行高效准确的数值模拟，我们以非结构及非结构混合网格的使用为特色，提出和实现了高阶迎风低耗散离散格式，发展了各向异性网格自适应求解技术和动态增厚火焰模型，研发了集成于高端数字样机系统的考虑湍流与燃烧相互作用的高效、高精度并行求解器，开展了大量的工程应用研究实践。

本章将给出气态碳氢燃料燃烧过程的数学描述方程，并深入认识其中的分子输运属性、热力学属性和组分扩散机制。将对碳氢燃料的化学反应动力学机制和燃烧源项的计算做详细表述。本章给出的相关数学方程将为湍流燃烧过程研究提供建模和分析的前提。

2.1　多组分可压缩守恒方程

考虑高速燃烧过程的可压缩特性,本书将采用基于密度的守恒型控制方程组,综合考虑质量、动量、能量、化学组分等守恒物理量的耦合作用,见方程(2.1)。由于本书关注的是湍流燃烧的数值模拟技术,因此这里直接给出了气态燃烧的相关控制方程,对方程的具体推导过程则不做细致分析,有兴趣的读者可参见相关教材[1-4]或相关文献[5-7]。

$$\frac{\partial \rho}{\partial t} + \frac{\partial (\rho u_i)}{\partial x_i} = 0$$

$$\frac{\partial (\rho u_j)}{\partial t} + \frac{\partial (\rho u_i u_j)}{\partial x_i} = -\frac{\partial p}{\partial x_j} + \frac{\partial \tau_{ij}}{\partial x_i}$$

$$\frac{\partial (\rho E)}{\partial t} + \frac{\partial [u_i(\rho E + p)]}{\partial x_i} = \frac{\partial u_i \tau_{ij}}{\partial x_j} - \frac{\partial q_i}{\partial x_i} + \dot{\omega}_T \qquad (2.1)$$

$$\frac{\partial (\rho Y_k)}{\partial t} + \frac{\partial [\rho(u_i + V_{k,i})Y_k]}{\partial x_i} = \dot{\omega}_k$$

由于不同的教材和文献选用的原始物理变量不一致,导致最终的数学描述方程不尽相同,尤其是能量守恒方程数学形式的选择有着很大的自由度。本书选用 ρ , ρu_i , ρE , ρY_k 等守恒物理量作为描述燃烧过程的原始变量,分别与质量、动量、能量、化学组分等守恒定律对应。这里, ρ , u_i , E , Y_k 分别表示密度、速度分量、单位质量的总能以及组分 k 的质量分数。

在方程(2.1)中,用 $i,j = 1,2,3$ 区分速度、应力张量等物理量的不同分量,用 $k = 1,2,\cdots,N$ 区分不同的化学组分。 τ_{ij} , q_i 分别为黏性应力张量和热通量。燃烧效应对化学反应源项 $\dot{\omega}_k$ 和热源项 $\dot{\omega}_T$ 加以考虑, $V_{k,i}$ 为组分扩散速度分量。

本章第 2.2~2.4 节将对方程(2.1)中引入的主要物理通量做详细介绍,并给出对应的数学表达式。

2.2　热力学/热化学属性

本节将分别对化学组分和混合物的状态方程及比热、显能、显焓、总能、

总焓等物理量的数学表达式进行细致的描述,并介绍实际燃烧代码编制中
热力学/热化学属性计算的一般处理方法。

(1)定压比热、定容比热

组分 k 的定压比热和定容比热分别为 C_{pk} 和 C_{vk} 。在燃烧流动中,流场
各区域的温度差异很大,由此导致流场各处比热值的差异不能被忽略,即需
要考虑温度变化对比热值的影响。定压比热和定容比热之间满足

$$C_{pk} = C_{vk} + \frac{R}{W_k} \tag{2.2}$$

其中, R 为普适气体常数, W_k 为组分分子量。混合物的定压比热和定容比
热则可以如下计算(W 为平均分子量):

$$C_p = \sum_{k=1}^{N} (C_{pk} Y_k)$$

$$C_v = \sum_{k=1}^{N} (C_{vk} Y_k) \tag{2.3}$$

$$C_p = C_v + \frac{R}{W}$$

(2)显能、显焓与总能、总焓

显能、显焓考量的是物质从参考温度 T_0 变化到温度 T 这一过程中的
能量积分值,而内能和焓的表达式中则附加了生成焓(或称化学焓)的值。
下面具体给出编制燃烧代码过程中可能会涉及的组分及混合物的显能、显
焓、总能、总焓等物理量的表达式。

组分 k 的显能 e_k^s 、显焓 h_k^s 、内能 e_k 、焓 h_k 分别定义如下:

$$e_k^s = \int_{T_0}^{T} C_{vk} \, \mathrm{d}T - \frac{R}{W_k} T_0$$

$$h_k^s = \int_{T_0}^{T} C_{pk} \, \mathrm{d}T$$

$$e_k = e_k^s + \Delta h_{\mathrm{form},k}^0$$

$$h_k = h_k^s + \Delta h_{\mathrm{form},k}^0 \tag{2.4}$$

$$e_k^s = h_k^s - \frac{p_k}{\rho_k}$$

$$e_k = h_k - \frac{p_k}{\rho_k}$$

参考温度 T_0 的选择从数学上讲是没有具体限制的,但是在实际应用中为

了统一,一般取 $T_0 = 298.15\text{K}$。由相关定义容易知道,所有物质在参考温度 T_0 时的显焓都为 0。

生成焓 $\Delta h^0_{\text{form},k}$ 指的是在参考温度 T_0 时生成 1kg 组分 k 物质所需要的焓,不同的化学组分都有固定的生成焓。

通过对式(2.4)中组分 k 的对应物理量进行加权求和,混合物的显能 e^s、显焓 h^s、内能 e、焓 h 的数学表达式如下:

$$
\begin{aligned}
e^s &= \int_{T_0}^{T} C_v \mathrm{d}T - \frac{R}{W}T_0 \\
h^s &= \int_{T_0}^{T} C_p \mathrm{d}T \\
e &= e^s + \sum_{k=1}^{N} (\Delta h^0_{\text{form},k} Y_k) \\
h &= h^s + \sum_{k=1}^{N} (\Delta h^0_{\text{form},k} Y_k)
\end{aligned}
\tag{2.5}
$$

混合物的总能 E、总焓 H 是在内能和焓的基础上将动能涵括进去,即

$$
\begin{aligned}
E &= e + \frac{1}{2} u_i u_i \\
H &= h + \frac{1}{2} u_i u_i
\end{aligned}
\tag{2.6}
$$

(3)状态方程

对于由 N 种理想气体组分组成的混合物,混合物压力 p 可看作是各气体组分分压力 p_k 的合作用,而组分分压力满足理想气体状态方程,即

$$
\begin{aligned}
p &= \sum_{k=1}^{N} p_k = \sum_{k=1}^{N} (\rho_k \frac{R}{W_k} T) \\
&= \sum_{k=1}^{N} (\rho Y_k \frac{R}{W_k} T) = \rho R \sum_{k=1}^{N} \frac{Y_k}{W_k} T
\end{aligned}
\tag{2.7}
$$

其中,T 为温度,$R = 8314.5\text{J}/(\text{mol} \cdot \text{K})$ 为理想气体常数,$\rho_k = \rho Y_k$ 为组分 k 的分密度,W_k 为组分 k 的分子质量。

如果定义 $W = 1/(\sum_{k=1}^{N} \frac{Y_k}{W_k})$ 为混合物的平均分子质量,则混合物的气体状态方程可以写作如下形式,与理想气体状态方程的表达式一致。

$$
p = \rho R \sum_{k=1}^{N} \frac{Y_k}{W_k} T = \rho \frac{R}{W} T
\tag{2.8}
$$

由于本书选用总能描述能量方程,所以需要建立温度与总能的关系:

$$T = \frac{(\gamma - 1)}{R/W}(E - \frac{1}{2}|\boldsymbol{V}|^2)$$
$$\gamma = C_p/C_v \tag{2.9}$$

因此状态方程又可以写成

$$p = \rho(\gamma - 1)(E - \frac{1}{2}|\boldsymbol{V}|^2) \tag{2.10}$$

2.3　分子输运属性

(1)黏性应力张量 τ_{ij}

动量方程和能量方程(2.1)右端项中出现的黏性应力张量 τ_{ij} 表征流体的黏性扩散特性,其表达式为

$$\tau_{ij} = \mu(\frac{\partial u_i}{\partial x_j} + \frac{\partial u_j}{\partial x_i}) - \frac{2}{3}\mu\frac{\partial u_k}{\partial x_k}\delta_{ij}$$

$$\tau_{xx} = \frac{2\mu}{3}(2\frac{\partial u}{\partial x} - \frac{\partial v}{\partial y} - \frac{\partial w}{\partial z}), \quad \tau_{xy} = \mu(\frac{\partial u}{\partial y} + \frac{\partial v}{\partial x})$$

$$\tau_{yy} = \frac{2\mu}{3}(2\frac{\partial v}{\partial y} - \frac{\partial u}{\partial x} - \frac{\partial w}{\partial z}), \quad \tau_{xz} = \mu(\frac{\partial u}{\partial z} + \frac{\partial w}{\partial x}) \tag{2.11}$$

$$\tau_{zz} = \frac{2\mu}{3}(2\frac{\partial w}{\partial z} - \frac{\partial u}{\partial x} - \frac{\partial v}{\partial y}), \quad \tau_{yz} = \mu(\frac{\partial v}{\partial z} + \frac{\partial w}{\partial y})$$

其中, μ 为动力黏度,运动黏度 $\nu = \mu/\rho$, δ_{ij} 为克罗内克(Kronecker)符号 ($\delta_{ij} = 1, i = j; \delta_{ij} = 0, i \neq j$)。

在燃烧流动中,动力黏度随流体温度的变化规律可以由萨瑟兰(Sutherland)法则[8]计算,见式(2.12)。这里不考虑化学组分混合效应对黏度的影响,变量 T 表示化学混合物的整体温度。

$$\mu(T) = \alpha\frac{T^{1.5}}{T + \beta} \tag{2.12}$$

其中, $\alpha = 1.458 \times 10^{-6}, \beta = 110.4$ 。

(2)热通量 q_i

能量方程(2.1)第 3 式右端项中出现的热通量 q_i 表征流场中能量的输运特性,涵括了傅里叶热扩散项以及组分扩散引起的能量输运,其表达式

如下：

$$q_i = -\lambda \frac{\partial T}{\partial x_i} + \rho \sum_{k=1}^{N} h_k V_{k,i} Y_k \tag{2.13}$$

其中，h_k 是组分 k 对应的焓，热扩散系数 λ 根据普朗特（Prandtl）数定义，由动力黏度 μ 求得，$\lambda = \dfrac{\mu C_p}{\text{Pr}}$。普朗特数 Pr 体现了动量输运能力与热量输运能力之比。标准大气压下，普朗特数和比热比为常数，$\text{Pr} = 0.72$，$C_p = 1004.5\text{J}/(\text{kg} \cdot \text{K})$。

（3）组分扩散 $V_{k,i} Y_k$

在组分控制方程中存在组分扩散项，该项也出现在热通量表达式中。对于包含两种组分的燃烧系统（$N=2$），组分扩散效应可用描述二元扩散特性的菲克（Fick）法则加以准确考虑（$D_{12} = D_{21}$ 是组分扩散系数）：

$$\begin{aligned} V_{1,i} Y_1 &= -D_{12} \nabla Y_1 \\ V_{2,i} Y_2 &= -D_{21} \nabla Y_2 \end{aligned} \tag{2.14}$$

对于包含三种及以上组分的燃烧系统（$N \geqslant 3$），组分扩散效应可以用式（2.15）近似表示[9]。如果燃烧系统的组分数 $N=2$，式（2.15）可以获得与菲克（Fick）法则相同的准确结果。

$$\begin{aligned} V_{k,i} Y_k &= -D_k \frac{W_k}{W} \frac{\partial X_k}{\partial x_i} \\ D_k &= \frac{1 - Y_k}{\sum_{j \neq k} X_j / D_{jk}} \end{aligned} \tag{2.15}$$

为了求得组分扩散系数 D_k，需要引入组分施密特（Schmidt）数。组分施密特数 Sc_k 体现了动量输运能力与组分 k 扩散能力之比。从而组分扩散系数可由 $D_k = \mu/(\rho \text{Sc}_k)$ 获得。

继续深入分析，我们发现，如果组分扩散效应采用式（2.15）加以处理，会出现质量守恒定律被破坏的后果。如果对燃烧方程（2.1）中的 N 个组分方程求和，并考虑 $\sum_{k=1}^{N} Y_k = 1$，可以得到：

$$\frac{\partial \rho}{\partial t} + \frac{\partial (\rho u_i)}{\partial x_i} = \frac{\partial}{\partial x_i} \Big[\rho \sum_{k=1}^{N} (V_{k,i} Y_k) \Big] + \sum_{k=1}^{N} \dot{\omega}_k \tag{2.16}$$

为了满足质量守恒定律，方程（2.16）的右端项必须等于 0，也就是要求 $\sum_{k=1}^{N} (V_{k,i} Y_k) = 0$ 和 $\sum_{k=1}^{N} \dot{\omega}_k = 0$ 两个等式同时成立。然而，组分扩散效应用式(2.15)近似处理,将导致 $\sum\limits_{k=1}^{N}(V_{k,i}Y_k) \approx \sum\limits_{k=1}^{N}(-D_k\frac{W_k}{W}\frac{\partial X_k}{\partial x_i}) \neq 0$,也就是说,将导致质量守恒定律不能被精确满足。

为了解决质量守恒定律被破坏的问题,有两类守恒校正技术可以被采用。

方法一:在计算代码实现中只求解前 $N-1$ 个组分方程,组分 N 由表达式 $Y_N = 1 - \sum\limits_{k=1}^{N-1}Y_k$ 强制计算。这种简单的处理技术要求组分 N 所占的质量分数必须很大。实际上,质量守恒定律在这里并没有真正得到满足,由组分扩散近似所引起的误差将被累积到组分 N 中。

方法二:引入校正速度。在组分方程的对流项中引入校正速度 V_i^{corr},则组分方程变成

$$\frac{\partial(\rho Y_k)}{\partial t} + \frac{\partial[\rho(u_i + V_i^{\text{corr}})Y_k]}{\partial x_i} = \frac{\partial}{\partial x_i}\left(\rho D_k\frac{W_k}{W}\frac{\partial X_k}{\partial x_i}\right) + \dot{\omega}_k \quad (2.17)$$

对方程(2.17)中的 N 个组分方程求和,必须保证能恢复至质量守恒方程的形式,即

$$\frac{\partial\rho}{\partial t} + \frac{\partial(\rho u_i)}{\partial x_i} = \frac{\partial}{\partial x_i}\left[\rho\sum\limits_{k=1}^{N}\left(D_k\frac{W_k}{W}\frac{\partial X_k}{\partial x_i}\right) - \rho V_i^{\text{corr}}\right] = 0 \quad (2.18)$$

可得校正速度 V_i^{corr} 的计算表达式: $V_i^{\text{corr}} = \sum\limits_{k=1}^{N}\left(D_k\frac{W_k}{W}\frac{\partial X_k}{\partial x_i}\right)$。在燃烧代码的每个时间步中,校正速度都被重新计算并添加到组分方程的求解中,以真正保证质量守恒定律得到满足。

2.4　化学动力学和燃烧源项

考虑 N 种组分 r 步反应的多组分化学反应系统:

$$\sum\limits_{k=1}^{N}\nu'_{km}S_k \rightleftharpoons \sum\limits_{k=1}^{N}\nu''_{km}S_k \quad (2.19)$$

其中, $m = 1, 2, \cdots, r$。化学反应源项即化学反应速率 $\dot{\omega}_k$ 与热源项 $\dot{\omega}_T$ 分别计算如下:

$$\dot{\omega}_k = W_k \sum_{m=1}^{r} \nu_{km} Q_m$$

$$\dot{\omega}_T = -\sum_{k=1}^{N} h_k \dot{\omega}_k \tag{2.20}$$

$$\nu_{km} = \nu''_{km} - \nu'_{km}$$

其中，ν'_{km}、ν''_{km} 是第 m 个反应中组分 k 的摩尔配平系数。Q_m 是第 m 个反应的反应进度，计算式为

$$Q_m = K_{fm} \prod_{k=1}^{N} \left(\frac{\varrho Y_k}{W_k}\right)^{\nu'_{km}} - K_{rm} \prod_{k=1}^{N} \left(\frac{\varrho Y_k}{W_k}\right)^{\nu''_{km}} \tag{2.21}$$

式 (2.21) 中的正反应速率常数 K_{fm} 根据阿伦尼乌斯定律计算：

$$K_{fm} = A_{fm} T^{\beta_m} \exp\left(-\frac{E_m}{RT}\right) = A_{fm} T^{\beta_m} \exp\left(-\frac{T_{Am}}{T}\right) \tag{2.22}$$

其中，与化学反应 m 对应的指前因子 A_{fm}、温度指数 β_m、活化能 E_m、活化温度 T_{Am} 等化学反应系数的取值与实际采用的化学反应机制有关。逆反应速率常数 K_{rm} 根据化学平衡理论由式 (2.23) 计算得到。

$$K_{rm} = \frac{K_{fm}}{\left(\frac{p_a}{RT}\right)^{\sum_{k=1}^{N} \nu_{km}} \exp\left(\frac{\Delta S_m^0}{R} - \frac{\Delta H_m^0}{RT}\right)} \tag{2.23}$$

其中，p_a 为大气压值，ΔS_m^0 和 ΔH_m^0 为第 m 个反应的熵变与焓变。

用化学反应软件 CHEMKIN 所定义的专门格式描述的 H_2/O_2 燃烧机理如图 2.1 所示。

根据化学反应前后的质量守恒，显然有 $\sum_{k=1}^{N} [(\nu''_{km} - \nu'_{km}) W_k] = 0$，从而等式 $\sum_{k=1}^{N} \dot{\omega}_k = \sum_{m=1}^{r} \left[Q_m \sum_{k=1}^{N} (\nu_{km} W_k)\right] = 0$ 成立。因此，第 2.3 节提到的守恒要求 $\sum_{k=1}^{N} \dot{\omega}_k = 0$ 是无条件满足的，与化学反应进度 Q_m 采用的具体表达式无关。

```
ELEMENTS H   O   N  END
SPECIES  H2 H O2 O OH HO2 H2O2 H2O N N2 NO END
REACTIONS
H2+O2=2OH                      0.170E+14   0.00    47780
OH+H2=H2O+H                    0.117E+10   1.30     3626 ! D-L&W
O+OH=O2+H                      0.400E+15  -0.50        0 ! JAM 1986
O+H2=OH+H                      0.506E+05   2.67     6290 ! KLEMM,ET AL
H+O2+M=HO2+M                   0.361E+18  -0.72        0 ! DIXON-LEWIS
    H2O/18.6/   H2/2.86/   N2/1.26/
OH+HO2=H2O+O2                  0.750E+13   0.00        0 ! D-L
H+HO2=2OH                      0.140E+15   0.00     1073 ! D-L
O+HO2=O2+OH                    0.140E+14   0.00     1073 ! D-L
2OH=O+H2O                      0.600E+09   1.30        0 ! COHEN-WEST.
H+H+M=H2+M                     0.100E+19  -1.00        0 ! D-L
    H2O/0.0/   H2/0.0/
H+H+H2=H2+H2                   0.920E+17  -0.60        0
H+H+H2O=H2+H2O                 0.600E+20  -1.25        0
H+OH+M=H2O+M                   0.160E+23  -2.00        0 ! D-L
    H2O/5/
H+O+M=OH+M                     0.620E+17  -0.60        0 ! D-L
    H2O/5/
O+O+M=O2+M                     0.189E+14   0.00    -1788 ! NBS
H+HO2=H2+O2                    0.125E+14   0.00        0 ! D-L
HO2+HO2=H2O2+O2                0.200E+13   0.00        0
H2O2+M=OH+OH+M                 0.130E+18   0.00    45500
H2O2+H=HO2+H2                  0.160E+13   0.00     3800
H2O2+OH=H2O+HO2                0.100E+14   0.00     1800
O+N2=NO+N                      0.140E+15   0.00    75800
N+O2=NO+O                      0.640E+10   1.00     6280
OH+N=NO+H                      0.400E+14   0.00        0
END
```

图 2.1　CHEMKIN 格式的 H_2/O_2 燃烧反应机理

2.5　混合物分数输运方程

2.5.1　z 方程的导出

混合物分数的概念具备守恒变量的数学特征,在非预混燃烧机理和燃烧模型研究中经常被使用,本节将给出混合物分数的定义方法及其对应的输运方程描述。

为了简单起见,又不失问题阐述的一般性,我们考虑如下的燃料(fuel)和氧化剂(oxidizer)的单步可逆反应:

$$\nu_F \text{ 燃料} + \nu_O \text{ 氧化剂} \rightleftharpoons \nu_P \text{ 生成物} \qquad (2.24)$$

根据第 2.1 节中的多组分控制方程(2.1)和第 2.3 节中分子输运属性的表达式,可以得到简化反应(2.24)中燃料、氧化剂及混合物温度的守恒方程:

$$\frac{\partial(\rho Y_F)}{\partial t} + \frac{\partial(\rho u_i Y_F)}{\partial x_i} = \frac{\partial}{\partial x_i}\left(\rho D\,\frac{\partial Y_F}{\partial x_i}\right) + \dot{\omega}_F$$

$$\frac{\partial(\rho Y_O)}{\partial t} + \frac{\partial(\rho u_i Y_O)}{\partial x_i} = \frac{\partial}{\partial x_i}\left(\rho D\,\frac{\partial Y_O}{\partial x_i}\right) + \dot{\omega}_O$$

$$\frac{\partial(\rho T)}{\partial t} + \frac{\partial(\rho u_i T)}{\partial x_i} = \frac{\partial}{\partial x_i}\left(\frac{\lambda}{C_p}\,\frac{\partial T}{\partial x_i}\right) + \frac{1}{C_p}\dot{\omega}_T \qquad (2.25)$$

$$\dot{\omega}_F = \rho^2 \nu_F W_F A T^\beta \left(\frac{Y_F}{W_F}\right)\left(\frac{Y_O}{W_O}\right)\exp\left(-\frac{T_A}{T}\right)$$

$$\dot{\omega}_O = \rho^2 \nu_O W_O A T^\beta \left(\frac{Y_F}{W_F}\right)\left(\frac{Y_O}{W_O}\right)\exp\left(-\frac{T_A}{T}\right)$$

$$\dot{\omega}_T = -(h_F \dot{\omega}_F + h_O \dot{\omega}_O)$$

如果定义 $s = \dfrac{\nu_O W_O}{\nu_F W_F}$ 表示反应(2.22)的质量配平比,可以知道氧化剂的化学反应速率、燃料的化学反应速率及化学反应释热速率之间的关系为

$$\dot{\omega}_O = s\dot{\omega}_F$$

$$\dot{\omega}_T = -(h_F + sh_O)\dot{\omega}_F = -q\dot{\omega}_F \qquad (2.26)$$

对方程(2.25)中燃料输运方程、氧化剂输运方程及混合物温度输运方程进行两两线性组合,同时应用式(2.26),假定刘易斯(Lewis)数 $Le = Sc/Pr = \dfrac{\mu}{\rho D}\Big/\dfrac{\mu C_p}{\lambda} = \dfrac{\lambda}{C_p \rho D} = 1$,可以发现按照下式定义的物理量

$$Z_1 = sY_F - Y_O$$

$$Z_2 = \frac{C_p}{q}T + Y_F \qquad (2.27)$$

$$Z_3 = s\frac{C_p}{q}T + Y_O$$

遵循统一的输运方程

$$\frac{\partial(\rho Z)}{\partial t} + \frac{\partial(\rho u_i Z)}{\partial x_i} = \frac{\partial}{\partial x_i}\left(\rho D\,\frac{\partial Z}{\partial x_i}\right) \qquad (2.28)$$

从方程(2.28)可以看出,物理量 Z 是守恒物理量,其输运与燃烧流场的对流和扩散特性相关,而与具体的化学反应过程不直接关联。

实际应用中,一般采用经过归一化处理的混合物分数 z,其定义及遵循的输运方程为(Z_F^0 和 Z_O^0 分别表示燃料流和氧化剂流对应的数值)

$$\frac{\partial(\rho z)}{\partial t} + \frac{\partial(\rho u_i z)}{\partial x_i} = \frac{\partial}{\partial x_i}\left(\rho D \frac{\partial z}{\partial x_i}\right)$$

$$z = \frac{Z - Z_O^0}{Z^0 - Z_O^0} \tag{2.29}$$

归一化的混合物分数 z 满足：对于燃料流，$z=1$；对于氧化剂流，$z=0$。混合物分数 z 刻画流场的局部燃空比。如果继续定义当量比 $\phi = sY_F^0/Y_O^0$，混合物分数的表达式可以改写成

$$z = \frac{sY_F - Y_O + Y_O^0}{sY_F^0 + Y_O^0} = \frac{sY_F/Y_O^0 - Y_O/Y_O^0 + 1}{sY_F^0/Y_O^0 + 1} = \frac{\phi Y_F/Y_F^0 - Y_O/Y_O^0 + 1}{\phi + 1} \tag{2.30}$$

对于式(2.19)表达的 N 种组分 r 步反应的复杂化学反应系统，式(2.30)定义的混合物分数将不再是守恒物理量。这时需要根据化学元素在反应前后保持守恒的性质，基于参与反应的化学元素的质量分数定义混合物分数 z。

以图 2.1 给出的 H_2/O_2 燃烧反应(11 种组分 23 步反应)为例，参与反应的 11 种化学组分分别为 H_2，H，O_2，O，OH，HO_2，H_2O_2，H_2O，N，N_2，NO。与其对应的混合物分数 z 可以如下定义：

$$Z_H = W_H\left(\frac{2Y_{H_2}}{W_{H_2}} + \frac{Y_H}{W_H} + \frac{Y_{OH}}{W_{OH}} + \frac{Y_{HO_2}}{W_{HO_2}} + \frac{2Y_{H_2O_2}}{W_{H_2O_2}} + \frac{2Y_{H_2O}}{W_{H_2O}}\right)$$

$$Z_O = W_O\left(\frac{2Y_{O_2}}{W_{O_2}} + \frac{Y_O}{W_O} + \frac{Y_{OH}}{W_{OH}} + \frac{2Y_{HO_2}}{W_{HO_2}} + \frac{2Y_{H_2O_2}}{W_{H_2O_2}} + \frac{Y_{H_2O}}{W_{H_2O}} + \frac{Y_{NO}}{W_{NO}}\right)$$

$$z = \frac{Z_H - Z_{H,O}^0}{Z_{H,F}^0 - Z_{H,O}^0} = \frac{Z_O - Z_{O,O}^0}{Z_{O,F}^0 - Z_{O,O}^0}$$

$$Z_{H,O}^0 = 0; \quad Z_{H,F}^0 = 2\frac{W_H}{W_{H_2}}Y_{H_2}^0; \quad Z_{O,O}^0 = 2\frac{W_O}{W_{O_2}}Y_{O_2}^0; \quad Z_{O,F}^0 = 0 \tag{2.31}$$

2.5.2　z 空间中火焰结构的描述

通过引入混合物分数 z，组分输运方程和能量方程被统一表示成混合物分数输运方程，可观地减少了燃烧流动求解的未知量数目，尤其适用于参与化学反应的组分数目十分庞大的情形。由混合物分数的定义式(2.30)和(2.31)分析可知，各化学组分质量分数和混合物温度等量可以表示成混合物分数 z 及时间 t 的函数形式：$Y_k = Y_k(z,t)$，$T = T(z,t)$。

通过求解混合物分数输运方程(2.29),可以得到燃烧流场各处的 z 值;继而根据函数关系式 $Y_k = Y_k(z,t)$, $T = T(z,t)$,可以得到燃烧流场各处组分质量分数和混合物温度的数据;最后通过求解质量守恒和动量守恒方程可以获取流场各处的压力、密度和速度值。

根据函数关系式 $Y_k = Y_k(z,t)$,可以将建立在空间坐标(x_1,x_2,x_3)和时间坐标 t 上的组分输运方程及温度输运方程转换到 z 坐标和时间坐标 t 描述的空间上。如果忽略与 z 等值面(即火焰面)平行的方向上的方程项,则最终的 z 空间内的组分输运方程及温度输运方程可简化成

$$\rho \frac{\partial Y_k}{\partial t} = \frac{\rho \chi}{2} \frac{\partial^2 Y_k}{\partial z^2} + \dot{\omega}_k$$

$$\rho \frac{\partial T}{\partial t} = \frac{\rho \chi}{2} \frac{\partial^2 T}{\partial z^2} + \dot{\omega}_T \tag{2.32}$$

$$\chi = 2D \frac{\partial z}{\partial x_i} \frac{\partial z}{\partial x_i}$$

方程(2.32)的推导是基于局部 1 维假定的,要求 z 等值面的法向梯度项与平行梯度项相比具有很大的优势,即假定火焰结构的属性只与时间和 z 坐标相关,详细推导过程可参见文献[3]第 3 章的相关内容。在 3 维情况下,这样的假定暗示了与流动尺度相比,火焰面是个"薄层"。方程(2.32)被称为"小火焰"(flamelet)方程,是推导部分燃烧模型的关键基础。在"小火焰"方程中,仅有的与空间坐标有关联的项是标量耗散率 χ ,其表征的是混合物分数 z 的梯度场信息和组分混合特征。一旦标量耗散率 χ 得到确定,方程(2.32)就可以在 z 空间内完全求解,从而获取燃烧火焰的详细结构,即得到各化学组分质量分数和混合物温度等流场量。

2.6　燃烧代码中的制表处理

通过第 2.2~2.4 节对方程(2.1)中相关项的分析和描述,可知为了使得方程(2.1)满足封闭条件,需要得到压力 p、温度 T 等物理量的流场值及各组分的定压比热、定容比热、生成焓、显焓等属性值。

为了提高燃烧代码的执行效率,可以通过预先制表的技术,将各化学组分的相关属性值按一定的格式预先保存在顺序存储的数据文件中。在实际计算过程中,通过对前期的数据文件进行快速的搜索操作,可以获得与某流

场点的温度和化学组分值相对应的定压比热、定容比热、生成焓、显焓等属性值,从而计算得到压力 p、温度 T、流场通量、燃烧源项等值,最终使得控制方程得以封闭和顺利求解。

参考文献

[1] 赵坚行. 燃烧的数值模拟[M]. 北京:科学出版社,2002.

[2] 刘君,周松柏,徐春光. 超声速流动中燃烧现象的数值模拟方法及应用[M]. 长沙:国防科技大学出版社,2008.

[3] Peters N. Turbulent Combustion[M]. New York:Cambridge University Press,2006.

[4] Poinsot T,Veynante D. Theoretical and Numerical Combustion[M]. Philosophical Magazine:R. T. Edwards,2012.

[5] 鲁阳. 超燃冲压发动机燃烧室内流动与燃烧的数值模拟[D]. 杭州:浙江大学,2014.

[6] 谢家华. 激波-火焰-边界层相互作用过程的数值计算[D]. 杭州:浙江大学,2017.

[7] 张阳. 反射激波/边界层相互作用流场分叉特性的高精度计算分析[D]. 杭州:浙江大学,2018.

[8] Sutherland W. The viscosity of gases and molecular force[J]. Philosophical Magazine,1893,5(36):507-531.

[9] Hirschfelder J O,Curtiss C F,Bird R B. Molecular Theory of Gases and Liquid[M]. New York:John Wiley & Sons,1969.

第 3 章　湍流燃烧过程的认识

　　第 2 章详细给出了气态碳氢燃料燃烧过程的数学描述方法。那么,在掌握了准确描述燃烧过程的控制方程后,是否可以立即进行发动机燃烧过程的数值模拟研究呢? 回答是否定的。

　　相关实验研究显示,实际的燃烧过程尤其是高速流动中的燃烧过程,比如火箭发动机、航空发动机、工业燃烧室中的燃烧流动,都具有很强的湍流效应。湍流效应与燃烧效应存在复杂的耦合作用和相互影响,以及一定的随机性。这些物理性质将使得燃烧过程具有鲜明的多尺度特征。

　　复杂的多尺度问题的精确求解在目前的计算机软硬件条件下还没有真正成为现实。现有文献中广泛开展的直接数值模拟(DNS)研究的对象基本上都是简单的低雷诺(Reynolds)数流动问题,DNS 技术应用于真实复杂湍流或燃烧流动的研究还未成熟。开展 DNS 研究需要苛刻的高性能计算硬件,这让国内外能有条件真正开展 DNS 研究的科研团队和个体变得屈指可数,也阻碍了其应用于工程实际研究的可能性。

　　鉴于上述原因,燃烧模型研究成了燃烧过程数值模拟研究中非常关键的工作。燃烧建模的主要工作是:通过对湍流燃烧机理的深入分析和深刻理解,建立合适的物理和数学模型,以准确描述湍流燃烧过程中的湍流效应、化学反应效应及其之间的复杂相互作用,从而使得在目前的计算条件下对湍流燃烧过程进行准确的数值模拟成为可能。

　　本章将对湍流燃烧问题的多尺度特征进行定性和定量的数学描述,给出初步的燃烧模态划分规则,并简要介绍湍流燃烧问题的求解方法。第 4 章和第 5 章将主要关注非预混火焰在雷诺平均纳维-斯托克斯(RANS)模拟和大涡模拟(LES)两种框架下的模拟技术。如果要了解更多的相关内容,读者可以参考文献[1,2]。

3.1　湍流与燃烧火焰的相互作用

　　燃烧过程,即使不考虑湍流效应,也具有复杂的时间和空间尺度。湍流,就其自身而言,也已经是流体力学研究中的复杂课题。将两者有机结合起来的湍流燃烧现象,则在兼有燃烧和湍流各自的力学特征以外,还需要考虑复杂的耦合作用,其力学复杂度和求解难度由此可见一斑。

　　当燃烧火焰与湍流流动发生作用后,一方面,由于燃烧释热,火焰附近的流体流速会得到明显的加速,同时燃烧流场中温度的变化会导致流体黏度发生变化,这些都将引起湍流场的变化和调整;另一方面,湍流流动也会加强化学反应程度或抑制化学反应进行。

3.2　湍流燃烧问题的尺度特征

　　湍流脉动是与分布宽泛的尺度特征相联系的,从大的积分尺度(流动特征尺寸)l_t 延续至最小的柯尔莫哥洛夫(Kolmogorov)尺度 η_k。为了开展湍流燃烧现象的模型研究,我们必须了解湍流能量在不同尺度的湍流脉动中的分布情况。本节将给出与理解湍流燃烧现象和构建湍流燃烧建模方法相关的湍流尺度概念及基础理论知识。

　　(1)湍流强度

　　湍流强度 I 描述的是湍流脉动 ϕ' 的均方根值与湍流平均参考值 $\overline{\phi}_{\text{ref}}$ 之间的比值:

$$I = \frac{\sqrt{\overline{\phi'^2}}}{\phi_{\text{ref}}} \qquad (3.1)$$

　　湍流平均参考值可设定为局部流场平均值或自由来流平均值,视具体情况而定。比如,考虑边界层湍流时,宜将湍流平均参考值取为自由来流平均值。湍流强度 I 的数值一般介于 0 与 10% 之间。

　　(2)湍流雷诺数

　　为了衡量不同尺度旋涡流动中惯性作用与黏性耗散作用之间的对比关

系,定义了与湍流尺度 r 相对应的湍流雷诺数 Re_t。

$$\mathrm{Re}_t(r) = \frac{u'(r)r}{\nu} \tag{3.2}$$

其中,ν 为运动黏度常数,$u'(r)$ 为尺度 r 流动的特征脉动速度。

分析可知,在常见的燃烧流动中,积分尺度 l_t 对应的湍流雷诺数 $\mathrm{Re}_t(l_t)$ 一般在 10^3 量级,所以黏度作用在大尺度流动中不占主导位置。

(3)涡级串与湍流空间尺度

根据柯尔莫哥洛夫级串理论,单位时间内不同流动尺度对应的能量输运值为常数,并与湍动能的耗散率等价:

$$\frac{u'^2(r)}{r/u'(r)} = \frac{u'^3(r)}{r} = \varepsilon \tag{3.3}$$

涡级串理论表明,在柯尔莫哥洛夫尺度的流动中,惯性作用与黏性作用取得平衡,即 $\mathrm{Re}_t(\eta_k) = \frac{u'(\eta_k)\eta_k}{\nu} = 1$,结合式(3.3),有

$$\mathrm{Re}_t(\eta_k) = \frac{u'(\eta_k)\eta_k}{\nu} = \frac{(\eta_k\varepsilon)^{1/3}\eta_k}{\nu} = \frac{\varepsilon^{1/3}\eta_k^{4/3}}{\nu} = 1 \tag{3.4}$$

由此,可以得到柯尔莫哥洛夫尺度与湍流耗散率之间的定量关系式:

$$\eta_k = \left(\frac{\nu^3}{\varepsilon}\right)^{1/4} \tag{3.5}$$

根据式(3.3)和(3.5),可以推导出积分尺度 l_t 与柯尔莫哥洛夫尺度 η_k 的比率关系:

$$\frac{l_t}{\eta_k} = \frac{u'^3(l_t)/\varepsilon}{(\nu^3/\varepsilon)^{1/4}} = \left[\frac{u'(l_t)l_t}{\nu} \cdot \frac{u'^3(l_t)}{l_t\varepsilon}\right]^{3/4} = \left[\frac{u'(l_t)l_t}{\nu}\right]^{3/4} = \mathrm{Re}_t^{3/4}(l_t) \tag{3.6}$$

(4)湍流时间尺度

尺度为 r 的旋涡流动对应的特征时间 $\tau(r)$ 为

$$\tau(r) = \frac{r}{u'(r)} = \frac{r}{(r\varepsilon)^{1/3}} = \left(\frac{r^2}{\varepsilon}\right)^{1/3} \tag{3.7}$$

借助式(3.3)和(3.5),柯尔莫哥洛夫尺度 η_k 与积分尺度 l_t 对应的特征时间可表示成

$$\tau(\eta_k) = \left(\frac{\eta_k^2}{\varepsilon}\right)^{1/3} = \left(\frac{\nu}{\varepsilon}\right)^{1/2}$$

$$\tau(l_t) = \left(\frac{l_t^2}{\varepsilon}\right)^{1/3} = \left[\frac{u'^2(l_t)\tau^2(l_t)}{\varepsilon}\right]^{1/3} \Rightarrow \tau(l_t) = \frac{u'^2(l_t)}{\varepsilon} \approx \frac{k}{\varepsilon} \qquad (3.8)$$

$$\frac{\tau(\eta_k)}{\tau(l_t)} = \frac{(\nu/\varepsilon)^{1/2}}{u'^2(l_t)/\varepsilon} = \left[\frac{\nu}{u'(l_t)l_t}\right]^{1/2} \cdot \left[\frac{\varepsilon l_t}{u'^3(l_t)}\right]^{1/2} = \frac{1}{\sqrt{\mathrm{Re}_t(l_t)}}$$

3.3　非预混火焰的燃烧模态划分

通过对比分析燃烧火焰特征尺度与湍流特征尺度之间的关联,试图建立非预混燃烧模态的划分准则。燃烧模态的认识和划分是构建与发展燃烧模型的前提。

最小的湍流时间尺度是柯尔莫哥洛夫尺度旋涡引起的,因此火焰扩散厚度 l_d($\Delta z = 1$)和火焰扩散时间 $(\tilde{\chi}_{st})^{-1}$($\tilde{\chi}_{st}$ 表示化学恰当比 $z = z_{st}$ 处的标量耗散率)由柯尔莫哥洛夫尺度的流动所控制,即

$$l_d \approx \eta_k$$
$$\tau_f = (\tilde{\chi}_{st})^{-1} \approx \tau(\eta_k) \qquad (3.9)$$

在柯尔莫哥洛夫尺度的流动中,惯性作用与黏性作用取得平衡,即 $\mathrm{Re}_t(\eta_k) = 1$ 。根据柯尔莫哥洛夫级串理论(3.3),可以导出关系式:

$$\frac{u'(\eta_k)\eta_k}{D_{st}} = \frac{\eta_k^2}{D_{st}\tau(\eta_k)} = \frac{l_d^2}{D_{st}\tau_f} = 1 \qquad (3.10)$$

其中, D_{st} 是化学恰当比 $z = z_{st}$ 处的分子扩散系数。

在扩散燃烧火焰中,湍流积分尺度与组分混合区的平均厚度一致,可以用如下的表达式估算:

$$l_t \approx |\nabla \tilde{z}|^{-1} \qquad (3.11)$$

达姆科勒(Damköhler)数 D_a 可描述湍流积分时间尺度与化学时间尺度的对比关系,应用式(3.8),可以得到

$$D_a = \frac{\tau(l_t)}{\tau_c} = \frac{\tau(l_t)}{\tau(\eta_k)} \cdot \frac{\tau(\eta_k)}{\tau_c} \approx \sqrt{\mathrm{Re}_t(l_t)}\,\frac{1}{\tilde{\chi}_{st}\tau_c} \qquad (3.12)$$

根据式(3.12),燃烧模态的划分依赖于具体的达姆科勒数 D_a ,与湍流积分尺度雷诺数 $\mathrm{Re}_t(l_t)$ 、平均标量耗散率 $\tilde{\chi}_{st}$ 及化学反应时间 τ_c 等都有关

联,需要根据具体问题具体分析。

一般情况下,对于快速反应,化学反应时间 τ_c 很小,达姆科勒数 D_a 很大,燃烧火焰的反应区厚度很薄(注:反应区内化学反应速率 $\dot{\omega}_k \neq 0$),即 $l_r \ll l_d$,可近似为层流"小火焰"结构;而对于有限速率反应,反应区厚度 l_r 与火焰扩散厚度 l_d 为同一量级。

3.4　湍流燃烧的求解方法

湍流燃烧过程的数值模拟可以应用两种方法,即 RANS 模拟和大涡模拟(LES)。

①RANS 模拟。RANS 模拟方法是目前工程研究中应用最广泛的湍流模拟技术,通过对瞬时流动方程进行雷诺平均或者法夫雷(Favre)平均,获得流场均值的求解方程。流场均值控制方程的求解需要合理的封闭处理:封闭脉动输运相关项的湍流模型以及描述湍流与化学反应相互作用的燃烧模型。

②大涡模拟。大涡模拟方法通过对瞬态流动方程进行滤波处理,实现直接模拟湍流大尺度结构的非定常效应,而对亚格子流动和燃烧结构则需要用特定的亚格子模型加以考虑。

DNS 可以充分解析燃烧流动中所有尺度范围内的湍流结构,然而受限于当前的计算机软硬件技术,DNS 还未能应用于实际工程问题的模拟研究。RANS 模拟最终获得的则是流动问题的平均流场,没能对湍流结构进行任何程度的解析。

相对而言,从计算网格需求和求解精度两方面来分析,大涡模拟方法是介于 DNS 与 RANS 模拟之间的求解技术,是现有计算资源条件下获取高精度流动燃烧结果的有效技术。

参考文献

[1] Peters N. Turbulent Combustion[M]. New York:Cambridge University Press,2006.

[2] Poinsot T,Veynante D. Theoretical and Numerical Combustion[M]. Philosophical Maga-zine:R. T. Edwards,2012.

第 4 章　非预混火焰的 RANS 模拟技术

国内外在雷诺平均纳维-斯托克斯(RANS)模拟方法的框架内研究燃烧流动的相关工作已经开展得比较成熟。对瞬态燃烧流动方程进行平均化处理,在获得流场物理量平均流动方程的同时,会产生若干项需要封闭处理的源项。对这些由于平均化处理而产生的不封闭项如何进行模化以保证燃烧流动求解的精度,是湍流燃烧模型研究的关键问题和困难所在,也是本章着重阐述的内容。

4.1　RANS 平均流动方程及湍流封闭

本书采用基于密度的多组分控制方程(2.1)描述瞬态燃烧流动过程。对方程(2.1)进行简单的雷诺平均,由于密度脉动的存在,将会产生除 2 阶关联脉动项之外的 3 阶和更高阶的脉动项,从而增加了湍流封闭的复杂性和难度。为了避免这个问题,质量加权平均(也称为法夫雷平均)技术被应用到湍流燃烧代码的编制中,即任意物理量 ϕ 可以被分解为平均量 $\tilde{\phi}$ 和脉动量 ϕ'':

$$\phi = \tilde{\phi} + \phi''$$
$$\tilde{\phi} = \frac{\overline{\rho\phi}}{\bar{\rho}}$$

(4.1)

其中,$\overline{}$ 表示雷诺平均,且有 $\widetilde{\phi''} = 0$。

对瞬态组分控制方程(2.1)和混合物分数输运方程(2.29)进行法夫雷平均,可以得到燃烧流动问题的平均流动控制方程:

$$\frac{\partial \bar{\rho}}{\partial t} + \frac{\partial (\bar{\rho} \tilde{u}_i)}{\partial x_i} = 0$$

$$\frac{\partial (\bar{\rho} \tilde{u}_j)}{\partial t} + \frac{\partial (\bar{\rho} \tilde{u}_i \tilde{u}_j)}{\partial x_i} = -\frac{\partial \bar{p}}{\partial x_j} + \frac{\partial \bar{\tau}_{ij}}{\partial x_i} - \frac{\partial}{\partial x_i} \boxed{(\bar{\rho} \widetilde{u_i'' u_j''})}$$

$$\frac{\partial (\bar{\rho} \tilde{E})}{\partial t} + \frac{\partial [\tilde{u}_i (\bar{\rho} \tilde{E} + \bar{p})]}{\partial x_i} = \frac{\partial \tilde{u}_i \tau_{ij}}{\partial x_j} - \frac{\partial \bar{q}_i}{\partial x_i} - \frac{\partial}{\partial x_i} \boxed{(\bar{\rho} \widetilde{u_i'' E''})} + \boxed{\dot{\bar{\omega}}_T}$$

$$\frac{\partial (\bar{\rho} \tilde{Y}_k)}{\partial t} + \frac{\partial (\bar{\rho} \tilde{u}_i \tilde{Y}_k)}{\partial x_i} = -\frac{\partial (\bar{\rho} \overline{V_{k,i} Y_k})}{\partial x_i} - \frac{\partial}{\partial x_i} \boxed{(\bar{\rho} \widetilde{u_i'' Y_k''})} + \boxed{\dot{\bar{\omega}}_k}$$

$$\frac{\partial (\bar{\rho} \tilde{z})}{\partial t} + \frac{\partial (\bar{\rho} \tilde{u}_i \tilde{z})}{\partial x_i} = \frac{\partial}{\partial x_i} \left(\overline{\rho D \frac{\partial z}{\partial x_i}} \right) - \frac{\partial}{\partial x_i} \boxed{(\bar{\rho} \widetilde{u_i'' z''})}$$

$$(4.2)$$

与瞬态流动原始控制方程相比,法夫雷平均方程(4.2)中增加了若干湍流脉动关联项(见矩形框中的内容)。湍流燃烧建模的目的是提供准确合理的数学模化方法,以封闭这些湍流脉动关联项。

(1)雷诺应力项:$\bar{\rho} \widetilde{u_i'' u_j''}$

湍流燃烧流动模拟中,雷诺应力项的封闭处理与非反应流动情况下的湍流封闭基本一致,比如混合长度模型(0-方程模型)、Spalart-Allmaras(S-A)模型(1-方程模型)、k-ε模型(2-方程模型)、k-ω模型(2-方程模型)和雷诺应力模型等。不同湍流模型都有各自适合或擅长模拟的流动问题,在实际选用时需要特别注意。

(2)组分、能量和混合物分数脉动输运项:$\bar{\rho} \widetilde{u_i'' Y_k''}$、$\bar{\rho} \widetilde{u_i'' E''}$和$\bar{\rho} \widetilde{u_i'' z''}$

组分和能量脉动通量的封闭一般应用经典的梯度扩散假设加以处理,对混合物分数脉动输运项也做类似处理。

$$\bar{\rho} \widetilde{u_i'' Y_k''} - \bar{\rho} D_{tk} \frac{\partial \tilde{Y}_k}{\partial x_i}$$

$$\bar{\rho} \widetilde{u_i'' E''} - \bar{\rho} \lambda_t \frac{\partial \tilde{T}}{\partial x_i} + \bar{\rho} \sum_{k=1}^{N} \left(D_{tk} h_k \frac{\partial \tilde{Y}_k}{\partial x_i} \right)$$

$$D_{tk} = \frac{\mu_t}{Sc_{tk}}$$

$$\lambda_t = \frac{c_p \mu_t}{Pr_t}$$

$$(4.3)$$

其中,湍流施密特数Sc_{tk}和湍流普朗特数Pr_t分别体现了雷诺应力输运能力与组分脉动扩散能力以及热量脉动输运能力之间的对比关系。相关理论和实验表明,在一些特定的湍流火焰中,比如一些湍流预混火焰中,存在逆向湍流输运现象。因此用于湍流封闭处理的梯度假设在描述类似的湍流火焰时存在缺陷,需要格外注意。

（3）分子扩散通量：$\bar{\tau}_{ij}$,$\bar{q}$,$\bar{\rho}\, \overline{V_{k,i}Y_k}$ 和 $\overline{\rho D \dfrac{\partial z}{\partial x_i}}$

在 RANS 平均流动方程中,$\bar{\tau}_{ij}$,$\bar{q}$,$\bar{\rho}\, \overline{V_{k,i}Y_k}$ 和 $\overline{\rho D \dfrac{\partial z}{\partial x_i}}$ 等分子扩散通量的计算不考虑湍流输运效应,而采用层流近似处理方法(以组分扩散通量为例,其他扩散通量的处理与其类似)：

$$\bar{\rho}\, \overline{V_{k,i}Y_k} = -\bar{\rho}\overline{D}_k \frac{\partial \widetilde{Y}_k}{\partial x_i} + \bar{\rho}\overline{V}_i^{\mathrm{corr}}\widetilde{Y}_k \tag{4.4}$$

从而 RANS 平均方程中的组分脉动通量(4.3)和组分扩散通量(4.4)两者可以统一起来计算,即

$$\widetilde{\overline{\rho\, u_i''Y''}}_k \bar{\rho}\, \overline{V_{k,i}Y_k} = -\bar{\rho}(D_{tk} + \overline{D}_k)\frac{\partial \widetilde{Y}_k}{\partial x_i} + \bar{\rho}\overline{V}_i^{\mathrm{corr}}\widetilde{Y}_k \tag{4.5}$$

（4）组分化学反应项 $\overline{\dot{\omega}}_k$ 和化学反应热源项 $\overline{\dot{\omega}}_T$

与湍流非反应流动的数值模拟对比,组分化学反应项与化学反应热源项的建模处理是对湍流燃烧流动模拟的挑战,也是湍流火焰模拟的中心任务。

为了简单起见,又不失问题说明的一般性,考虑燃料和氧化剂的单步不可逆反应(2.24)。

根据第 2 章给出的化学反应速率的计算表达式,单步不可逆反应(2.24)中燃料的平均反应速率可以表示成

$$\overline{\dot{\omega}}_{\mathrm{F}} = \overline{\rho^2 W_{\mathrm{F}} A T^\beta \left(\frac{Y_{\mathrm{F}}}{W_{\mathrm{F}}}\right)\left(\frac{Y_{\mathrm{O}}}{W_{\mathrm{O}}}\right)\exp\left(-\frac{T_{\mathrm{A}}}{T}\right)} \tag{4.6}$$

式(4.6)是关于密度 ρ、温度 T、燃料质量分数 Y_{F} 和氧化剂质量分数 Y_{O} 等物理量的高次非线性量的湍流平均,最终的展开式中将出现包含温度和组分脉动的各阶次关联项,而高阶关联项的封闭存在很大的困难。因此,对平均化学反应速率进行直接封闭在技术上是不可行的。

鉴于此,现有文献大多基于对燃烧火焰物理属性的认识,对比分析湍流时间尺度和化学反应时间尺度的差异,针对不同时间模态的燃烧流动,探索和提出具有问题针对性的化学反应速率湍流封闭模型。

根据是否需要对平均化学反应速率 $\overline{\dot{\omega}}_k$ 进行模化处理,可以将湍流燃烧

建模的具体实现方法分为两类[1, 2]:模化 $\tilde{Y}_k$,$\tilde{T}$ 方法和模化 $\overline{\dot{\omega}}_k$ 方法。简要的实现步骤分别简介如下。

· 模化 $\tilde{T}_k$,$\tilde{T}$ 方法

①通过湍流燃烧程序,求解 $\bar{\rho}$,$\tilde{u}$,$\tilde{v}$,$\tilde{w}$,$\tilde{z}$,$\widetilde{z''^2}$ 等物理平均量;

② 根据流场的 $\tilde{z}$,$\widetilde{z''^2}$ 等数据,估计混合物分数 z 在流场中出现的概率密度函数 $p(z)$;

③根据概率分布信息或预先给定的 z 空间火焰结构信息库,计算流场内组分质量分数以及温度的平均值 $\tilde{Y}_k$ 和 $\tilde{T}$。

· 模化 $\overline{\dot{\omega}}_k$ 方法

①根据概率分布信息和预先给定的 z 空间化学反应速率信息库,计算流场内的平均化学反应速率 $\overline{\dot{\omega}}_k$;

②通过求解对应的输运方程,获取 $\bar{\rho}$,$\tilde{u}$,$\tilde{v}$,$\tilde{w}$,$\tilde{Y}_k$,$\tilde{T}$ 等描述流动和燃烧特征所必要的物理平均量。

研究发现,两类燃烧建模方法在计算量和求解准确度方面有着较大的差异。第一类方法由于不需要求解组分输运方程,因此在求解复杂多组分反应时,具有相对较小的计算量。但是第二类方法在考虑燃烧问题可压缩性和热损失效应方面具有相对的优势。在实际应用中,采用哪一类建模方法需要视问题的具体表现而做决定。

本章的后面部分将针对快速反应和有限速率反应问题分别介绍当前已发展成熟和正在发展的燃烧建模方法。其中所提到的建模方法基本上都可以归类到上述两类方法中。

4.2　快速化学反应模型

对于快速化学反应问题,化学反应的时间尺度很短,化学反应流场相关物理量的分布主要受控于流动特征尺度,可以采用快速化学反应模型加以考虑,具体包括模化质量分数的假定概率密度函数方法、模化化学反应速率的涡耗散概念模型以及模化化学反应速率的假定概率密度函数方法等。

4.2.1　模化质量分数的假定概率密度函数方法

应用于快速化学反应的模化质量分数的假定概率密度函数方法属于第 4.1 节中提到的第一类燃烧建模方法。该方法在具体实现中主要包含以下三个关键步骤。

（1）求解输运方程

第 4.1 节已经给出了 $\bar{\rho}$，$\tilde{u}$，$\tilde{v}$，$\tilde{w}$ 和 $\tilde{z}$ 等湍流平均量的求解方程及对应的湍流脉动项，即雷诺应力项 $\overline{\rho u_i'' u_j''}$，混合物分数脉动输运项 $\overline{\rho u_i'' z''}$ 封闭处理方法。在实际应用中，结合燃烧流动问题的具体特征，选择合适的湍流模型以进行封闭处理。这是准确获取流场平均值的关键所在。

在估算概率密度函数时，需要求解混合物分数脉动分量的均方值，即 $\widetilde{z''^2}$。这里直接给出 $\widetilde{z''^2}$ 的输运方程，具体推导参见文献[2]。

$$\frac{\partial(\bar{\rho}\,\widetilde{z''^2})}{\partial t} + \frac{\partial(\bar{\rho}\,\tilde{u}_i\,\widetilde{z''^2})}{\partial x_i}$$

$$= \frac{\partial}{\partial x_i}\left(\bar{\rho}\,\overline{D\,\frac{\partial z''^2}{\partial x_i}}\right) + 2\,\overline{z''\,\frac{\partial}{\partial x_i}\left(\bar{\rho}D\,\frac{\partial z}{\partial x_i}\right)}$$

$$- \frac{\partial}{\partial x_i}(\bar{\rho}\,\overline{u_i'' z''^2}) - 2\bar{\rho}\,\overline{u_i'' z''}\,\frac{\partial \tilde{z}}{\partial x_i} - 2\bar{\rho}\,\overline{D\,\frac{\partial z''}{\partial x_i}\,\frac{\partial z''}{\partial x_i}} \qquad (4.7)$$

其中，右边第 1 项和第 2 项是分子输运项，在大雷诺数流动中与湍流输运量相比为小量，可以忽略不计；右边第 3 项和第 4 项分别为湍流输运项和湍流产生项，可采用梯度假设加以近似；右边第 5 项为均方值 $\widetilde{z''^2}$ 的标量耗散率，其与湍动能 k 和耗散率 ε 存在如下关系式（$c \approx 1$）：

$$\frac{\tilde{\chi}}{\widetilde{z''^2}} = c\,\frac{\varepsilon}{k}$$

$$\tilde{\chi} = 2\,\overline{D\,\frac{\partial z''}{\partial x_i}\,\frac{\partial z''}{\partial x_i}} \qquad (4.8)$$

（2）估算概率密度函数

混合物分数 z 的概率密度函数描述的是湍流与燃烧的相互作用对流场中混合物分数 z 分布的影响结果，因此，确定概率密度函数是该燃烧模型中的关键步骤，也是决定模拟结果准确与否的重要因素。

在实际应用中,概率密度函数的类型需要预先假定[3],其中应用最为广泛的是 β 函数型的概率密度函数,其只依赖于燃烧流场的平均混合物分数 $\tilde{z}$ 及其脉动均方值 $\widetilde{z''^2}$ 。

$$p(z) = \beta^{-1}(m,n)z^{m-1}(1-z)^{n-1} = \frac{\Gamma(m+n)}{\Gamma(m)\Gamma(n)}z^{m-1}(1-z)^{n-1}$$

$$\beta(m,n) = \int_0^1 z^{*\,m-1}(1-z^*)^{n-1}\mathrm{d}z^*$$

$$\Gamma(x) = \int_0^{+\infty} \mathrm{e}^{-t}t^{x-1}\mathrm{d}t \tag{4.9}$$

$$m = \frac{\tilde{z}^2(1-\tilde{z})}{\widetilde{z''^2}} - \tilde{z}$$

$$n = m\frac{1-\tilde{z}}{\tilde{z}}$$

用式(4.9)定义的概率密度函数可以保证等式 $\tilde{z} = \int_0^1 zp(z)\mathrm{d}z$ 和 $\widetilde{z''^2} = \int_0^1 (z-\tilde{z})^2 p(z)\mathrm{d}z$ 成立。

(3)获取组分质量分数和温度的平均值

在给定混合物分数 z 分布的概率密度函数 $p(z)$ 后,根据式(4.10)可以计算出组分质量分数和温度的平均值 $\widetilde{Y_k}$ 和 $\widetilde{T}$:

$$\widetilde{Y}_k = \int_0^1 Y_k(z)p(z)\mathrm{d}z$$

$$\widetilde{T} = \int_0^1 T(z)p(z)\mathrm{d}z \tag{4.10}$$

其中,$Y_k(z)$ 和 $T(z)$ 为混合物分数 z 空间内的火焰结构信息。对于快速化学反应而言,化学反应速率与湍流时间尺度相比可视为无限快,在流场中燃料与氧化剂是不能共存于同一空间位置的。因此,在扩散火焰的燃料区域内有 $Y_O(z) = 0$,而在氧化剂区域内有 $Y_F(z) = 0$ 。由此根据混合物分数的表达式(2.30),可以推导出快速化学反应扩散火焰的燃料区域满足($z > z_{st}$)

$$Y_F(z) = zY_F^0 + (z-1)\frac{Y_O^0}{s} = Y_F^0\frac{z-z_{st}}{1-z_{st}}$$

$$Y_O(z) = 0 \tag{4.11}$$

$$T(z) = zT_F^0 + (1-z)T_O^0 + z\frac{Q}{C_p}(Y_F^0 - Y_F)$$

其中，$z_{st} = \dfrac{1}{\phi+1} = \dfrac{1}{s\dfrac{Y_F^0}{Y_O^0}+1}$ 是化学反应恰当比区（$Y_F = Y_O = 0$）的混合

物分数值。而氧化剂区域则满足（$z < z_{st}$）

$$Y_F(z) = 0$$

$$Y_O(z) = (1-z)Y_O^0 - szY_F^0 = Y_O^0\left(1-\frac{z}{z_{st}}\right) \tag{4.12}$$

$$T(z) = zT_F^0 + (1-z)T_O^0 + z\frac{Q}{C_p}Y_F^0$$

4.2.2 模化化学反应速率的涡耗散概念模型

应用于快速化学反应的模化化学反应速率的涡耗散概念模型[4]属于第4.1节中提到的第二类燃烧建模方法。该方法的具体实现步骤如下。

（1）估计平均化学反应速率

在快速燃烧反应中，燃料和氧化剂以相对较低的速度进入反应区，而在反应区内，燃料和氧化剂的燃烧释热时间十分短暂。因此，快速燃烧反应的化学反应速率是由湍流混合效应控制的，对应的化学动力学过程细节可以忽略不计。

鉴于此，同样以包含燃料和氧化剂的单步反应（2.24）为例，燃料平均化学反应速率 $\bar{\dot{\omega}}_F$ 可如下计算。可见燃料平均化学反应速率依赖于燃料平均质量分数 $\widetilde{Y}_F$、氧化剂平均质量分数 $\widetilde{Y}_O$、化学产物平均质量分数 $\widetilde{Y}_P$ 以及湍流积分尺度混合时间 τ_t（$\approx k/\varepsilon$）等物理量。

$$\overline{\rho\dot{\omega}_F} = C\bar{\rho}\frac{1}{\tau_t}\min\left(\widetilde{Y}_F, \frac{\widetilde{Y}_O}{s}, \beta\frac{\widetilde{Y}_P}{1+s}\right) \tag{4.13}$$

（2）求解输运方程

在获得平均化学反应速率后，通过求解对应的输运方程，可以获取 $\bar{\rho}$，$\widetilde{u}$、$\widetilde{v}$、$\widetilde{w}$、$\widetilde{Y}_k$ 和 $\widetilde{T}$ 等描述流动和燃烧特征所必要的物理平均量。

可见,涡耗散概念模型的思想十分直接明了。在具体使用中,需要根据实际问题调整模型常数 C 和 β 的具体数值。另外,为了保证计算流场能有足够的能量激发燃烧过程,需要在计算开始对各化学组分给出合适的初始质量分数。比如,如果燃烧反应的计算是在冷态混合流场计算结果的基础上开始的,由于计算初始燃烧产物质量分数 $\widetilde{Y}_P = 0$,则由式(4.13)计算得到的化学反应速率为零,即燃烧过程不能点火启动。因此,在计算初始必须保证流场中存在一定量的燃烧产物,即 $\widetilde{Y}_P \neq 0$。

4.2.3 模化化学反应速率的假定概率密度函数方法

模化化学反应速率的假定概率密度函数方法也属于第 4.1 节中提到的第二类燃烧建模方法。该方法的具体实现步骤如下。

(1)估计平均化学反应速率

假定火焰具有稳态特征,则根据式(2.32),可以获得 z 空间内化学反应速率 $\dot{\omega}_k(z)$ 的表达式:

$$\dot{\omega}_k(z) = -\frac{\rho\chi}{2}\frac{\partial^2 Y_k}{\partial z^2} \tag{4.14}$$

继续假定考察的是快速化学反应流动问题,根据式(4.11)和(4.12)描述的 z 空间快速化学反应之扩散火焰结构,并应用数学分析中定义的赫维赛德(Heaviside)函数和 δ 函数,可以推知组分质量分数在 z 空间内的 2 阶偏导数的表达式为

$$\frac{\partial^2 Y_k}{\partial z^2} = \frac{\partial}{\partial z}\left[Y_F^0 \frac{H(z-z_{st})}{1-z_{st}}\right] = Y_F^0 \frac{\delta(z-z_{st})}{1-z_{st}} \tag{4.15}$$

在此基础上,如果知道混合物分数 z 与标量耗散率 χ 的联合概率密度分布函数 $p(\chi,z)$,那么流场物理空间内的平均化学反应速率 $\bar{\dot{\omega}}_k$ 可以表示为

$$\begin{aligned}
\bar{\dot{\omega}}_k &= \int_0^1\int_0^\infty \dot{\omega}(\chi,z)p(\chi,z)\mathrm{d}\chi\mathrm{d}z \\
&= -\frac{1}{2}\frac{Y_F^0}{1-z_{st}}\int_0^1\int_0^\infty \rho\chi\delta(z-z_{st})p(\chi,z)\mathrm{d}\chi\mathrm{d}z \\
&= -\frac{1}{2}\frac{Y_F^0}{1-z_{st}}\int_0^\infty \rho\chi\left[\int_0^1 \delta(z-z_{st})p(\chi,z)\mathrm{d}z\right]\mathrm{d}\chi
\end{aligned} \tag{4.16}$$

由 δ 函数的定义可知,$\int_0^1 \delta(z-z_{st})p(\chi,z)\mathrm{d}z = p(\chi,z_{st})$,因此,

$$\bar{\dot{\omega}}_k = -\frac{1}{2}\frac{Y_F^0}{1-z_{st}}\int_0^\infty \rho \chi p(\chi, z_{st})\mathrm{d}\chi \approx -\frac{1}{2}\frac{Y_F^0}{1-z_{st}}\overline{\rho \chi}\tilde{p}(z_{st}) \quad (4.17)$$

至此,只要获悉混合物分数 z 取 z_{st} 时的概率密度函数,就能从式 (4.17)计算得到流场物理空间中化学反应速率 $\bar{\dot{\omega}}_k$。

(2)求解输运方程

在获得平均化学反应速率后,通过求解对应的输运方程,可以获取 $\bar{\rho}$,$\tilde{u}$,$\tilde{v}$,$\tilde{w}$,$\tilde{Y}_k$ 和 $\tilde{T}$ 等描述流动和燃烧特征所必要的物理平均量,不再赘述。

4.3　有限速率化学反应模型

在快速化学反应问题中,化学反应的时间很短,可以忽略不计,因此燃烧火焰结构中的相关物理量(组分质量分数和温度等)与混合物分数是一一对应的,而与具体的反应过程无关,图 4.1~4.3 中的红色实线分别展示了快速反应条件下温度 T、组分质量分数(Y_F、Y_O)与混合物分数 z 之间的函数关系,对应的函数曲线是唯一的。以此为基础,发展了第 4.2 节中介绍的适用于快速化学反应问题的若干种湍流燃烧模型。

然而,在大多数情况下,快速化学反应的假定并不总能成立,因此要在燃烧模拟中考虑有限速率化学反应。在有限速率化学反应中,化学反应时间尺度 τ_c 与流动时间尺度 τ_f 相比不能被忽略,燃烧流场中各个空间位置的组分质量分数和温度等物理量就不仅仅依赖于混合物分数 z 了,还与 Damköhler 数 D_a 有着密切的联系,参见图 4.1~4.3。也就是说,对于某一给定的混合物分数值 z_0,需要结合具体的燃烧模态(由 D_a 数表征)才能确定其对应的流场区域是混合区、反应区还是熄火区,从而计算得到具体的流动变量值。

因此,发展适合有限速率反应问题模拟的燃烧模型存在更大的困难,有很多研究工作要开展。下面简要介绍几类可以用于有限速率问题模拟方法。

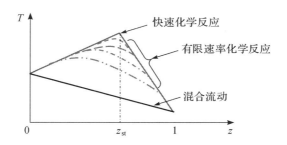

图 4.1　不同燃烧模态对应的温度函数关系

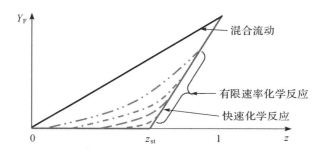

图 4.2　不同燃烧模态对应的燃料组分函数关系

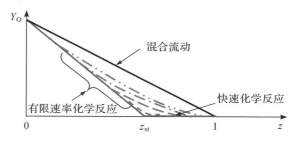

图 4.3　不同燃烧模态对应的氧化组分函数关系

4.3.1　模化质量分数的小火焰模拟方法

模化质量分数的小火焰模拟方法属于第 4.1 节中提到的第一类燃烧建模方法。该方法在具体实现中主要包含以下三个关键步骤。

（1）创建火焰结构信息库

由第 2.5.2 节可知,如果火焰面是个"薄层"（即 D_a 数是大值）,可以将其近似为 1 维特征,即 z 等值面的法向梯度项与平行梯度项相比具有很大的优势,则对应的火焰结构可用"小火焰"方程进行描述[5]。

创建火焰结构信息库是实现小火焰模拟方法的关键步骤。通过求解式(2.30),可以获得火焰结构的详细信息,即 $Y_k(z,\chi_{st})$ 和 $T(z,\chi_{st})$。其中,χ_{st} 表示火焰反应恰当比处的标量耗散率值。在实际编程计算中,为了提高计算效率,可以事先将函数关系 $Y_k(z,\chi_{st})$ 和 $T(z,\chi_{st})$ 制作成具有离散特征的数据库表格,以便后续湍流计算的插值处理。这些工作是独立的,与实际求解的燃烧问题无关。

(2)求解输运方程

$\bar{\rho}$,$\widetilde{u}$,$\widetilde{v}$,$\widetilde{w}$,$\widetilde{z}$ 和 $\widetilde{z''^2}$ 等湍流平均量的求解方程在方程(4.2)和(4.7)中已经给出,方程中包含的湍流脉动项的封闭处理方法可参见第 4.1 节相关内容。通过可靠的计算流体力学程序代码,可以准确计算出燃烧流场中平均量的分布情况。

(3) 获取组分和温度的平均值

在"薄层"火焰的假定前提下,z 空间内的组分质量分数 $Y_k(z,\chi_{st})$ 及温度 $T(z,\chi_{st})$ 可以用式(2.30)给出的"小火焰"方程加以描述和计算。根据概率平均的概念,实际流场中组分质量分数和温度的平均值可以计算如下:

$$\bar{\rho}\,\widetilde{Y}_k = \int_0^\infty \int_0^1 \rho Y_k(z,\chi_{st})\,p(z,\chi_{st})\,\mathrm{d}z\mathrm{d}\chi_{st}$$
$$\bar{\rho}\widetilde{T} = \int_0^\infty \int_0^1 \rho T(z,\chi_{st})\,p(z,\chi_{st})\,\mathrm{d}z\mathrm{d}\chi_{st}$$

(4.18)

其中,$p(z,\chi_{st})$ 是混合物分数 z 与标量耗散率 χ_{st} 的联合概率密度函数。至此为止,需要做的主要工作是确定联合概率密度函数 $p(z,\chi_{st})$ 的表达形式,介绍如下。

为了降低联合概率密度函数计算的复杂度,一般进行与统计无关的假定,即 $p(z,\chi_{st}) = p(z)p(\chi_{st})$。其中,概率密度函数 $p(z)$ 的计算可以采用式(4.9)定义的 β 函数型概率密度函数,其只依赖于燃烧流场的平均混合物分数 $\widetilde{z}$ 及其脉动均方值 $\widetilde{z''^2}$。

根据文献[6]的建议,χ_{st} 的概率分布函数 $p(\chi_{st})$ 可以计算如下:

$$p(\chi_{\text{st}}) = \frac{1}{\sqrt{2\pi}\,\sigma\chi_{\text{st}}} \exp\left[-\left(\frac{\ln\chi_{\text{st}} - \mu}{\sqrt{2}\,\sigma}\right)^2\right]$$

$$\sigma^2 = \ln\left[1 + \left(\frac{\sqrt{\widetilde{\chi''^2_{\text{st}}}}}{\widetilde{\chi}_{\text{st}}}\right)^2\right] \tag{4.19}$$

$$\mu = \ln\widetilde{\chi}_{\text{st}} - \frac{\sigma^2}{2}$$

文献[6]指出,参数 σ 的取值对概率密度函数 $p(\chi_{\text{st}})$ 的影响较小,因此一般取为常值 $\sigma = 1$,对应的 $\sqrt{\widetilde{\chi''^2_{\text{st}}}}/\widetilde{\chi}_{\text{st}} = 1.31$。

在"薄层"火焰的假定前提下,相关理论推导证明 $\widetilde{\chi}_{\text{st}}$ 与 $\widetilde{\chi}$ 之间满足

$$\widetilde{\chi}_{\text{st}} = \frac{\widetilde{\chi}}{\displaystyle\int_0^1 \exp\left[\frac{2}{\text{erf}(2z_{\text{st}} - 1)^2}\right]\Big/\exp\left[\frac{2}{\text{erf}(2z - 1)^2}\right]p(z)\mathrm{d}z} \tag{4.20}$$

$\widetilde{\chi}_{\text{st}}$ 计算表达式中的平均标量耗散率 $\widetilde{\chi}$ 通常根据方程(4.8)给出的关系式 $\widetilde{\chi} = c\dfrac{\varepsilon}{k}\widetilde{z''^2}$ 加以确定。误差函数 $\text{erf}(\alpha)$ 定义式为

$$\text{erf}(\alpha) = \frac{2}{\sqrt{\pi}}\int_0^\alpha \mathrm{e}^{-x^2}\mathrm{d}x \tag{4.21}$$

4.3.2 模化质量分数的条件矩封闭方法

模化质量分数的条件矩封闭方法是由 Klimenko[7] 和 Bilger[8] 分别独立提出的,对湍流燃烧机制有着更准确的描述能力。

条件矩封闭方法的基本思路与"小火焰"方法是一样的。不同之处在于对组分质量分数和温度的平均值的求解。为了提高燃烧建模的精度,条件矩封闭方法用更为一般的概率计算式估算组分质量分数和温度的平均值:

$$\overline{\rho}\,\widetilde{Y}_k = \int_0^1 (\overline{\rho Y_k \mid z})p(z)\mathrm{d}z$$

$$\overline{\rho}\widetilde{T} = \int_0^1 (\overline{\rho T \mid z})p(z)\mathrm{d}z \tag{4.22}$$

与"小火焰"方法一样,这里的概率密度函数 $p(z)$ 也是根据 $\widetilde{z}$ 和 $\widetilde{z''^2}$ 的流场数据计算得到的。但对表达式中的 $\overline{\rho Y_k \mid z}$ 和 $\overline{\rho T \mid z}$,即混合物分数值为 z 时组分质量分数和温度的条件平均值,需要做更多考虑。

在"小火焰"方法中,由于应用了"薄层"火焰的假定,组分质量分数和温

度的条件平均值可以用 z 空间的"小火焰"方程加以计算。

在条件矩封闭方法中,$\overline{\rho Y_k \mid z}$ 和 $\overline{\rho T \mid z}$ 的估算是通过建立相应的基于 z 空间的平衡方程加以描述的。因此,条件矩封闭方法虽然能对湍流燃烧过程进行更为准确的模拟,但其所需要的计算开销也是不容忽视的。

4.3.3　模化化学反应速率的假定概率密度小火焰模拟方法

模化化学反应速率的假定概率密度小火焰模拟方法属于第 4.1 节中提到的第二类燃烧建模方法。与"小火焰"方法类似,该方法在具体实现中包含以下三个关键步骤。

(1)创建化学反应速率信息库

在"小火焰"方法中,需要创建组分质量分数 Y_k、温度 T 与混合物分数 z 及其标量耗散率 χ_{st} 之间的函数关系库。在本方法中,需要建立的是化学反应速率与混合物分数 z 及其标量耗散率 χ_{st} 之间的函数关系库 $\dot{\omega}_k(z, \chi_{st})$,这也是通过求解方程(2.30)得到的。

(2)估计平均化学反应速率

基于 z 空间内的化学反应速率信息库 $\dot{\omega}_k(z, \chi_{st})$,根据概率平均的概念,实际流场中化学反应速率的平均值可以计算如下:

$$\bar{\dot{\omega}}_k = \int_0^1 \int_0^\infty \dot{\omega}_k(z, \chi_{st}) p(z, \chi_{st}) \mathrm{d}z \mathrm{d}\chi_{st} \tag{4.23}$$

混合物分数 z 与标量耗散率 χ_{st} 的联合概率密度函数 $p(z, \chi_{st})$ 在统计无关的假设下可以简化为

$$p(z, \chi_{st}) = p(z) p(\chi_{st}) \tag{4.24}$$

其中,概率密度函数 $p(z)$ 和 $p(\chi_{st})$ 的计算与"小火焰"燃烧模型中的处理方法一致。估算概率密度函数时需要提供的 $\tilde{z}$ 和 $\widetilde{z''^2}$ 等物理量的流场平均值可以通过求解对应的输运方程获得。

(3)求解输运方程

在获得平均化学反应速率后,通过求解对应的输运方程,可以获取 $\bar{\rho}$、$\tilde{u}$、$\tilde{v}$、$\tilde{w}$、$\tilde{Y}_k$ 和 $\tilde{T}$ 等描述流动和燃烧特征所必要的物理平均量,不再赘述。

4.3.4　模化化学反应速率的火焰面密度方法

模化化学反应速率的火焰面密度方法的具体实现在文献[9]中有详细

介绍。该方法主要包含以下三个关键步骤。

(1)创建化学反应速率积分信息库

首先,建立化学反应速率积分信息库 $\dot{\Omega}_k(\chi_{st})$,$\dot{\Omega}_k(\chi_{st})$ 表示化学反应速率沿火焰面法向的积分值,即

$$\dot{\Omega}_k(\chi_{st}) = \int \dot{\omega}_k(z, \chi_{st}) \mathrm{d}n \tag{4.25}$$

(2)估计平均化学反应速率

基于化学反应速率积分信息库 $\dot{\Omega}_k(\chi_{st})$,可将平均化学反应速率 $\bar{\omega}_k$ 表示为单位火焰面积反应速率 $\overline{\dot{\Omega}_k(\chi_{st})}$ 与火焰面密度 A 的乘积:

$$\bar{\omega}_k = \overline{\dot{\Omega}_k(\chi_{st})} \cdot A \approx \dot{\Omega}_k(\tilde{\chi}_{st}) \cdot A \tag{4.26}$$

其中,$\dot{\Omega}_k(\tilde{\chi}_{st})$ 可以直接从步骤(1)中创建的反应速率积分信息库中搜索得到。火焰面密度 A 的求解方程为(为简单起见,以单步反应为例)

$$\frac{\partial A}{\partial t} + \frac{\partial \tilde{u}_i A}{\partial x_i} = \frac{\partial}{\partial x_i}\left(\frac{\mu_t}{\varrho_c}\frac{\partial A}{\partial x_i}\right) + \frac{\alpha}{\tau(l_t)}A - \beta\left(\frac{\dot{\Omega}_F}{\rho \tilde{Y}_F} + \frac{\dot{\Omega}_O}{\rho \tilde{Y}_O}\right)A^2 \tag{4.27}$$

其中,$\tau(l_t) \approx \dfrac{k}{\varepsilon}$ 为湍流时间尺度,α 和 β 为模型方程常数。

(3)求解输运方程

在获得化学反应速率积分平均值后,通过求解对应的输运方程,可以获取 $\bar{\rho}$,$\tilde{u}$,$\tilde{v}$,$\tilde{w}$,$\tilde{Y}_k$ 和 $\tilde{T}$ 等描述流动和燃烧特征所必要的物理平均量,不再赘述。

4.3.5　模化化学反应速率的完全概率密度函数方法

第 4.3.3～4.3.4 节中介绍的两种模化 $\bar{\omega}_k$ 方法都是基于层流"小火焰"假定的,即火焰面满足 1 维"薄层"假设,火焰结构只依赖于火焰面法向坐标。在模化化学反应速率的完全概率密度函数方法中,不需要对火焰结构做任何层次的假设,组分($Y_1 \sim Y_N$)和温度(Y_{N+1})的平均反应速率直接根据概率分布理论计算如下:

$$\bar{\omega}_k = \int_{Y_1=0}^{1} \cdots \int_{Y_{N+1}=0}^{1} \dot{\omega}_k(Y_1, \cdots, Y_{N+1}) p(Y_1, \cdots, Y_{N+1}) \mathrm{d}Y_1 \cdots \mathrm{d}Y_{N+1} \tag{4.28}$$

其中,化学反应速率 $\dot{\omega}_k(Y_1, \cdots, Y_N, Y_{N+1})$ 直接根据阿伦尼乌斯法则进行计算,详细计算方法参考第 2.4 节。$p(Y_1, \cdots, Y_N, Y_{N+1})$ 描述的是各组分质量

分数和温度等物理量的联合概率密度函数。

因此,该方法理论上可以处理任意复杂的化学反应问题。但如何估算联合概率密度函数 $p(Y_1,\cdots,Y_N,Y_{N+1})$ 是完全概率密度函数方法的最大难点和挑战。

$p(Y_1,\cdots,Y_N,Y_{N+1})$ 的给定可以遵循两条途径。其一是假定概率密度函数方法,这与基于"小火焰"假定的燃烧建模中的处理方法一致。然而,实践研究表明,对于超过两个组分以上的化学反应系统,给定合适的联合概率密度函数形式存在很大的困难和不确定性。另一种方法是求解与联合概率密度函数对应的输运方程。关于输运方程的推导可以参见相关文献[3,9],推导结果如下:

$$\bar{\rho}\,\frac{\partial p}{\partial t} + \bar{\rho}\,\tilde{u}_i\,\frac{\partial p}{\partial x_i} = \Theta^{\mathrm{conv}} + \Theta^{\mathrm{diff}} + \Theta^{\mathrm{reac}} \tag{4.29}$$

其中,

$$\Theta^{\mathrm{conv}} = -\frac{\partial}{\partial x_i}\big[\bar{\rho}\,\overline{u''_i \mid (Y_1,\cdots,Y_{N+1})}\,p\big] \tag{4.30}$$

$$\Theta^{\mathrm{diff}} = -\bar{\rho}\sum_{k=1}^{N+1}\frac{\partial}{\partial Y_k}\big[\overline{\frac{1}{\rho}\frac{\partial}{\partial x_i}\Big(\rho D\frac{\partial Y_k}{\partial x_i}\Big)\mid (Y_1,\cdots,Y_{N+1})}\,p\big] \tag{4.31}$$

$$\Theta^{\mathrm{reac}} = -\bar{\rho}\sum_{k=1}^{N+1}\frac{\partial}{\partial Y_k}\big[\overline{\frac{1}{\rho}\dot{\omega}_k(Y_1,\cdots,Y_{N+1})}\,p\big] \tag{4.32}$$

对于方程(4.29),左边第 1 项描述概率密度函数在流场物理空间内的非定常演化;左边第 2 项是物理空间内平均流动引起的对流项;右边第 1 项 Θ^{conv} 是物理空间内湍流脉动引起的对流效应;右边项 Θ^{diff} 和 Θ^{reac} 分别是组分空间 $(Y_1,\cdots,Y_{N+1})$ 内的掺混和化学反应效应。

Θ^{reac} 只与局部物理量关联,不需要任何形式的封闭处理,因此该方程能求解复杂化学反应系统的联合概率密度函数。湍流对流和扩散项需要进行合理的封闭处理。

参考文献

[1] Peters N. Turbulent Combustion[M]. New York: Cambridge University Press, 2006.

[2] Poinsot T, Veynante D. Theoretical and Numerical Combustion[M]. Philosophical Magazine: R. T. Edwards, 2012.

[3] Pope S. PDF methods for turbulent reactive flows[J]. Progress in Energy and Combustion Science, 1985, 11(2):119-192.

[4] Magnussen B, Hjertager B. On mathematical modeling of turbulent combustion with special emphasis on soot formation and combustion[J]. Symposium (International) on Combustion, 1977, 16(1):719-729.

[5] Peters N. Laminar diffusion flamelet models in non-premixed turbulent combustion[J]. Progress in Energy and Combustion Science, 1984(10):319-339.

[6] Effelsberg E, Peters N. Scalar dissipation rates in turbulent jets and jet diffusion flames[J]. Symposium (International) on Combustion, 1989, 22(1):693-700.

[7] Klimenko A. Multicomponent diffusion of various admixtures in turbulent flow[J]. Fluid Dynamics, 1990,25(3):327-334.

[8] Bilger R. Conditional moment closure for turbulent reacting flow[J]. Physics of Fluids A, 1993,5(2):436-444.

[9] Veynante D, Vervisch L. Turbulent combustion modeling[J]. Progress in Energy and Combustion Science, 2002(28):193-266.

第 5 章　非预混火焰的 LES 技术

　　湍流燃烧过程包含湍流、混合、质量/能量输运、辐射及多相流动等复杂现象,并且各种流动现象之间存在复杂的耦合作用,整个物理过程呈现很强的非定常特性。针对燃烧过程建立的数值模型必须具有准确预测湍流与化学反应非定常相互作用过程的能力,从而为实际燃烧系统的定量数值预测和优化设计提供有力的计算工具。

　　直接数值模拟(DNS)可以在全尺度范围内求解速度及标量的湍流脉动,文献[1,2]用直接模拟技术对简单燃烧火焰进行计算,取得了良好的结果。然而相关计算对计算资源的需求很高,并且目前只限于对低雷诺数燃烧流动问题的分析。

　　在工程实际应用中,非定常雷诺平均数值模拟(U-RANS)和大涡模拟(LES)发挥了很大的作用。U-RANS 方法对非定常的平均流动进行的是直接求解,而全尺度范围内的湍流脉动需要进行合理的模化处理,选择合理的湍流模化方法是 U-RANS 的核心和困难所在,是使模拟结果准确的关键。LES 应用了流场滤波的概念,与网格尺度对比,较大尺度的湍流结构得到了直接求解,而小尺度湍流结构需要用亚网格模型进行模化处理,其在物理特性上不易受大尺度几何和边界条件的影响,在建立普适模化方法上具有很大的可行性。LES 在无反应流动中的成功应用为其推广到燃烧反应问题的模拟提供了大量研究积累。

　　基于 RANS 的湍流燃烧建模方法到目前为止已经发展得相对比较成熟。然而,用 LES 技术研究燃烧流动的工作在国内外仍处于研究和探索阶段,还有很多需要深入探讨的问题和难点,对应的研究成果还不是很完善,缺乏系统性。因此,本章将主要基于对现有文献的研读,简要介绍 LES 燃烧建模的发展现状具体可参考文献[3,4]。

5.1　滤波方程及亚格子模型封闭

LES 技术是迄今为止模拟湍流多尺度问题的优秀候选,滤波操作是 LES 技术的基础。最常用的滤波操作如下(φ 和 $\bar\varphi$ 分别为原始变量和滤波量):

$$\bar\varphi(\boldsymbol{x}) = \int \varphi(\boldsymbol{x}')F(\boldsymbol{x}' - \boldsymbol{x})\mathrm{d}\boldsymbol{x}'$$

$$F(\boldsymbol{x}' - \boldsymbol{x}) = \begin{cases} \dfrac{1}{\Delta^3}, & \mid x_i' - x_i \mid \leqslant \dfrac{\Delta}{2} \\ 0, & \mid x_i' - x_i \mid > \dfrac{\Delta}{2} \end{cases} \quad (i = 1,2,3) \tag{5.1}$$

对方程(2.1)进行密度平均法夫雷滤波操作,可以得到燃烧流动问题的滤波方程:

$$\frac{\partial \bar\rho}{\partial t} + \frac{\partial (\bar\rho\,\tilde{u}_i)}{\partial x_i} = 0$$

$$\frac{\partial (\bar\rho\,\tilde{u}_j)}{\partial t} + \frac{\partial (\bar\rho\,\tilde{u}_i\,\tilde{u}_j)}{\partial x_i} = -\frac{\partial \bar p}{\partial x_j} + \frac{\partial \bar\tau_{ij}}{\partial x_i} - \frac{\partial}{\partial x_i}\boxed{\bar\rho(\widetilde{u_iu_j} - \tilde{u}_i\tilde{u}_j)} \tag{5.2}$$

$$\frac{\partial (\overline{\rho E})}{\partial t} + \frac{\partial [\tilde{u}_i(\overline{\rho E} + \bar p)]}{\partial x_i} = \frac{\partial \tilde{u}_i\bar\tau_{ij}}{\partial x_j} - \frac{\partial \bar q_i}{\partial x_i} - \frac{\partial}{\partial x_i}\boxed{\bar\rho(\widetilde{u_iE} - \tilde{u}_i\tilde{E})} + \boxed{\dot{\bar\omega}_T}$$

$$\frac{\partial (\bar\rho\,\widetilde{Y}_k)}{\partial t} + \frac{\partial (\bar\rho\,\tilde{u}_i\,\widetilde{Y}_k)}{\partial x_i} = -\frac{\partial (\bar\rho\,\overline{V_{k,i}Y_k})}{\partial x_i} - \frac{\partial}{\partial x_i}\boxed{\bar\rho(\widetilde{u_iY_k} - \tilde{u}_i\,\widetilde{Y}_k)} + \boxed{\dot{\bar\omega}_k}$$

其中,矩形框内的亚格子应力、亚格子热通量、亚格子组分耗散及化学反应速率项等需要进行合理的封闭处理。

(1)雷诺应力项: $\bar\rho(\widetilde{z_iu_j} - \tilde{u}_i\tilde{u}_j)$

雷诺应力项的具体实施主要有三类方法,即布西内斯克(Boussinesq)黏性假设、尺度相似模型和动力模型等。

· 布西内斯克黏性假设

最常用和相对容易实现的是基于布西内斯克黏性假设的湍流封闭方法。亚格子雷诺应力 $\tau_{ij}^{\mathrm{R}} = \bar\rho(\widetilde{u_iu_j} - \tilde{u}_i\tilde{u}_j)$ 可分解为各向异性亚格子应力 τ_{ij}^{r} 与各向同性亚格子应力 $\dfrac{1}{3}\tau_{kk}^{\mathrm{R}}\delta_{ij}$ 两部分:

$$\tau_{ij}^{\mathrm{R}} = \tau_{ij}^{\mathrm{r}} + \frac{1}{3}\tau_{kk}^{\mathrm{R}}\delta_{ij} \tag{5.3}$$

为了简化处理，各向同性亚格子应力项 $\frac{1}{3}\tau_{kk}^{\mathrm{R}}\delta_{ij}$ 在 CFD 计算代码中习惯于被整合为压力项，即修改后的压力平均值为

$$\overline{p} + \frac{1}{3}\tau_{kk}^{\mathrm{R}}\delta_{ij} \Rightarrow \overline{p} \tag{5.4}$$

各向异性亚格子应力张量 τ_{ij}^{r} 可表示为类似黏性应力张量的表达式：

$$\tau_{ij}^{\mathrm{r}} = -2\mu_{\mathrm{t}}\,\widetilde{S_{ij}}$$
$$\widetilde{S_{ij}} = \frac{1}{2}\left(\frac{\partial\,\widetilde{u}_i}{\partial x_j} + \frac{\partial\,\widetilde{u}_j}{\partial x_i}\right) - \frac{1}{3}\frac{\partial\,\widetilde{u}_k}{\partial x_k}\delta_{ij} \tag{5.5}$$

根据式（5.5）中涡黏度 μ_{t} 的不同定义方式，基于布西内斯克黏性假设的湍流封闭方法又具体分为司马格林斯基（Smagorinsky）模型、壁面自适应局部涡黏模型（Wall-Adapting Local Eddy-Viscosity Model，WALE）模型和 k 方程模型。

司马格林斯基模型应用混合长度理论给定湍流黏性系数，定义式包括平均密度、司马格林斯基长度尺寸 l_{s} 和滤波后的应变率张量：

$$\mu_{\mathrm{t}} = \overline{\rho}\,l_{\mathrm{s}}^{2}\,\sqrt{2\,\widetilde{S_{ij}}\,\widetilde{S_{ij}}}$$
$$l_{\mathrm{s}} = C_{\mathrm{s}}\Delta \tag{5.6}$$

研究发现，司马格林斯基系数 C_{s} 对于不同类型问题适合取不同的值，在取值判断上需要经验。另一个缺点是在固体壁面上不能预测零值湍流黏性系数，即不适用于转捩问题的研究。另外，由司马格林斯基模型确定的湍流黏性系数永远是正值，即表明能量不能由亚格子尺度传回到滤波尺度。

为了能够在壁面附近得到更加合理的湍流黏性系数，通常使用 Van Driest 阻尼函数或 WALE 模型来实现。这种模型将湍流黏性系数表达式中的特征滤波应变率项替换成另外一个表达式，改进后的湍流黏性系数表达式为

$$\mu_{\mathrm{t}} = \overline{\rho}\,l_{\mathrm{w}}^{2}\,\frac{(\Phi_{ij}^{\mathrm{d}}\Phi_{ij}^{\mathrm{d}})^{3/2}}{(\widetilde{S_{ij}}\,\widetilde{S_{ij}})^{5/2} + (\Phi_{ij}^{\mathrm{d}}\Phi_{ij}^{\mathrm{d}})^{5/4}}$$
$$\Phi_{ij}^{\mathrm{d}} = \frac{1}{2}(\widetilde{g_{ij}}^{2} + \widetilde{g_{ji}}^{2}) - \frac{1}{3}\delta_{ij}\,\widetilde{g_{kk}}^{2} \tag{5.7}$$
$$\widetilde{g_{ij}} = \frac{\partial\,\widetilde{u}_i}{\partial x_j}$$

改进后的湍流黏性系数允许在靠近壁面时进行自动调整，因此也可预

测转捩。但在 WALE 模型中，$l_\mathrm{w} = C_\mathrm{w}\Delta$，其中系数 C_w 的确定仍与问题的类型有关。

k 方程模型定义湍流黏性系数表达式为

$$\mu_\mathrm{t} = \bar\rho l_k \sqrt{k_\mathrm{sgs}}$$
$$l_k = C_k\Delta, \quad C_k = 0.5 \tag{5.8}$$

其中，k_sgs 为亚格子湍动能，即 $k_\mathrm{sgs} = \dfrac{1}{2}\tau_{kk}^\mathrm{R}$。为了得到亚格子湍动能，需要求解亚格子湍动能的输运方程：

$$\frac{\partial(\bar\rho k_\mathrm{sgs})}{\partial t} + \frac{\partial(\bar\rho \widetilde{u_i} k_\mathrm{sgs})}{\partial x_i} = \frac{\partial}{\partial x_i}\left(\mu_\mathrm{t}\frac{\partial k_\mathrm{sgs}}{\partial x_i}\right) - \tau_{ij}^\mathrm{R}\frac{\partial \widetilde{u_i}}{\partial x_i} - \bar\rho C_\varepsilon \frac{\sqrt{k_\mathrm{sgs}^3}}{\Delta} \tag{5.9}$$

其中，等式右边部分从左至右依次为湍流扩散项、亚格子湍动能生成项和亚格子湍动能耗散项，C_ε 为常数，其值接近于 1。

k 方程模型的缺点与司马格林斯基模型类似，如能量不可反传，但对于一些特定的问题，例如流场中存在回流区的情况，便有其自身的优势，因为亚格子应力不再仅仅取决于局部的速度梯度，还取决于湍动能的输运。

- 尺度相似模型

在尺度相似模型中，亚格子雷诺应力效应主要由最大的未解析尺度湍流结构提供，而最大的未解析尺度湍流结构与最小的解析尺度湍流结构之间存在相似性。亚格子雷诺应力可以如下计算：

$$\tau_{ij}^\mathrm{R} = \bar\rho(\widetilde{\widetilde{u_i}\widetilde{u_j}} - \widetilde{\widetilde{u}_i}\,\widetilde{\widetilde{u}_j}) = \bar\rho(\widetilde{\widetilde{u}_i\,\widetilde{u}_j} - \widetilde{\widetilde{u}}_i\,\widetilde{\widetilde{u}}_j) \tag{5.10}$$

由于速度平均值 $\widetilde{u}_i$ 在 LES 计算中是直接解析的大尺度结构，对 $\widetilde{u}_i$ 进行再次滤波也是可解的，因此式（5.10）中的相关项都是可直接求解的，不需要做任何形式的模化处理。

- 动力模型

对于司马格林斯基模型参数 C_s 对不同类型的流动问题依赖于取值判断经验这一缺点，杰尔马诺（Germano）提出了动力模型，推导出了依赖于空间和时间坐标的模型参数 $C_\mathrm{s}(x,t)$。

根据司马格林斯基模型概念，在 LES 滤波尺度 Δ 上，未解析亚格子应力表示为

$$\tau^{\mathrm{R}}_{ij} = \bar{\rho}(\widetilde{u_i u_j} - \tilde{u}_i \tilde{u}_j)$$

$$\tau^{\mathrm{R}}_{ij} - \frac{1}{3}\tau^{\mathrm{R}}_{kk}\delta_{ij} = -2\bar{\rho}\,C_s^2 \alpha_{ij} \tag{5.11}$$

$$\alpha_{ij} = \Delta^2 \sqrt{2\,\widetilde{S_{ij}}\,\widetilde{S_{ij}}}\;\widetilde{S_{ij}}$$

杰尔马诺动力模型定义了试验滤波尺度 $\hat{\Delta}(\hat{\Delta}>\Delta)$。类似地，在试验滤波尺度 $\hat{\Delta}$ 上，未解析亚格子应力表示为

$$T^{\mathrm{R}}_{ij} = \bar{\rho}(\widehat{\widetilde{u_i u_j}} - \hat{\tilde{u}}_i \hat{\tilde{u}}_j)$$

$$T^{\mathrm{R}}_{ij} - \frac{1}{3}T^{\mathrm{R}}_{kk}\delta_{ij} = -2\bar{\rho}\,C_s^2 \beta_{ij} \tag{5.12}$$

$$\beta_{ij} = \hat{\Delta}^2 \sqrt{2\,\widehat{\widetilde{S_{ij}}}\,\widehat{\widetilde{S_{ij}}}}\;\widehat{\widetilde{S_{ij}}}$$

定义 $L_{ij} = T^{\mathrm{R}}_{ij} - \widehat{\tau^{\mathrm{R}}_{ij}}$，$L_{ij}$ 表示试验滤波尺度 $\hat{\Delta}$ 上未解析亚格子应力中的已知部分。由式(5.11)和(5.12)可以得到如下关系式：

$$L_{ij} = \bar{\rho}(\widehat{\widetilde{u_i u_j}} - \hat{\tilde{u}}_i \hat{\tilde{u}}_j)$$

$$L_{ij} - \frac{1}{3}L_{kk}\delta_{ij} = 2\bar{\rho}\,C_s^2(\widehat{\alpha_{ij}} - \beta_{ij}) \tag{5.13}$$

由于式(5.13)中的相关项都是基于大涡解析速度场的试验滤波，因此模型系数 C_s 是可解的。考虑式(5.13)中提供了最多 6 个独立方程(对于常密度流动，存在 5 个独立方程)，C_s 的求解需要应用优化算法加以解决。动力模型在实际应用中被证明是很有效的一类封闭方法。

(2)亚格子组分扩散项 $\bar{\rho}(\widetilde{u_i Y_k} - \tilde{u}_i \tilde{Y}_k)$ 和亚格子热通量 $\bar{\rho}(\widetilde{u_i E} - \tilde{u}_i \tilde{E})$

与 RANS 方法类似，亚格子组分耗散项模化成(Sc$_\mathrm{t}$ 为亚格子施密特数)

$$s^{\mathrm{sgs}}_{k,i} = \bar{\rho}(\widetilde{u_i Y_k} - \tilde{u}_i \tilde{Y}_k) = -\bar{\rho}D_\mathrm{t}\frac{W_k}{\overline{W}}\frac{\partial \tilde{X}_k}{\partial x_i} \tag{5.14}$$

$$D_\mathrm{t} = \frac{\mu_\mathrm{t}}{\bar{\rho}\mathrm{Sc}_\mathrm{t}}$$

同样，亚格子热通量可以模化成(Pr$_\mathrm{t}$ 为亚格子普朗特数)

$$q^{\mathrm{sgs}}_i = \bar{\rho}(\widetilde{u_i E} - \tilde{u}_i \tilde{E}) = -\lambda_\mathrm{t}\frac{\partial \tilde{T}}{\partial x_i} + \bar{\rho}D_\mathrm{t}\sum_{m=1}^s h_m \frac{W_k}{\overline{W}}\frac{\partial \tilde{X}_k}{\partial x_i} \tag{5.15}$$

$$\lambda_\mathrm{t} = \frac{c_p \mu_\mathrm{t}}{\mathrm{Pr}_\mathrm{t}}$$

（3）分子扩散通量：$\overline{\tau_{ij}}$，$\overline{q}$，$\overline{\rho V_{k,i} Y_k}$

与 RANS 方法类似，滤波流动方程中 $\overline{\tau_{ij}}$，$\overline{q}$，$\overline{\rho V_{k,i} Y_k}$ 等分子扩散通量的计算不考虑湍流输运效应，而采用层流近似处理方法。

（4）组分源项 $\overline{\omega_k}$ 和热源项 $\overline{\omega_T}$

滤波后的组分源项 $\overline{\omega_k}$ 和热源项 $\overline{\omega_T}$ 是关于密度 ρ、温度 T、燃料质量分数 Y_F、氧化剂质量分数 Y_O 等物理量的高次非线性湍流平均。因此，与 RANS 方法相同，对滤波后的组分源项 $\overline{\omega_k}$ 和热源项 $\overline{\omega_T}$ 进行直接封闭在技术上是不可行的，对其进行合理的模化处理也是湍流燃烧大涡模拟的主要工作。

基于实验认识和理论分析，一般认为，湍流燃烧中的化学反应和释热行为是在亚网格尺度内进行的。在 LES 计算中，与化学反应和释热行为对应的数学描述必须从亚网格尺度上加以考虑和研究，进行合理准确的模化处理。因此，为湍流燃烧过程建立合理的 LES 计算方法，需要对包括湍流流动混合和湍流化学相互作用在内的物理过程进行模化处理。表现在 LES 控制方程上，就是需要对亚格子应力项、亚格子组分输运项、亚格子能量输运项以及滤波化学反应源项等进行封闭处理。

目前，在 LES 框架内开展燃烧流动的计算主要有三类方法。①滤波密度函数方法。该方法与前面提到的用于 RANS 湍流燃烧模拟的模化 $\tilde{Y}_k$、$\tilde{T}$ 方法和模化 $\overline{\omega_k}$ 方法类似，需要预先给定混合物分数及其标量耗散率的大涡概率分布密度，基于此积分，计算组分质量分数或反应速率等物理量的滤波场。②线性涡模型及其发展模型，即 1 维湍流模型。1 维湍流模型具有对亚格子尺度内的湍流混合进行主动猝发和随机描述的能力，能精细模拟亚格子网格内的湍流扩散和化学反应过程。在计算机性能日益提高的今天，线性涡模型/1 维湍流模型与 LES 技术的结合为准确计算湍流燃烧问题提供了良好的前景。③动态增厚火焰模型。该模型通过人为提升组分扩散效应，同时降低化学反应速率，以达到在不改变火焰传播速度的前提下增大火焰面厚度的目的，从而使得在网格分辨率有限的条件下进行火焰面模拟成为可能。

本章后续部分将分别介绍上述三类方法在 LES 框架内的具体实现及相关的应用研究。

5.2　滤波密度函数方法

在反应流动的 LES 中,动量和标量输运通量的封闭广泛借鉴了无反应问题计算中的亚格子模型。模型的推广应用取得了成功,不存在依赖于反应流动问题的特殊建模难点。因此,湍流燃烧 LES 计算的研究重点是滤波化学反应源项的封闭模型研究,即湍流与化学反应相互作用的描述。下面从化学平衡反应流动、拟稳态化学反应流动和有限速率化学反应流动等三个不同层次的假设,介绍湍流燃烧的 LES 研究方法。

5.2.1　化学平衡反应流动

在平衡化学反应的情况下,化学组分的质量分数可以表示成混合物分数的函数形式:$Y_k = Y_k(z)$。参照文献[5-7],定义亚网格概率密度函数(也称为滤波密度函数)$\widetilde{p}(z)$,以近似表征亚网格尺度内混合物分数的概率分布密度。只要滤波密度函数 $\widetilde{p}(z)$ 能被确定,就可以根据下面的计算式获得滤波质量分数的数据场。

$$\widetilde{Y}_k = \int_0^1 Y_k(z)\widetilde{p}(z)\mathrm{d}z \tag{5.16}$$

与 RANS 模拟框架中的假定概率密度函数方法相似,文献[8,9]给出了 β 函数形式的滤波密度函数,即滤波密度函数可以由混合物分数滤波值及其方差滤波值计算得到,从而建立起化学组分质量分数滤波值 $\widetilde{Y}_k$、混合物分数滤波值 $\widetilde{z}$ 及其方差滤波值 $\widetilde{z''^2}$ 之间的表达关系。不同的是,在 RANS 燃烧建模时,通过求解对应的输运方程确定 $\widetilde{z''^2}$ 的流场值。而在 LES 框架下,$\widetilde{z''^2}$ 通常是基于尺度相似思想由可解湍流场估计得到的:

$$\widetilde{z''^2} = \widetilde{(z-\widetilde{z})^2} \approx C_z \widehat{(z-\widetilde{z})^2} = C_z \widehat{(z^2 - 2z\widetilde{z} + \widetilde{z}^2)} = C_z(\widehat{\widetilde{z}^2} - \hat{\widetilde{z}}^2) \tag{5.17}$$

其中,$\widehat{}$ 代表试验滤波,试验滤波尺度大于 LES 尺度。C_z 是相似常数,如何给定 C_z 可以参考文献[10]。

通过对燃烧火焰 DNS 数据场进行滤波操作,可以获得组分质量分数及混合物分数的滤波值,从而可以对比验证式(5.16)表征的滤波值概率分布计算关系式是否合理。Cook 等[9]根据这一思路,对文献[11]中的直接模拟火焰数据场进行测试研究,表明在平衡化学反应流动情况下,式(5.16)定义的滤波密度函数表达式是合理有效的。

这一滤波密度函数方法得到了广泛应用。Jimenez 等[12]对非预混平面剪切层问题进行了分析,得到了与 DNS 结果十分吻合的计算数据。Reveillon 等[13]验证了燃烧模型在非预混燃烧问题计算中的可靠性。Branley 等[14]以及 Forkel 等[15]成功计算了氢气非预混火焰。Pierce 等[16]模拟了旋转射流燃烧问题。

5.2.2　拟稳态化学反应流动

拟稳态化学反应流动即快速化学反应,其燃烧模态特性介于化学平衡反应与有限速率反应之间,具有很快且有限的化学反应速率,即达姆科勒数为有限大值。在这样的假设前提下,火焰面表现为分布在恰当反应面附近的"薄层",火焰面的厚度与火焰面的曲率半径相比为小值($\delta/R \ll 1$)。鉴于此,Peter[17]提出火焰面的层流假设模型,在流场中沿混合物分数 z 的梯度方向建立局部曲线坐标系统,并给出化学组分质量分数在此曲线坐标下的控制方程。借助火焰面的"薄层"假设,可以忽略组分质量分数方程中包含 δ/R 的高阶项,从而可以得到如下式给出的火焰面方程:

$$\rho \frac{\partial Y_k}{\partial t} = \frac{\rho \chi}{2} \frac{\partial^2 Y_k}{\partial z^2} + \dot{\omega}_k \tag{5.18}$$

在达姆科勒数为有限大值的假设下,化学反应的时间尺度与湍流时间尺度相比可以忽略,从而火焰面方程可以简化为拟稳态火焰面方程:

$$\dot{\omega}_k = -\frac{\rho \chi}{2} \frac{\partial^2 Y_k}{\partial z^2} \tag{5.19}$$

其中,标量耗散率 $\chi = 2D\left(\frac{\partial z}{\partial x_i} \frac{\partial z}{\partial x_i}\right)$ 反映的是标量混合的速率。在 Peter 的理论中,火焰面的局部被近似为对冲燃烧流场,通过求解拟稳态火焰面方程,可以将化学组分质量分数表示为混合物分数和标量耗散率的函数形式:

$$Y_k = Y_k(z, \chi) \tag{5.20}$$

继续假设亚网格内混合物分数和标量耗散率的联合分布密度函数为 $\tilde{p}(z, \chi)$,则组分质量分数的滤波值可以计算如下:

$$\widetilde{Y}_k = \int_0^\infty \int_0^1 Y_k(z,\chi)\,\widetilde{p}(z,\chi)\mathrm{d}z\mathrm{d}\chi \tag{5.21}$$

关于联合分布密度函数 $\widetilde{p}(z,\chi)$ 的给定,文献[18]指出,在亚网格内混合物分数和标量耗散律可以视为统计无关,并且组分质量分数主要依赖于混合物分数,可以忽略标量耗散率的影响,从而式(5.21)可简化为

$$\widetilde{Y}_k = \int_0^1 Y_k(z,\chi)\,\widetilde{p}(z)\mathrm{d}z \tag{5.22}$$

其中,$\widetilde{p}(z)$ 可以用 β 型函数分布表示,由混合物分数及其方差的滤波值计算得到。

具体程序实现时,在执行大涡模拟计算之前,需要预先根据方程(5.19)和(5.20)获得自变量($\widetilde{z}$, χ , $\widetilde{z''^2}$)在可能的取值范围内与之对应的质量分数滤波值 Y_k,并以表格的形式存储在数据文件中。在后续 LES 执行过程中,通过查找预先建立的数据表格,就可以快速得到与实际流场中具有($\widetilde{z}$, χ , $\widetilde{z''^2}$)流场值的局部位置对应的质量分数滤波值。可见,由于引进了滤波组分变量的查询表技术,火焰面燃烧模型的计算量与无反应问题相差无几,这是该燃烧模型的一大特点。

Cook 等[18,19]以及 de Bruyn Kops 等[20,21]对火焰面模型的可靠性与准确度进行了测试和验证,表明火焰面模型在中高达姆科勒数燃烧问题的计算中能取得良好的效果。de Bruyn Kops 和 Riley[22]应用该方法对单步和 2 步甲烷燃烧进行了计算,计算结果与 DNS 结果的滤波场很好吻合[23,24]。

5.2.3 有限速率化学反应流动

在有限速率化学反应中,化学反应时间尺度较大,在燃烧区域往往会出现熄火和再点火的现象,这在平衡反应模型和拟稳态火焰面模型中是不能被正确考虑和处理的。为此,需要考虑采用非定常火焰面方程(5.18)。然而,由于引进了时间项,组分质量分数与混合物分数的对应关系不能用简单的表格形式加以存储,而必须通过求解对应的控制方程获得所需信息。

Pitsch 等[25]在模拟甲烷扩散火焰空间发展时应用时间相关的火焰面方程,并假设混合物分数和标量耗散率只依赖于流向坐标和时间坐标,以降低问题的维数。非定常火焰面方程中的标量耗散率可以通过求解滤波标量耗散率的积分方程得到

$$\widetilde{\chi}(x,t) = \int_0^1 \chi(z,x,t)\,\widetilde{p}(z,x,t)\mathrm{d}z \tag{5.23}$$

其中，标量耗散率的滤波值 $\tilde{\chi}(x,t)$ 根据文献[28]的研究结论，可以用下式近似求解得到

$$\tilde{\chi} = c |\nabla \tilde{z}|^2 \tag{5.24}$$

在获得标量耗散率的流场值后，可以由非定常火焰面方程(5.18)得到组分质量分数值 $Y_k(z,x,t)$。因此，组分质量分数的滤波值可以按照下式计算：

$$\widetilde{Y}_k(x,t) = \int_0^1 Y_k(z,x,t)\tilde{p}(z,x,t)\mathrm{d}z \tag{5.25}$$

根据上述思路，Pitsch 等[25]应用 29 步甲烷化学反应机理模拟了 Sandia-D 值班火焰[26]，计算结果与试验数据吻合较好。

另外，Bushe 和 Steiner[27,28]采用条件矩封闭方法对滤波化学反应源项进行了封闭，燃烧模型和计算结果被证明是有效的和准确的，并且适用于熄火和再点火问题的模拟。

5.3　1维湍流模型

在经典的 LES 算法中，不需要求解亚格子湍流尺度的详细动力特性和涡结构，而是通过模化亚格子尺度流动的整体效应以封闭滤波方程。所以，LES 算法缺乏准确考虑亚格子运动与化学组分质量分数之间相互作用的能力。而亚格子组分分布信息的准确与否对于化学反应流动模拟精度的影响是很大的。

20 世纪 90 年代，Alan Kerstein 提出了一种可以考虑小尺度流动混合特征的亚格子建模概念[29-34]，即线性涡模型(LEM)。文献[35-37]对线性涡模型做了进一步完善和改进，使之适用于高雷诺数流动问题的模拟，即 1 维湍流模型(ODT)。

为了避免不必要的混淆和误解，这里特别指出，原始的 ODT 是作为一种介于 LES 与 DNS 之间的数值模拟方法独立存在的，其计算量也介于两者之间。鉴于目前的计算机发展程度，对复杂问题进行完全的一维湍流近似模拟还不现实。为此，文献[38,39]等提出将 ODT 与 LES 技术耦合起来，将 ODT 应用于亚格子网格内的湍流尺度模拟，在一定程度上提高了对亚格子湍流尺度的模拟精度，弥补了传统 LES 技术对亚格子流动模拟的不足。

下面将着重介绍 ODT 作为一种亚格子模型封闭技术在 LES 算法中的具体实现(LES-ODT 模拟方法)。LES-ODT 模拟方法实际上是一类混合模拟技术,需要耦合求解 LES 控制方程和 1 维湍流方程,主要包含三个步骤:大涡模拟流场求解、亚网格 1 维湍流求解、LES-ODT 耦合处理。

5.3.1　大涡模拟流场求解

选择合适的封闭处理技术,通过求解方程组(5.2)可以获取大涡模拟流场解。这里不再赘述。

5.3.2　亚网格 1 维湍流求解

为了说明亚网格 1 维湍流求解过程,先给出 1 维湍流网格划分概念。LES 亚网格内 ODT 单元分布如图 5.1 所示。

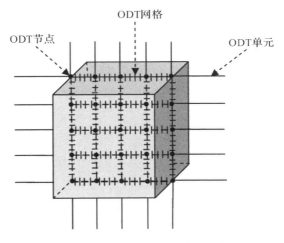

图 5.1　LES 亚网格内 ODT 单元分布

ODT 单元沿坐标方向分布,并且在坐标方向上布置足够的网格点,使其在该坐标方向具有与 DNS 相近的流动尺度分辨率。因此,ODT 网格系统具有明显的 1 维分辨特征,与 DNS 相比,计算量大大降低。

通过在 ODT 网格系统上求解以下控制方程,可以获得 ODT 单元方向上湍流特征的精细信息。

$$\rho \frac{\partial u_i}{\partial t} = \left[\frac{\partial}{\partial \eta} \left(\mu \frac{\partial u_i}{\partial \eta} \right) + \Omega_{u_i} \right] + \left(-\frac{\partial \breve{p}}{\partial x_i} - \rho \breve{u}_j \frac{\partial u_i}{\partial x_j} + \frac{\partial \breve{\tau}_{i1}}{\partial x_1} + \frac{\partial \breve{\tau}_{i2}}{\partial x_2} \right)$$

$$\rho \frac{\partial T}{\partial t} = \frac{1}{C_p} \left[\frac{\partial p}{\partial t} + \frac{\partial q}{\partial \eta} + \dot{\omega}_T + \Omega_T \right] + \frac{1}{C_p} \left(-\rho \breve{u}_i \frac{\partial T}{\partial x_i} + \frac{\partial \breve{q}_1}{\partial x_1} + \frac{\partial \breve{q}_2}{\partial x_2} \right)$$

$$\rho \frac{\partial Y_k}{\partial t} = \left[\frac{\partial J_{k,\eta}}{\partial \eta} + \dot{\omega}_T + \Omega_{Y_k} \right] + \left(-\rho \breve{u}_i \frac{\partial Y_k}{\partial x_i} + \frac{\partial \breve{J}_{k,x_1}}{\partial x_1} + \frac{\partial \breve{J}_{k,x2}}{\partial x_2} \right)$$

$$(5.26)$$

其中，η 标识 ODT 单元方向，$\breve{\ }$ 是基于 LES 流场的反向滤波操作。方括号中包含了 ODT 单元方向上的扩散项、源项和随机贡献项，这些项是直接计算的。需要由 LES 流场解进行反向滤波才能获得的流场贡献项统一整理在花括号中。

方程(5.26)中除了随机贡献项之外，其他各项的物理意义及其数值离散适用于常用的输运方程处理方法。随机贡献项考虑的是瞬态激发的具有随机特征的"湍流事件"对亚网格内流动的湍动效应。"湍流事件"的引入是通过三连映射实现的。

三连映射是满足质量、动量和能量守恒定律的最简单的一类数学映射方法。也就是说，在对流场数据应用三连映射前后，所有物理量的积分属性不会改变。映射函数 $f(y)$ 定义如下：

$$f(y) \equiv y_0 + \begin{cases} 3(y - y_0), & y_0 \leqslant y < y_0 + l/3 \\ 2l - 3(y - y_0), & y_0 + l/3 \leqslant y < y_0 + 2l/3 \\ 3(y - y_0) - 2l, & y_0 + 2l/3 \leqslant y \leqslant y_0 + l \\ y - y_0, & \text{其他} \end{cases} \quad (5.27)$$

其中，y_0 为亚网格内"湍流事件"的涡起始位置，l 为"湍流事件"的涡长度。

映射函数(5.27)的作用是对"湍流事件"涡内的流体微元位置进行重新布置，从而提升局部的流场梯度和湍流特征。随机涡事件的尺寸、激发位置及速率分布等描述涡事件的参数信息的给定可以参考文献[38,39]。

5.3.3 LES-ODT 耦合处理

LES 过程与 ODT 过程之间的数据耦合是通过插值(反向滤波)和滤波实现的。插值是从 LES 的可解流场获取 ODT 网格数据的操作，而滤波可以将 ODT 网格内的小尺度湍流场分配至 LES 网格系统中。

5.4　动态增厚火焰模型

5.4.1　增厚火焰模型

通常,预混火焰的火焰面厚度在毫米量级范围内,火焰面的传播速度由火焰内部的组分扩散、热传导和化学反应速率等因素综合决定。应用 DNS 的方法对预混火焰的物理结构和火焰面传播速度进行准确预测,必须在火焰面厚度区域内布置足够多的网格单元,以提高火焰结构的分辨率。然而,由此产生的庞大计算量对计算机的能力是巨大挑战。至少就目前而言,对火焰结构进行直接模拟尚属一项艰巨任务。

因此,面临的问题是,如何应用有限的网格规模和计算条件对火焰结构的物理特性进行准确有效的建模分析。增厚火焰模型(TFM)对此问题提出了一个看似可行的解决方法。

增厚火焰模型由 Butler 等[40] 提出的原始模型发展而来。该燃烧模型的基本思想是,通过人为提升组分扩散效应,同时降低化学反应速率,以达到在不改变火焰传播速度的前提下增大火焰面厚度的目的,从而使得在网格分辨率有限的条件下进行火焰面模拟成为可能。

根据燃烧火焰相关理论,火焰传播速度 U_f 与 $\sqrt{D\omega}$ 成正比,火焰面厚度 δ_f 与 D/U_f 成正比,分别参见方程(5.28)和(5.29)。

$$U_f \propto \sqrt{D\omega} \tag{5.28}$$

$$\delta_f \propto \frac{D}{U_f} \tag{5.29}$$

其中,D 为扩散率,ω 为化学反应源项。

记增厚因子为 F,从而增厚火焰对应的扩散率为 FD,化学反应源项为 ω/F,火焰面传播速度 U_f 保持不变,最终导致火焰面厚度变为 $F\delta$。

如果网格尺寸为 Δ,N 是合理解析火焰结构所需要的网格点数(一般为 5~30),则增厚因子 F 及增厚火焰厚度 δ_f^{TF} 的计算式为

$$F = \frac{N\Delta}{\delta}$$
$$\delta_f^{TF} = F\delta \tag{5.30}$$

将 F 调整到恰当的值,就能使火焰厚度达到实际求解器和网格系统所能达到的网格尺度。经增厚处理,燃料组分方程变为

$$\frac{\partial \rho Y_k}{\partial t} + \nabla \cdot (\rho u Y_k) = \nabla \cdot (\rho (DF) \nabla Y_k) + \frac{\dot{\omega}_k}{F} \tag{5.31}$$

其中,Y_k 为组分质量分数。

增厚火焰模型虽然没有改变火焰面的传播速度,但由于人为增大了火焰面厚度,导致真实的小尺度涡(小于计算网格尺度)对火焰面的影响被忽略,大尺度涡的行为也因受到增大火焰厚度的影响而改变,并且实际计算得到的火焰面拉伸效果强于实际,而褶皱效果被低估。为此,需要在对应的流动控制方程中以特定的方式引入湍流效应。

5.4.2 大涡模拟与增厚火焰模型

大涡模拟方法在湍流燃烧计算中应用广泛。为了考虑亚网格尺度湍流对增厚火焰面的影响,Colin 等[41] 提出了等效函数 E 的概念。等效函数 E 是亚网格火焰褶皱因子在原始火焰与增厚火焰中的比值,可由下式计算得到:

$$E = \frac{1 + \alpha \Gamma(\Delta_e/\delta, u'_{\Delta_e}/U_l) u'_{\Delta_e}/U_l}{1 + \alpha \Gamma(\Delta_e/F\delta, u'_{\Delta_e}/U_l) u'_{\Delta_e}/U_l} \tag{5.32}$$

$$\Gamma\left(\frac{\Delta_e}{F\delta}, \frac{u'_{\Delta_e}}{U_l}\right) = 0.75 \exp\left[-\frac{1.2}{(u'_{\Delta_e}/U_l)^{0.3}}\right]\left(\frac{\Delta_e}{F\delta}\right)^{2/3} \tag{5.33}$$

其中,Δ_e 为大涡模拟过滤尺度,u'_{Δ_e} 为亚网格速度脉动,α 为常数。引入效率函数后,组分方程变为

$$\frac{\partial \rho Y_k}{\partial t} + \nabla \cdot (\rho u Y_k) = \nabla \cdot (\rho (DEF) \nabla Y_k) + E\frac{\dot{\omega}_k}{F} \tag{5.34}$$

5.4.3 动态增厚火焰模型

增厚火焰模型最初是针对预混火焰提出来的。而在很多实际情况下,湍流火焰并非是完全预混或者完全非预混的,而是同时包含预混燃烧、部分预混燃烧、非预混燃烧等多种形式的组合燃烧区域,如航空发动机燃烧室内的燃烧。针对这样的情况,需要发展新的模型。Legier 等[42] 基于大涡模拟的增厚火焰模型(TFM),提出了动态增厚火焰模型(DTFM)。

动态增厚火焰模型只在火焰前锋处增加火焰面厚度($F > 1$),使增厚火焰面厚度达到大涡模拟求解所需的网格尺度;而在燃烧火焰区域之外,保持 $F = 1$,避免组分扩散率被不合理修改,从而准确计算不同组分的混合效果。

为了在模型中有效标识不同的燃烧区域,Legier 等采用如下火焰探测函数,与阿伦尼乌斯化学反应速率表达式类似:

$$\Omega = Y_F^{\nu_F} Y_O^{\nu_O} \exp\left(-\Gamma \frac{T_a}{T}\right) \tag{5.35}$$

其中,T_a 为活化温度,Γ 是一个减小活化稳定的参数($\Gamma < 1$)。探测函数通过下式控制增厚因子 F:

$$F = 1 + (F_{max} - 1)\tanh\left(\beta \frac{\Omega}{\Omega_{max}}\right) \tag{5.36}$$

其中,β 为控制增厚区域与非增厚区域之间过渡区间大小的参数。

动态增厚火焰模型组分方程的最终形式与方程(5.34)相同。

TFM 在湍流预混燃烧的数值模拟中使用广泛。Selle 等[43]用 TFM 联合 2 步化学反应的 LES 方法模拟了旋转气流的预混火焰,计算得到的火焰长度与实验数据完全契合;而火焰的温度稍高于实验结果,这可能是模拟中应用的绝热边界条件与实验不一致导致。De 和 Acharya[44-46]用基于 TFM 的 LES 方法研究了不同雷诺数下自由边界高速旋转预混气流的燃烧火焰。在低雷诺数时,平均轴向速度符合实验结果。

Legier 等[42]计算了附着火焰、抬举火焰和火焰吹熄等三个验证算例,相关实验中的现象均在数值模拟结果中出现,这表明 DTFM 是可行有效的。

DTFM 对不同燃烧模态有广泛的适应性。Lacaze 等[47,48]使用基于单步化学反应的 DTFM,结合合适的点火模型,模拟了湍流非预混燃烧的点火及燃烧过程。模拟结果给出了火焰发展过程和不同时刻火焰的结构,各个阶段的表现与相关试验完全一致。尚明涛等[49]用 DTFM 对斯坦福大学设计的甲烷-空气燃烧器内的非预混火焰进行了 3 维全可压缩大涡模拟,进口附近区域的计算结果与实验结果良好吻合,在下游与实验结果则稍有偏差。

TFM/DTFM 在超声速燃烧研究中的应用鲜见报道,唯有 Fureby[50]在一篇综述性论文中对比了基于 7 步反应的 TFM 和基于 7 步反应的涡耗散概念(EDC)模型对支板型超燃冲压发动机进行 LES 数值模拟的结果。二者的计算结果接近,与实验数据也比较吻合。

由于文献资料较少,目前还很难定论 DTFM 在超声速燃烧的数值模拟中是准确有效的。通过对 DTFM 理论的考察,我们认为其在超燃模拟中具有很好的潜力。鉴于对超声速燃烧开展 LES 模拟在选用亚网格燃烧模型方面的研究工作尚不完善,还未形成比较一致的结论,本书在后续章节中将验证 DTFM 在超燃模拟中的可行性和准确性,为超燃亚网格燃烧模型的选用提供一定的参考依据。

参考文献

[1] Mizobuchi Y, Tachibana S, Shinio J, et al. A numerical analysis of the structure of a turbulent hydrogen jet lifted flame[C]// Proceedings of the Combustion Institute, 2002, 29(2):2009-2015.

[2] Vervisch L, Domingo P, Hauguel R. Turbulent combustion in the light of direct and large eddy simulation [C]//Proceedings of the Third International Symposium on Turbulence and Shear Flow Phenomena, Sendai, Japan, 2003.

[3] 鲁阳. 超燃冲压发动机燃烧室内流动与燃烧的数值模拟[D]. 杭州:浙江大学,2014.

[4] 谢家华. 激波-火焰-边界层相互作用过程的数值计算[D]. 杭州:浙江大学,2017.

[5] Gao F, Brien E E O. A large-eddy simulation scheme for turbulent reacting flows[J]. Physics of Fluids, 1993,5(6):1282-1284.

[6] Colucci P J, Jaberi F A, Givi P, et al. Filtered density function for large eddy simulation of turbulent reacting flows[J]. Physics of Fluids, 1998,10(2):499-515.

[7] Pope S. Turbulent Flow[M]. Cambridge: Cambridge University Press, 2000.

[8] Frankel S H, Adumitroaie V, Madnia C K, et al. Large eddy simulations of turbulent reacting flows by assumed PDF methods[M]//Ragab S A, Piomelli U. Engineering Applications of Large Eddy Simulations, New York: ASME, 1993:81-101.

[9] Cook A W, Riley J J. A subgrid model for equilibrium chemistry in turbulent flows[J]. Physics of Fluids, 1994,6(8):2868-2870.

[10] Cook A W, Bushe W K. A subgrid-scale model for the scalar dissipation rate in nonpremixed combustion[J]. Physics of Fluids, 1999,11(3):746-748.

[11] Mell W E, Nilsen V, Kosaly G, et al. Investigation of closure models for nonpremixed turbulent reacting flows[J]. Physics of Fluids, 1994,6(3):1331-1356.

[12] Jimenez J, Linan A, Rogers M M, et al. A priori testing of subgrid models for chemically reacting non-premixed turbulent shear flows [J]. Journal of Fluid Mechanics, 1997,349:149-171.

[13] Reveillon J, Vervisch L. Response of the dynamic LES model to heat release induced effects [J]. Physics of Fluids, 1996,8(8):2248-2250.

[14] Branley N, Jones W P. Large eddy simulation of a turbulent non-premixed flame[J]. Combustion and Flame, 2001,127(1):1914-1934.

[15] Forkel H，Janicka J. Large-eddy simulation of a turbulent hydrogen diffusion flame[J]. Flow Turbulence and Combustion，2000,65(2):163-175.

[16] Pierce C D，Moin P. Large eddy simulation of a confined coaxial jet with swirl and heat release[C]//29th AIAA，Fluid Dynamics Conference，June 15-18，1998.

[17] Peters N. Laminar diffusion flamelet models in non-premixed turbulent combustion[J]. Progress in Energy and Combustion Science，1984,10(3):319-339.

[18] Cook A W，Riley J J，Kosaly G. A laminar flamelet approach to subgrid-scale chemistry in turbulent flows[J]. Combustion and Flame，1997,109(3):332-341.

[19] Cook A W，Riley J J. Subgrid-scale modeling for turbulent reacting flows[J]. Combustion and Flame，1998,112(4):593-606.

[20] de Bruyn Kops S M，Riley J J，Kosaly G，et al. Investigation of modeling for non-premixed turbulent combustion[J]. Flow Turbulence and Combustion，1998,60(1): 105-122.

[21] de Bruyn Kops S M，Riley J J. Large-eddy simulation of a reacting scalar mixing layer with arrhenius chemistry[J]. Computers & Mathematics with Applications，2003,46(4): 547-569.

[22] de Bruyn Kops S M，Riley J J. Direct numerical simulation of laboratory experiments in isotropic turbulence[J]. Physics of Fluids，1998,10(9):2125-2127.

[23] de Bruyn Kops S M，Riley J J. Mixing models for large-eddy simulation of nonpremixed turbulent combustion[J]. Journal of Fluids Engineering，2001,123(2): 341-346.

[24] de Bruyn Kops S M，Riley J J. Re-examining the thermal mixing layer with numerical simulations[J]. Physics of Fluids，2000,12(1):185-192.

[25] Pitsch H，Steiner H. Large-eddy simulation of a turbulent piloted methane/air diffusion flame (Sandia flame D)[J]. Physics of Fluids，2000,12(10):2541-2554.

[26] Flame D[EB/OL]. [2018-02-19]. http://www.sandia.gov/TNF/DataArch/FlameD.html.

[27] Bushe W K，Steiner H. Conditional moment closure for large eddy simulation of nonpremixed turbulent reacting flows[J]. Physics of Fluids，1999,11(7):1896-1906.

[28] Steiner H，Bushe W K. Large eddy simulation of a turbulent reacting jet with conditional source-term estimation[J]. Physics of Fluids，2001,13(3):754-769.

[29] Kerstein A R. A linear-eddy model of turbulent scalar transport and mixing[J]. Combustion Science and Technology，1988,60:391-421.

[30] Kerstein A R. Linear-eddy modeling of turbulent transport. II: Application to shear layer mixing[J]. Combustion and Flame，1989,75:397-413.

[31] Kerstein A R. Linear-eddy modelling of turbulent transport. Part 3. Mixing and

differential molecular diffusion in round jets[J]. Journal of Fluid Mechanics, 1990, 216:411-435.

[32] Kerstein A R. Linear-eddy modelling of turbulent transport. Part 6. Microstructure of diffusive scalar mixing fields[J]. Journal of Fluid Mechanics, 1991,231:361-394.

[33] Kerstein A R. Linear-eddy modelling of turbulent transport. Part 7. Finite-rate chemistry and multi-stream mixing[J]. Journal of Fluid Mechanics, 1992,240:289-313.

[34] Kerstein A R. Linear-eddy modeling of turbulent transport. Part 4. Structure of diffusion flames[J]. Combustion Science and Technology, 1992,81(1-3):75-96.

[35] Kerstein A R. One-dimensional turbulence. Part 2. Staircases in double-diffusive convection[J]. Dynamics of Atmospheres and Oceans, 1999,30:25-46.

[36] Kerstein A R. One-dimensional turbulence: Model formulation and application to homogeneous turbulence, shear flows, and buoyant stratified flows[J]. Journal of Fluid Mechanics, 1999,392:277-334.

[37] Kerstein A R, Ashurst W T, Wunsch S, et al. One-dimensional turbulence: Vector formulation and application to free shear flows[J]. Journal of Fluid Mechanics, 2001, 447:85-109.

[38] Cao S. A novel hybrid scheme for large-eddy simulation of turbulent combustion based on the one-dimensional turbulence model [D]. Raleigh, NC: North Carolina State University, 2006.

[39] McDermott R. Toward one-dimensional turbulence subgrid closure for large-eddy simulation [D]. Salt Lake City, UT: The University of Utah, 2005.

[40] Butler T D, O'Rourke P J. A numerical method for two dimensional unsteady reacting flows [J]. Symposium (International) on Combustion, 1977,16(1):1503-1515.

[41] Colin O, Ducros F, Veynante D, et al. A thickened flame model for large eddy simulations of turbulent premixed combustion[J]. Physics of Fluids, 2000,12(7): 1843-1863.

[42] Legier J P, Poinsot T, Veynante D. Dynamically thickened flame LES model for premixed and non-premixed turbulent combustion[C]// Proceedings of the Summer Program, Center for Turbulence Research,Stanford, 2000:157-168.

[43] Selle L, Lartigue G, Poinsot T, et al. Compressible large eddy simulation of turbulent combustion in complex geometry on unstructured meshes[J]. Combustion and Flame, 2004,137(4):489-505.

[44] De A, Acharya S. Large eddy simulation of a premixed bunsen flame using a modified thickened-flame model at two Reynolds number[J]. Combustion Science and Technology, 2009,181(10):1231-1272.

[45] De A, Acharya S. Large eddy simulation of premixed combustion with a thickened-

flame approach[J]. Journal of Engineering for Gas Turbines and Power，2009，131 (6)：061501.

[46] De A，Acharya S，Zhu S. An experimental and computational study of a swirl-stabilized premixed flame [J]. Journal of Engineering for Gas Turbines and Power，2010，132(7)：071503.

[47] Lacaze G，Cuenot B，Poinsot T，et al. Large eddy simulation of laser ignition and compressible reacting flow in a rocket-like configuration[J]. Combustion and Flame，2009，156(6)：1166-1180.

[48] Lacaze G，Richardson E，Poinsot T. Large eddy simulation of spark ignition in a turbulent methane jet[J]. Combustion and Flame，2009，156(10)：1993-2009.

[49] 尚明涛，张文普，张科，等. 基于动态增厚火焰模型三维全可压缩非预混燃烧的大涡模拟[J]. 燃烧科学与技术，2010，16(6)：496-502.

[50] Fureby C. Large eddy simulation modelling of combustion for propulsion applications[J]. Philosophical Transactions of the Royal Society A：Mathematical，Physical and Engineering Sciences，2009，367(1899)：2957.

第 6 章 基于非结构网格的数值求解技术

我们正在开展涡轮发动机和超燃冲压发动机的仿真与设计工作,研究湍流燃烧和超声速燃烧问题的数值模拟方法与力学原理,进而研制相应的计算机软件,提高 CFD 技术在我国推进系统研制中发挥的作用。

本章将对我们设计和开发的基于非结构网格的非稳态燃烧求解器及高端数值样机系统[1]进行简要介绍,主要涉及非结构网格数据存储及离散技术,重点介绍在燃烧求解器中开发实现的 TTGC 高阶格式及其在湍流燃烧流动中的应用研究,还涉及特征边界条件的具体实现和随机湍流进口的处理问题。

6.1 基于非结构网格的高阶计算格式

6.1.1 非结构网格高阶离散格式进展

基于结构网格的 CFD 求解技术在复杂流动的计算研究中发挥着十分重要的作用。然而实际流体力学问题一般具有复杂的几何特征,结构网格在应用于这一类实际问题时遇到了很大的挑战,由此产生了基于非结构网格的求解方法。有限体积和有限元方法便是其中最重要的研究成果之一。有限体积方法能够处理复杂的几何特征,但是在实现高精度流动模拟方面受限较大。而有限元方法不仅能够处理任意复杂的计算区域,并且克服了有限体积方法中构造高阶精度需要扩大节点模板的缺点[2],可以通过提高单元插值多项式的次数来提高精度。近年来,有限元方法在 CFD 领域取得了日益广泛的应用。

有限元离散方法在低速流动问题的求解中十分成功,但其在高速流动问题中的应用却还处于不断探索之中。高速可压缩流场常常会伴随出现激波、接触间断和边界层分离等现象,具有高度的非线性特征。在采用传统高阶有限元格式计算高速可压缩流动时,在间断处会产生非物理的数值振荡。为了消除虚假的数值振荡,CFD 工作者对传统的有限元方法做出了很多改进。起初 Heinrich 等[3]提出了迎风有限元方法。这种方法相当于在流动方向上施加适当的人工黏性来抑制数值振荡。但是由于引入了人工黏性,该方法的耗散比较大,对计算精度影响较大。20 世纪 90 年代前后,Cockbum 等[4]提出了龙格-库塔间断伽辽金(RKDG)有限元方法。该方法引入了数值通量和黎曼(Riemann)解等概念,在求解低速和高速无黏流中得到了一定的应用[5],但是在高速黏性流动中的应用还不多见。

另外一种广泛应用的有限元方法变种是泰勒-伽辽金(TG)方法。该方法最早由 Donea[6]提出,它的主要思想是在时间上做泰勒展开,在空间上构造高阶有限元格式。此后,Lohner 等[7]构造出了 2 步拉克斯-温德罗夫(LW)型 TG 格式,Argyris 等[8]对该方法稍做改进,成功模拟了航天飞机高超声速绕流问题。然而传统 TG 方法在非定常流动问题的计算中呈现出较大的耗散特性。Safjan 等[9]在前人的基础上推出了低耗散、无条件稳定的多步 TG 方法,此方法的推导比较繁琐。

近年来,Colin 等[10]基于 2 步 TG 方法提出了 TTGC 格式,并且在时空上可以达到 3 阶精度。由于 3 阶 TTGC 格式具有低耗散的特性,Colin 将其与大涡模拟算法相结合,能够对亚格子湍流效应进行有效计算。现有 TTGC 格式应用研究主要集中在低速流动及湍流燃烧模拟方面[11,12],并且得出了令人满意的计算结果。然而其在超声速流动中的应用研究还比较少见,所以基于非结构网格开展 TTGC 格式在超声速问题中的适应性研究,具有一定的实际意义。

本章后续部分将介绍 TTGC 格式的数学实现以及为了应用于超声速流动问题的模拟所发展的激波捕捉技术,并利用 TTGC 格式对若干典型的超声速流动问题进行了数值模拟,包括激波管问题,马赫 3 的前台阶流动,以及马赫 8 的圆柱黏性绕流。这些算例被广泛应用于考察计算格式的适用性。经过对比分析得出,TTGC 格式拥有高分辨率、低耗散等特点,能精确捕捉超声速流场中的各种间断结构;在高雷诺数和高马赫数下,也能可靠准确地预测流场。

6.1.2 单元顶点型存储技术及控制方程离散

依据物理变量在网格系统中的存储位置和控制体的取法,可以将常用的控制方程离散求解方法归纳为以下三类。

①单元中心。控制体即网格单元,流场变量定义在单元中心(图 6.1)。

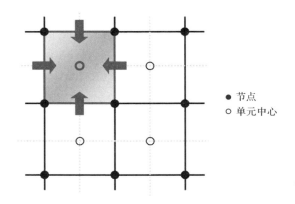

图 6.1 单元中心型流场数据存储示意

②顶点中心。控制体由单元中心连接而成,流场变量定义在节点上(图 6.2)。

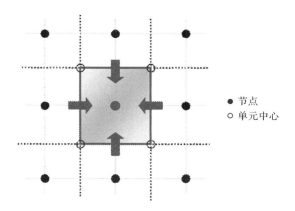

图 6.2 顶点中心型流场数据存储示意

③单元顶点。控制体即网格单元,流场变量定义在节点上(图 6.3)。

本节应用了基于单元顶点型数据存储方法的非结构网格有限元离散技术,将流场解数据定义在网格节点上,如图 6.4 所示。应用单元节点型数据

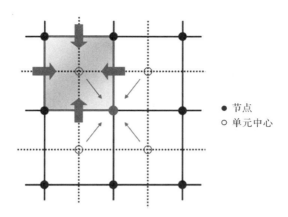

图 6.3　单元顶点型流场数据存储示意

存储方法的一个最明显的优点是可以实现有限元形式的高阶低耗散离散格式，从而提高算法对亚格子湍流尺度的计算准确度。

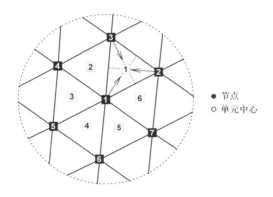

图 6.4　格点型流场数据存储示意

控制方程的矢量形式见方程(6.1)，其中 G_{inv} 和 G_{vis} 分别对应对流失通量和扩散失通量。为简单起见，这里暂不考虑组分反应源项。

$$\frac{\partial w}{\partial t} + \nabla \cdot G = 0$$
$$w = (\rho, \rho U, \rho E)^{\text{T}} \qquad (6.1)$$
$$G = G_{\text{inv}}(w) + G_{\text{vis}}(w, \nabla w)$$

控制方程的积分形式如下：

$$\frac{\partial}{\partial t}\int_{\Omega} w \mathrm{d}v + \oint_{\partial \Omega} G \cdot n \mathrm{d}s = 0 \qquad (6.2)$$

在任意网格节点 i 上,需要求解如下形式的空间半离散方程:

$$\frac{\mathrm{d}\boldsymbol{w}_i}{\mathrm{d}t} = -\boldsymbol{R}_i(\boldsymbol{w}) \tag{6.3}$$

方程(6.3)的右边项 $-\boldsymbol{R}_i(\boldsymbol{w})$ 是节点 i 上的离散余量,由围绕这一节点所有单元的离散余量体积加权得到($\boldsymbol{D}_{\Omega_j}^i$ 是分布矩阵,表征单元量对节点量的贡献程度)。

$$\boldsymbol{R}_i(\boldsymbol{w}) = \frac{1}{V_i} \sum_{j|i \in \Omega_j} \boldsymbol{D}_{\Omega_j}^i V_{\Omega_j} \boldsymbol{R}_{\Omega_j}$$

$$V_{\Omega_j} = \frac{1}{n_{\mathrm{D}}^2} \sum_{k \in \Omega_j} x_k \cdot \mathrm{d}s_k \tag{6.4}$$

$$V_i = \sum_{j|i \in \Omega_j} \frac{V_{\Omega_j}}{n_j}$$

其中,V_{Ω_j} 为单元体积,V_i 为等效节点体积,n_j 为单元 j 的节点数,n_{D} 为问题的空间维数,$\mathrm{d}s_k$ 为节点法矢量,$\boldsymbol{R}_{\Omega_j}$ 为单元 Ω_j 上的离散余量。

根据积分形式的控制方程表达式(6.2),单元 Ω_j 上的离散余量 $\boldsymbol{R}_{\Omega_j}$ 可以如下计算:

$$\boldsymbol{R}_{\Omega_j} = -\frac{1}{V_{\Omega_j}} \oint_{\partial \Omega_j} \boldsymbol{G} \cdot \boldsymbol{n} \mathrm{d}s$$

$$= -\frac{1}{n_{\mathrm{D}} V_{\Omega_j}} \sum_{k|k \in \Omega_j} \boldsymbol{G}_k \cdot \mathrm{d}s_k \tag{6.5}$$

至此,为了获得最终的全离散方程,需要继续确定两方面的工作:①节点通量 $\boldsymbol{G}_k$ 包括 $\boldsymbol{G}_{\mathrm{inv}}$ 和 $\boldsymbol{G}_{\mathrm{vis}}$ 两部分,需要根据对流项和黏性项的不同特征,分别给出式(6.5)具体的离散处理形式;②确定分布矩阵 $\boldsymbol{D}_{\Omega_j}^i$ 的具体形式,以明确单元余量构成节点余量的加权处理算法。不同的离散格式在这两方面有不同的处理方法,我们将在后续章节根据 LW 格式和 TTGC 格式的不同情况,分别介绍与之对应的处理方法。

6.1.3 对流项处理方法之一:LW 离散格式

对于简单的 1 维波动方程(6.6),在结构网格上应用有限差分形式的 LW 离散格式,可以得到方程(6.7)和(6.8)所示全离散方程及其修正方程:

$$\frac{\partial u}{\partial t} + a \frac{\partial u}{\partial x} = 0 \tag{6.6}$$

$$\frac{u_j^{n+1} - u_j^n}{\Delta t} + a \frac{u_{j+1}^n - u_{j-1}^n}{2\Delta x} = \frac{a^2 \Delta t}{2\Delta x^2}(u_{j-1}^n - 2u_j^n + u_{j+1}^n) \tag{6.7}$$

$$u_t + au_x = \frac{a^2 \Delta t}{24} u_{xxxx} \Delta x^2 - \frac{1}{6} u_{tt} \Delta t^2 - \frac{a}{6} u_{xxx} \Delta x^2 + O(\Delta x^3, \Delta x^3) \quad (6.8)$$

观察离散方程(6.7)可知,LW 是时空 2 阶精度。从对应的修正方程(6.8)可以发现,LW 离散格式会产生类似人工黏性特征的数值项,不但可以克服数值计算的不稳定性,而且具有部分抵消时间误差的功能,提高了时间精度。

具体到我们当前研究的可压缩多组分方程和非结构网格系统,可以依据泰勒展开定理获得 LW 格式的全离散方程。将 w^{n+1} 沿时间方向进行泰勒展开,可以得到

$$w^{n+1} = w^n + (\frac{\partial w}{\partial t})^n \Delta t + \frac{1}{2} (\frac{\partial^2 w}{\partial t^2})^n \Delta t^2 + o(\Delta t^3) \quad (6.9)$$

方程(6.9)中的时间导数项可以替换成

$$\begin{aligned}
\frac{\partial w}{\partial t} &= - \nabla \cdot G_{\text{inv}} \\
\frac{\partial^2 w}{\partial t^2} &= \frac{\partial}{\partial t}(- \nabla \cdot G_{\text{inv}}) = - \nabla \cdot \frac{\partial G_{\text{inv}}}{\partial t} \\
&= - \nabla \cdot \left(\frac{\partial G_{\text{inv}}}{\partial w} \frac{\partial w}{\partial t} \right) = \nabla \cdot \left[\frac{\partial G_{\text{inv}}}{\partial w} (\nabla \cdot G_{\text{inv}}) \right] \\
&= \nabla \cdot \left[A(\nabla \cdot G_{\text{inv}}) \right]
\end{aligned} \quad (6.10)$$

其中,$A = \dfrac{\partial G_{\text{inv}}}{\partial w}$ 是雅可比(Jacobian)矩阵。

将方程(6.10)代入方程(6.9)就可以得到 LW 格式的全离散方程:

$$\boxed{w^{n+1} = w^n - (\nabla \cdot G_{\text{inv}})^n \Delta t} + \frac{1}{2} \nabla \cdot (A \nabla \cdot G_{\text{inv}})^n \Delta t^2 + o(\Delta t^3) \quad (6.11)$$

其中,实线框内包含的是 1 阶时间和空间导数项;虚线框内是 2 阶导数项,即数值稳定项。针对 LW 格式,1 阶时间导数项应用 1 阶欧拉时间推进格式进行离散,1 阶和 2 阶空间导数项应用基于单元顶点型存储方式的中心离散格式。具体离散处理过程及分布矩阵形式如下。

(1)1 阶导数项单元量的离散处理

根据第 6.1 节的介绍,为了求解基于单元顶点型存储方式的全离散方程,需要计算单元离散余量,见方程(6.5)。具体到 1 阶导数项,重写如下:

$$R_{\Omega_j} = - (\nabla \cdot G_{\text{inv}})^n = - \frac{1}{n_D V_{\Omega_j}} \sum_{k | k \in \Omega_j} G_{\text{inv},k} \cdot S_k \quad (6.12)$$

计算 1 阶导数项采用的控制体是节点构成的基本网格单元(图 6.5)。

计算 1 阶导数项的单元余量需要用到节点上的物理量 $\boldsymbol{G}_{\mathrm{inv},k}$ 以及几何信息量 n_{D}、V_{Ω_j} 和 S_k，这些都是已知量，无须另行处理。单元量 $\boldsymbol{R}_{\Omega_j}$ 按照式 (6.13) 分配至各个节点：

$$\boldsymbol{R}_{i|\Omega_j,\mathrm{LW1}} = \boldsymbol{R}_{\Omega_j}\frac{V_{\Omega_j}}{n_j} \tag{6.13}$$

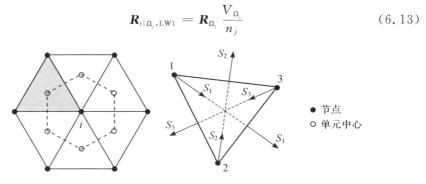

图 6.5　LW 离散示意（一）

（2）2 阶导数项单元量的离散处理

由式（6.12），已经获取 1 阶导数项的单元离散余量。为了继续计算 2 阶导数项的离散余量，需要建立图 6.6 所示的由单元中心围成的控制体。如此，控制体中心即节点 i 上 2 阶导数项的余量计算表达式如下：

$$\int_{\Theta_j}\frac{1}{2}\Delta t\,\nabla\cdot(\boldsymbol{A}\,\nabla\cdot\boldsymbol{G}_{\mathrm{inv}})^n\mathrm{d}v = \frac{1}{n_{\mathrm{D}}}\sum_{k|k\in\Theta_j}\frac{1}{2}\Delta t[\boldsymbol{A}\,\nabla\cdot\boldsymbol{G}_{\mathrm{inv}}]_{\Omega_k}\cdot S_k \tag{6.14}$$

其中，$[\boldsymbol{A}\,\nabla\cdot\boldsymbol{G}_{\mathrm{inv}}]_{\Omega_k}$ 表示任意网格单元中心的值，可以由式（6.12）计算得到，视为已知量。为方便起见，将 Ω_k 改为 Ω_j。由此，Ω_j 对其节点 i 的贡献度可以如下计算：

$$\boldsymbol{R}_{i|\Omega_j,\mathrm{LW2}} = \frac{1}{2}\Delta t[\boldsymbol{A}\,\nabla\cdot\boldsymbol{G}_{\mathrm{inv}}]_{\Omega_j}\cdot\frac{S_{i|\Omega_j}}{n_{\mathrm{D}}} = \frac{1}{2}\Delta t\boldsymbol{A}_{\Omega_j}\boldsymbol{R}_{\Omega_j}\cdot\frac{S_{i|\Omega_j}}{n_{\mathrm{D}}} \tag{6.15}$$

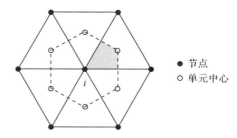

图 6.6　LW 离散示意（二）

（3）分布矩阵的建立

将 1 阶导数项和 2 阶导数项的节点余量组合在一起，得到

$$
\begin{aligned}
\boldsymbol{R}_{i|\Omega_j} &= \boldsymbol{R}_{i|\Omega_j,\mathrm{LW1}} - \boldsymbol{R}_{i|\Omega_j,\mathrm{LW2}} \\
&= \boldsymbol{R}_{\Omega_j} \frac{V_{\Omega_j}}{n_j} - \frac{1}{2}\Delta t \boldsymbol{A}_{\Omega_j} \boldsymbol{R}_{\Omega_j} \cdot \frac{S_{i|\Omega_j}}{n_D} \\
&= \boldsymbol{R}_{\Omega_j} \frac{V_{\Omega_j}}{n_j}\left(1 - \frac{\Delta t}{2n_D}\frac{n_j}{V_{\Omega_j}}\boldsymbol{A}_{\Omega_j} \cdot S_{i|\Omega_j}\right)
\end{aligned}
\tag{6.16}
$$

对比方程（6.4），可以得到与 LW 格式对应的分布矩阵的表达式：

$$
\boldsymbol{D}_{\Omega_j}^i = \frac{V_i}{n_j}\left(1 - \frac{\Delta t}{2n_D}\frac{n_j}{V_{\Omega_j}}\boldsymbol{A}_{\Omega_j} \cdot S_{i|\Omega_j}\right)
\tag{6.17}
$$

6.1.4 对流项处理方法之二：TTGC 离散格式

2 步 TG 离散方法在空间和时间上都具有 3 阶精度，而且具有低耗散的特性，与 LES 算法相结合，可以对亚格子湍流效应进行有效计算。

非结构网格下 2 步 TG 有限元离散方法可以理解为 2 步的 LW 时间离散方法和空间上标准伽辽金加权余量方法的结合。

下面以无黏欧拉方程为例，具体介绍 TTGC 离散格式。守恒形式的欧拉方程为

$$
\frac{\partial \boldsymbol{w}}{\partial t} + \nabla \cdot \boldsymbol{G}_{\mathrm{inv}} = 0
\tag{6.18}
$$

（1）时间离散

我们将 $\boldsymbol{w}^{n+1}$ 沿时间方向进行 2 步泰勒展开，可以得到

$$
\begin{aligned}
\widetilde{\boldsymbol{w}}^n &= \boldsymbol{w}^n + \alpha\left(\frac{\partial \boldsymbol{w}}{\partial t}\right)^n \Delta t + \beta\left(\frac{\partial^2 \boldsymbol{w}}{\partial t^2}\right)^n \Delta t^2 \\
\boldsymbol{w}^{n+1} &= \boldsymbol{w}^n + \left(\frac{\partial \widetilde{\boldsymbol{w}}}{\partial t}\right)^n \Delta t + \gamma\left(\frac{\partial^2 \boldsymbol{w}}{\partial t^2}\right)^n \Delta t^2
\end{aligned}
\tag{6.19}
$$

其中，

$$
\alpha = \frac{1}{2}\ ,\ \beta = \frac{1}{6}
$$

同 LW 格式做法，将方程（6.10）代入方程（6.19）可以得到 TTGC 格式在时间上的半离散方程：

$$
\begin{aligned}
\widetilde{\boldsymbol{w}}^n &= \boldsymbol{w}^n - \alpha(\nabla \cdot \boldsymbol{G}_{\mathrm{inv}})^n \Delta t + \beta\nabla \cdot (\boldsymbol{A}\,\nabla \cdot \boldsymbol{G}_{\mathrm{inv}})^n \Delta t^2 \\
\boldsymbol{w}^{n+1} &= \boldsymbol{w}^n - (\nabla \cdot \widetilde{\boldsymbol{G}}_{\mathrm{inv}})^n \Delta t + \gamma\nabla \cdot (\boldsymbol{A}\,\nabla \cdot \boldsymbol{G}_{\mathrm{inv}})^n \Delta t^2
\end{aligned}
\tag{6.20}
$$

（2）空间离散

利用伽辽金方法，将控制方程（6.20）在空间上进行离散，并表示成弱解形式：

$$\int_\Omega \widetilde{R}^n \boldsymbol{\Phi}_i \mathrm{d}V = -\alpha \mathrm{L}_i(W^n) - \beta \Delta t \mathrm{LL}_i(W^n)$$
$$\int_\Omega R^{n+1} \boldsymbol{\Phi}_i \mathrm{d}V = -\mathrm{L}_i(\widetilde{W}^n) - \gamma \Delta t \mathrm{LL}_i(W^n) \tag{6.21}$$

其中，

$$\widetilde{R}^n = \frac{\widetilde{W}^n - W^n}{\Delta t}$$

$$R^{n+1} = \frac{W^{n+1} - W^n}{\Delta t}$$

$$\mathrm{L}_i(W^n) = \int_\Omega \nabla \cdot \boldsymbol{G}_{\mathrm{inv}}(W^n) \boldsymbol{\Phi}_i \mathrm{d}V$$

$$\mathrm{LL}_i(W^n) = -\int_\Omega \{\nabla \cdot [\boldsymbol{A} \nabla \cdot \boldsymbol{G}_{\mathrm{inv}}(W^n)]\} \boldsymbol{\Phi}_i \mathrm{d}V$$

利用分部积分法，可以将 $\mathrm{LL}_i(W^n)$ 化为

$$\mathrm{LL}_i(W^n) = \int_\Omega [\boldsymbol{A} \nabla \cdot \boldsymbol{G}_{\mathrm{inv}}(W^n)] \nabla \boldsymbol{\Phi}_i \mathrm{d}V - \int_{\partial\Omega} [\boldsymbol{A} \nabla \cdot \boldsymbol{G}_{\mathrm{inv}}(W^n)] \boldsymbol{\Phi}_i \mathrm{d}S$$

$$\tag{6.22}$$

控制方程已经简化为方程（6.21）形式，TTGC 格式在时间上利用 2 步泰勒展开可以达到 3 阶精度。空间上的精度取决于形函数的次数，实现了在空间上拥有 3 阶精度的 TTGC 格式。W 和 $\widetilde{W}$ 可以用形函数表示为

$$W^n(x) = \sum_j \boldsymbol{\Phi}_j(x) W_j^n$$
$$R^n(x) = \sum_j \boldsymbol{\Phi}_j(x) R_j^n \tag{6.23}$$

由此，方程（6.21）第一式的左边进一步化为

$$\int_\Omega \widetilde{R}^n \boldsymbol{\Phi}_i \mathrm{d}V = \sum_j \left(\int_\Omega \boldsymbol{\Phi}_i \boldsymbol{\Phi}_j \mathrm{d}V \right) \widetilde{R}_j^n = \sum_j M_{ij} \widetilde{R}_j^n \tag{6.24}$$

若令

$$\mathrm{H}(W^n) = -\alpha \mathrm{L}(W^n) - \beta \Delta t \mathrm{LL}(W^n)$$
$$\widetilde{\mathrm{H}}(W^n, \widetilde{W}^n) = -\mathrm{L}(\widetilde{W}^n) - \gamma \Delta t \mathrm{LL}(W^n)$$

则有

$$MR\widetilde{R}^n = \mathrm{H}(W^n)$$
$$MR^{n+1} = \widetilde{\mathrm{H}}(W^n, \widetilde{W}^n) \tag{6.25}$$

（3）线性项 L 和双线性项 LL 的处理

在实际操作中计算 L 和 LL 的时候，是在一个单元内单独计算的。

$$\mathrm{L}_i(W^n) = \sum_{c,i \in \Omega_c} \mathrm{L}_i(W^n)\big|_c \tag{6.26}$$

$$\mathrm{LL}_i(W^n) = \sum_{c,i \in \Omega_c} \mathrm{LL}_i(W^n)\big|_c \tag{6.27}$$

其中，

$$\mathrm{L}_i(W^n)\big|_c = \int_{\Omega_c} \nabla \cdot \boldsymbol{G}_{\mathrm{inv}}(W^n)\boldsymbol{\Phi}_i \mathrm{d}V \tag{6.28}$$

$$\mathrm{LL}_i(W^n)\big|_c = \int_{\Omega_c} \boldsymbol{\Phi}_{ix}\boldsymbol{A} \nabla \cdot \boldsymbol{G}_{\mathrm{inv}}(W^n)\mathrm{d}V \tag{6.29}$$

已知 W^n 为形函数的线性组合，通量 W 和雅可比矩阵 $\boldsymbol{A}$ 为 W^n 的复杂非线性函数。然而精确求解 L 和 LL，需要在每个单元 Ω_c 内求积分。所以可以做如下近似：

$$G_{\mathrm{inv}}(x) = \sum_j \boldsymbol{\Phi}_j \boldsymbol{G}_{\mathrm{inv}\,j}^n \tag{6.30}$$

所以有

$$\nabla \cdot \boldsymbol{G}_{\mathrm{inv}}^n = \sum_j \boldsymbol{G}_{\mathrm{inv}\,j}^n \nabla \boldsymbol{\Phi}_j(x) \tag{6.31}$$

雅可比矩阵 $\boldsymbol{A}$ 在每个单元内近似为常数，用节点 j 的平均值 W_j^n 近似。不过这种方法只在 LL 项中出现。所以，L 和 LL 的表达式可以简化为

$$\mathrm{L}_i(W^n)\big|_c = \sum_{j \in \Omega_c} \boldsymbol{G}_{\mathrm{inv}\,j}\Theta_{ij}\big|_c$$
$$\Theta_{ij}\big|_c = \int_{\Omega_c} \boldsymbol{\Phi}_i \nabla \boldsymbol{\Phi}_j \mathrm{d}V \tag{6.32}$$

$$\mathrm{LL}_i(W^n)\big|_c = \boldsymbol{A}\sum_{j \in \Omega_c} \boldsymbol{G}_{\mathrm{inv}\,j}\boldsymbol{\Psi}_{ij}\big|_c$$
$$\boldsymbol{\Psi}_{ij}\big|_c = \int_{\Omega_c} \nabla \boldsymbol{\Phi}_j(\nabla \boldsymbol{\Phi}_i)^{\mathrm{T}}\mathrm{d}V \tag{6.33}$$

一般形函数为单元 $\widetilde{\Omega}_c$ 内参考坐标 $\widetilde{x}$ 的函数，在上述积分的过程中需要将局部坐标转化为整体坐标。

定义 $R: \widetilde{\Omega}_c \rightarrow \Omega_c$，$\widetilde{x} \rightarrow x = \sum_i x_i \boldsymbol{\Phi}_i(\widetilde{x})$。所以式（6.27）和（6.28）可以化简为

$$\Theta_{ij}\mid_c = \int_{\bar\Omega_c} \boldsymbol{\Phi}_i \boldsymbol{T} \nabla \boldsymbol{\Phi}_j \mathrm{d}V \tag{6.34}$$

$$\boldsymbol{\Psi}_{ij}\mid_c = \int_{\Omega_c} \mid \boldsymbol{P} \mid^{-1} \boldsymbol{T} \nabla \boldsymbol{\Phi}_j (\nabla \boldsymbol{\Phi}_i)^{\mathrm{T}} \boldsymbol{T}^{\mathrm{T}} \mathrm{d}V \tag{6.35}$$

其中，$\boldsymbol{P} = \dfrac{\partial \boldsymbol{x}}{\partial \bar{\boldsymbol{x}}}$ 为转换 R 的雅可比矩阵，并且 $\boldsymbol{T} = \mid \boldsymbol{P} \mid (\boldsymbol{P}^{\mathrm{T}})^{-1}$。

（4）1 次形函数

在三角形和四边形单元内，R 为线性转换。若形函数也为 1 次，则有 $\boldsymbol{T}, \nabla \boldsymbol{\Phi}_i$ 为常数：

$$\nabla \boldsymbol{\Phi}_j = -\frac{\boldsymbol{N}_j}{DV_c}$$

$$\nabla \cdot \boldsymbol{G}_{\mathrm{inv}} = \sum_j \boldsymbol{G}_{\mathrm{inv}\,j} \nabla \boldsymbol{\Phi}_j(x) = -\frac{1}{DV_c} \Big(\sum_{j \in \Omega_c} \boldsymbol{N}_j \boldsymbol{G}_{\mathrm{inv}\,j} \Big)$$

其中，$\boldsymbol{N}_j$ 为单元 j 的外法向量。D 是空间维数，V_c 是单元的体积。

$$\int_{\Omega_c} \Phi_j \mathrm{d}V = \frac{V_c}{I_c}, \ \forall j \in \Omega_c$$

其中，I_c 为单元 Ω_c 内点的个数，对于三角形为 3，对于四面体为 4。最后，L 和 LL 可以得到简化：

$$\mathrm{L}_i(W^n)\mid_c = \frac{V_c}{I_c}(\nabla \cdot \boldsymbol{G}_{\mathrm{inv}})_c \tag{6.36}$$

$$\mathrm{LL}_i(W^n)\mid_c = -\frac{1}{D}\boldsymbol{A}(\nabla \cdot \boldsymbol{G}_{\mathrm{inv}})_c \boldsymbol{N}_i \tag{6.37}$$

（5）高次形函数

当采用 2 次或者 3 次形函数时，$\boldsymbol{T}, \nabla \boldsymbol{\Phi}_i$ 不再是常数。可以设 $\boldsymbol{T}$ 和 $\mid \boldsymbol{P} \mid$ 在整个单元内为常数，用某点的值代替其平均值。

$$\mid \widetilde{\boldsymbol{P}} \mid = \frac{V_c}{I_c}, \ \overline{\boldsymbol{T}} = \boldsymbol{T}(x_G)$$

其中，x_G 为单元的重心。

为了保持守恒性，将 Θ_{ij} 分成两部分：

$$\Theta_{ij}\mid_c = \Theta_{ij}^{(0)}\mid_c + \Theta_{ij}^{(1)}\mid_c$$

$$\Theta_{ij}^{(0)}\mid_c = \int_{\Omega_c} \boldsymbol{\Phi}_i \nabla \overline{\boldsymbol{\Phi}}_j \mathrm{d}V \tag{6.38}$$

$$\Theta_{ij}^{(1)}\mid_c = \int_{\Omega_c} \boldsymbol{\Phi}_i (\nabla \boldsymbol{\Phi}_j - \nabla \overline{\boldsymbol{\Phi}}_j) \mathrm{d}V$$

其中，

$$\nabla \overline{\boldsymbol{\Phi}}_j = \frac{1}{V_c} \int_{\tilde{\Omega}_c} \boldsymbol{T} \, \nabla \boldsymbol{\Phi}_j \, \mathrm{d}\widetilde{V} = \frac{\overline{\boldsymbol{T}}}{V_c} \int_{\tilde{\Omega}_c} \nabla \boldsymbol{\Phi}_j \, \mathrm{d}\widetilde{V} = \frac{1}{V_c} \int_{\partial \Omega_c} \boldsymbol{\Phi}_j \, \mathrm{d}s \qquad (6.39)$$

$$\widetilde{\Theta}_{ij}^{(1)} \mid_c \approx \overline{\boldsymbol{T}} \int_{\tilde{\Omega}_c} \boldsymbol{\Phi}_i \left(\nabla \overline{\boldsymbol{\Phi}}_j - \frac{1}{V_c} \int_{\tilde{\Omega}_c} \nabla \boldsymbol{\Phi}_j \, \mathrm{d}\widetilde{V} \right) \mathrm{d}V$$

同样地,在计算 $\boldsymbol{\Psi}_{ij}$ 时,仍然采用 $\overline{\boldsymbol{T}}$ 和 $\mid \overline{\boldsymbol{P}} \mid$ 计算其平均值。可得

$$\boldsymbol{\Psi}_{ij} \mid_c \approx \mid \overline{\boldsymbol{P}} \mid^{-1} \overline{\boldsymbol{T}} \, \widetilde{\boldsymbol{\Psi}}_{ij} \, \overline{\boldsymbol{T}}^{\mathrm{T}}$$

$$\widetilde{\boldsymbol{\Psi}}_{ij} \mid_c \approx \int_{\Omega_c} \nabla \boldsymbol{\Phi}_j \, (\nabla \boldsymbol{\Phi}_i)^{\mathrm{T}} \mathrm{d}\widetilde{V} \qquad (6.40)$$

将式(6.40)代入式(6.36)和(6.37),可得

$$\mathrm{L}_i(W^n) \mid_c = \frac{V_c}{I_c} \left(\int_{\tilde{\Omega}_c} \boldsymbol{\Phi}_i \, \mathrm{d}\widetilde{V} \right) (\nabla \cdot \boldsymbol{G}_{\mathrm{inv}})_c + \sum_j F_j \overline{\boldsymbol{T}} \, \widetilde{\Theta}_{ij} \qquad (6.41)$$

$$\mathrm{LL}_i(W^n) \mid_c = -\frac{I_c}{V_c} \boldsymbol{A} \left(\sum_j \boldsymbol{G}_{\mathrm{inv}\, j} \overline{\boldsymbol{T}} \, \widetilde{\boldsymbol{\Psi}}_{ij} \, \overline{\boldsymbol{T}}^{\mathrm{T}} \right)_c \qquad (6.42)$$

6.1.5　黏性项处理方法

黏性通量 $\boldsymbol{G}_{\mathrm{vis}}$ 是 w 和 ∇w 的函数,首先需要计算流场梯度 ∇w 的单元值:

$$(\nabla w)_{\Omega_j} = \frac{1}{n_{\mathrm{D}} V_{\Omega_j}} \sum_{k \in \Omega_j} w_k \cdot \mathrm{d}s_k \qquad (6.43)$$

得到流场梯度的单元值 $(\nabla w)_{\Omega_j}$ 后,黏性通量 $\boldsymbol{G}_{\mathrm{vis}}$ 的单元值如下计算:

$$[\boldsymbol{G}_{\mathrm{vis}}]_{\Omega_j} = \boldsymbol{G}_{\mathrm{vis}} [(\nabla w)_{\Omega_j}] + \boldsymbol{G}_{\mathrm{vis}} [(\delta \nabla w)_{\Omega_j}] \qquad (6.44)$$

黏性通量散度节点值如下计算:

$$(\nabla \cdot \boldsymbol{G}_{\mathrm{vis}})_i = \frac{1}{n_{\mathrm{D}}} \sum_{j \mid i \in \Omega_j} [\boldsymbol{G}_{\mathrm{vis}}]_{\Omega_j} \cdot S_j \qquad (6.45)$$

6.1.6　人工黏性和激波捕捉

流场齿状振荡及激波间断面附近的数值振荡是造成数值计算不稳定的重要因素。为了消除齿状振荡流场和激波间断面附近的数值振荡,准确求解流场结构,达到高分辨率捕捉超声速流场的激波特征,我们在方程余量表达式中引入了 Jamesen 等[13]的人工黏性思想,包含 2 阶人工项和 4 阶人工项。其中,4 阶人工项起到消除齿状虚假振荡流场的效果;2 阶人工项起到光滑物理间断的作用。引入人工黏性项后,半离散方程(6.3)变成如下形式:

$$\frac{\mathrm{d}\boldsymbol{w}_i}{\mathrm{d}t} = -\left[\boldsymbol{R}_i(\boldsymbol{w}) + (\boldsymbol{S}_{\mathrm{av},i}^{(2)} + \boldsymbol{S}_{\mathrm{av},i}^{(4)}) \right]$$

$$\boldsymbol{S}_{\mathrm{av},i}^{(2)} = -\frac{1}{V_i} \sum_{j|i\in\Omega_j} \frac{\varepsilon_{\Omega_j}^{(2)} \zeta_{\Omega_j} V_{\Omega_j}}{n_j \Delta t}(\boldsymbol{w}_{\Omega_j} - \boldsymbol{w}_i)$$

$$\boldsymbol{S}_{\mathrm{av},i}^{(4)} = \frac{1}{V_i} \sum_{j|i\in\Omega_j} \frac{\varepsilon_{\Omega_j}^{(4)} V_{\Omega_j}}{n_j \Delta t}\left[\left(\frac{1}{n_j}\sum_{k|k\in\Omega_j} \nabla \boldsymbol{w}_k\right) \cdot (x_{\Omega_j} - x_i) - (\boldsymbol{w}_{\Omega_j} - \boldsymbol{w}_i)\right]$$

$$(6.46)$$

其中，$\varepsilon_{\Omega_j}^{(4)} = \max(0, \kappa^{(4)} - \kappa^{(2)}\varepsilon_{\Omega_j}^{(2)})$，$\kappa^{(2)}$ 和 $\kappa^{(4)}$ 为可调的系数，取值范围一般为 $0.01 \leqslant \kappa^{(2)} \leqslant 0.1$，$0.005 \leqslant \kappa^{(4)} \leqslant 0.05$。

为了降低引入人工黏度对湍流模拟造成的数值耗散作用，我们设计了针对压力梯度的限制器函数 ζ_{Ω_j}，使得人工黏性的作用区域限制在流动大梯度区域，尤其是激波结构附近。限制器函数 ζ_{Ω_j} 设计如下：

$$\zeta_{\Omega_j} = \max_{k\in\Omega_j} \frac{\left|\left(\frac{1}{n}\sum_{i\in\Omega_j} P_i - P_k\right) - \nabla P_k \cdot \left(\frac{1}{n}\sum_{i\in\Omega_j} x_i - x_k\right)\right|}{\left|\frac{1}{n}\sum_{i\in\Omega_j} P_i - P_k\right| + \left|\nabla P_k \cdot \left(\frac{1}{n}\sum_{i\in\Omega_j} x_i - x_k\right)\right| + P_k} \quad (6.47)$$

6.1.7 高阶格式验证：典型超声速问题的适用性研究

(1) SOD 激波管问题

1 维 SOD 激波管问题最早由 G. A. Sod[14] 提出。该算例涉及激波、膨胀波和接触间断等复杂波系，是一个典型的黎曼间断问题。考虑熵增和初始条件，理论解是唯一的。该算例给定了 Sod 问题的初始条件：

$$(\rho, u, p) = \begin{cases} (1, 0, 1), & x < 0.5 \\ (0.125, 0, 0.1), & x \geqslant 0.5 \end{cases} \quad (6.48)$$

激波管壁面设置为滑移边界，两端为无滑移边界。计算网格为非结构三角形网格。

在 $t = 0.2$ 时刻计算结果与理论解的对比如图 6.7 所示。从图 6.7(a) 和 (b) 可以清楚看到，当沿 x 方向的网格节点数 $k = 100$ 时，3 阶 TTGC 格式已经能够准确捕捉到各种间断和流场结构。在间断附近数值振荡现象不是很明显，但有一定程度的间断抹平效应。可见在粗糙网格下，TTGC 格式展现了高分辨率特性，结合人工黏性的作用能较好捕捉流场中的各种间断结构。

进一步加密 x 方向上网格，当网格节点数 $k = 200$ 时，计算结果如图 6.7(c) 和 (d) 所示，与理论解的吻合程度更佳，激波附近未出现明显的数值振荡。可见 TTGC 格式对接触间断和激波的计算精度有了进一步提高。

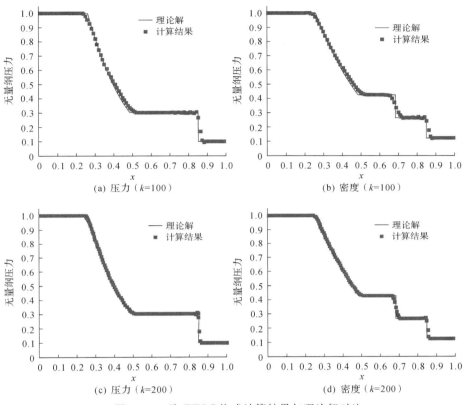

图 6.7　3 阶 TTGC 格式计算结果与理论解对比

（2）马赫 3 的前台阶流动

本算例模拟了马赫 3 的前台阶风洞流动，风洞长 3、宽 1，台阶距风洞入口 0.6、高 0.2。左右两端分别设为超声速进出口边界，上下壁面为滑移绝热边界。来流条件为

$$(\rho,u,v,p)=(1.4,3,0,1)$$

计算网格为非结构三角形网格，设计了三套不同网格尺寸（h）的网格系统，以进行计算格式的对比分析，具体取为 $h=0.02,0.01,0.005$，相应网格节点数 k 为 14174，56892，201600。图 6.8 为网格局部放大视图。对于台阶角点上的奇点，没有做任何特殊处理，整个计算区域网格尺寸大小一致。

图 6.9 展示了 $t=4$ 时刻不同网格尺寸的网格计算得到的密度等值线。如图 6.9(a) 所示，当 $h=0.02$ 时，计算得到的流场结果分辨率较高，其中的弓形激波、反射激波、膨胀波、压缩波以及滑移线等都被准确地捕捉到了，而

且在台阶上没有产生数值边界层,但是在激波间断附近存在一定的虚假数值振荡。在网格加密后,数值振荡逐步减小,流场结构也更加清晰如图6.9(b)和(c)所示。3阶TTGC格式在非结构网格下具有较高的分辨率,能够精确地捕捉超声速流场中的各类复杂结构。

图6.9(d)的密度等值线图引自文献[15]。在远离台阶处网格尺寸$h=0.025$;台阶周围进行了加密处理,$h=0.0167$与$h=0.02$算例对应的网格尺寸相当。对比图6.9(a)与(d)可得,在同等网格和精度下,WENO格式数值振荡较小,但是捕捉的滑移线不够清晰而且激波层比较厚,比TTGC格式耗散更大。

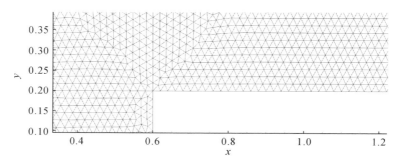

图6.8 前台阶流动非结构网格($h=0.02$)局部放大视图

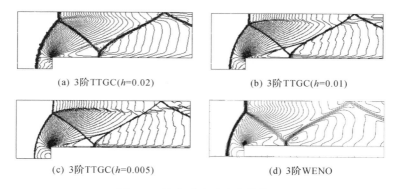

(a) 3阶TTGC($h=0.02$)   (b) 3阶TTGC($h=0.01$)

(c) 3阶TTGC($h=0.005$)   (d) 3阶WENO

图6.9 前台阶流动密度等值线

(3)高超声速圆柱黏性绕流($M=8.03$)

本算例模拟了高超声速下2维圆柱的黏性绕流,虽然不涉及以上两个算例中的复杂波系,但是出现了黏性边界层,壁面附近出现较大的温度梯度。本算例主要考察了TTGC格式在非结构网格下,对高超声速边界层的计算能力以及黏性计算的精度,其中重要的衡量标准是热流量的计算。

本算例仿照 Wieting[16] 的实验,对应的计算参数分别为来流马赫数 $M_\infty = 8.03$,来流静温 $T_\infty = 124.94\text{K}$,圆柱壁面温度 $T_w = 294.44\text{K}$,流动雷诺数 $\text{Re}_\infty = 1.835 \times 10^5$,圆柱半径 $R = 38.1\text{mm}$,圆柱壁面雷诺数 $\text{Re}_w = 18.35$ 。其中,雷诺数以圆柱的半径为参考长度。壁面雷诺数 $\text{Re}_w = \text{Re}_\infty \times \Delta_1$,其中 Δ_1 为离开壁面第一层网格尺寸。圆柱计算区域如图 6.10 所示。计算区域全部采用非结构网格,共有 176000 个单元数。

图 6.11 为压力和密度等值线,可以看到 TTGC 格式的数值耗散较小,分辨率高,在高超声速情况下能够清晰地捕捉到脱体激波,但是存在一定的数值振荡。计算得出的壁面压力和热量与实验数据的对比结果如图 6.12 所示,分别以 $0°$ 位置的压力 P_0 和热量 Q_0 为标准进行无量纲化。圆柱表面压力和热量分布与实验结果吻合,数值计算结果也与 Luo 等[17] 的模拟结果相近。这表明,TTGC 格式能够很好地计算大梯度的热流场,准确模拟高超声速黏性问题。

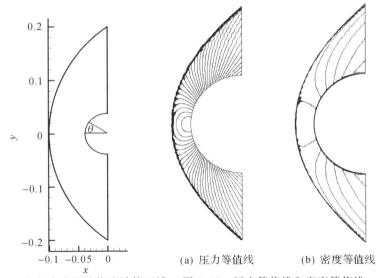

图 6.10　高超声速圆柱绕流计算区域　　图 6.11　压力等值线和密度等值线

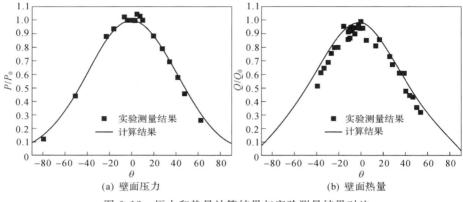

图 6.12　压力和热量计算结果与实验测量结果对比

6.2　面向可压缩流动的特征边界处理技术

声场对流动和燃烧不稳定性过程的模拟与研究起着重要作用,对声场传播特性的不准确模拟会导致不稳定性问题求解的失败。在非定常可压缩问题求解中,声波传播过程可以被充分解析和捕捉。为了准确分析声场,必须认真考虑和处理声波在边界处的传播特性。比如,出口处的旋涡和温度热斑必须离开计算域,不应该存在反射现象,防止流场噪声出现。

在求解过程中,对于计算域内部的网格单元,物理量依据所采用的数值离散格式进行时间更新,更新所涉及的周边节点上的流场数据为已知;而更新边界单元数据时需要提供外界输入的物理量信息,由此得到的边界预测值需要进行修正才能避免在边界出现强的扰动。对预测值进行修正需要用到特征边界技术。

特征边界处理技术的基本思路:把纳维-斯托克斯(NS)方程改写成一系列相互独立的对流方程(或波动方程),获得波传播在边界处的进出信息,从而精确控制边界条件。具体实现过程如下(以欧拉方程为例)。

6.2.1　控制方程线化

考虑 3 维 NS 方程:

$$\frac{\partial \boldsymbol{U}}{\partial t} + \frac{\partial \boldsymbol{F_v}}{\partial x} + \frac{\partial \boldsymbol{G_v}}{\partial y} + \frac{\partial \boldsymbol{H_v}}{\partial z} = \boldsymbol{S}$$

$$\boldsymbol{U} = (\rho u_1, \rho u_2, \rho u_3, \rho E_T, \rho Y_k)$$
$$\boldsymbol{F}_U = (\rho uu + P, \rho vu, \rho wu, \rho Hu, \rho_k u)^{\mathrm{T}}$$
$$\boldsymbol{G}_U = (\rho uv, \rho vv + P, \rho wv, \rho Hv, \rho_k v)^{\mathrm{T}} \tag{6.49}$$
$$\boldsymbol{H}_U = (\rho uw, \rho vw, \rho ww + P, \rho Hw, \rho_k w)^{\mathrm{T}}$$

改写成线性形式:

$$\frac{\partial \boldsymbol{U}}{\partial t} + \frac{\partial \boldsymbol{F}_U}{\partial \boldsymbol{U}} \frac{\partial \boldsymbol{U}}{\partial x} + \frac{\partial \boldsymbol{G}_U}{\partial \boldsymbol{U}} \frac{\partial \boldsymbol{U}}{\partial y} + \frac{\partial \boldsymbol{H}_U}{\partial \boldsymbol{U}} \frac{\partial \boldsymbol{U}}{\partial z} = \boldsymbol{S}$$

$$\frac{\partial \boldsymbol{U}}{\partial t} + \boldsymbol{A}_U \frac{\partial \boldsymbol{U}}{\partial x} + \boldsymbol{B}_U \frac{\partial \boldsymbol{U}}{\partial u} + \boldsymbol{C}_U \frac{\partial \boldsymbol{U}}{\partial z} = \boldsymbol{S} \tag{6.50}$$

我们这里考虑欧拉方程(扩散源项为 0):

$$\frac{\partial \boldsymbol{U}}{\partial t} + \boldsymbol{A}_U \frac{\partial \boldsymbol{U}}{\partial x} + \boldsymbol{B}_U \frac{\partial \boldsymbol{U}}{\partial y} + \boldsymbol{C}_U \frac{\partial \boldsymbol{U}}{\partial z} = 0 \tag{6.51}$$

6.2.2　特征方程

令 $\boldsymbol{M} = \dfrac{\partial \boldsymbol{U}}{\partial \boldsymbol{V}}(M_{ij} = \dfrac{\partial U_i}{\partial V_i})$,将守恒型的欧拉方程改写成原始变量的形式:

$$\frac{\boldsymbol{M}\partial \boldsymbol{V}}{\partial t} + \boldsymbol{A}_U \frac{\boldsymbol{M}\partial \boldsymbol{V}}{\partial x} + \boldsymbol{B}_U \frac{\boldsymbol{M}\partial \boldsymbol{V}}{\partial y} + \boldsymbol{C}_U \frac{\boldsymbol{M}\partial \boldsymbol{V}}{\partial z} = 0$$

$$\frac{\partial \boldsymbol{V}}{\partial t} + \boldsymbol{M}^{-1}\boldsymbol{A}_U\boldsymbol{M} \frac{\partial \boldsymbol{V}}{\partial x} + \boldsymbol{M}^{-1}\boldsymbol{B}_U\boldsymbol{M} \frac{\partial \boldsymbol{V}}{\partial y} + \boldsymbol{M}^{-1}\boldsymbol{C}_U\boldsymbol{M} \frac{\partial \boldsymbol{V}}{\partial z} = 0 \tag{6.52}$$

$$\frac{\partial \boldsymbol{V}}{\partial t} + \boldsymbol{A}_V \frac{\partial \boldsymbol{V}}{\partial x} + \boldsymbol{B}_V \frac{\partial \boldsymbol{V}}{\partial y} + \boldsymbol{C}_V \frac{\partial \boldsymbol{V}}{\partial z} = 0$$

$$\boldsymbol{V} = (u_1, u_2, u_3, P, \rho Y_k)$$

令 $\boldsymbol{\Omega}_v = \dfrac{\partial \boldsymbol{V}}{\partial \boldsymbol{V}_n}$,继续将上述方程变换至边界法向坐标框架下:

$$\frac{\partial \boldsymbol{V}_n}{\partial t} + \boldsymbol{N} \frac{\partial \boldsymbol{V}_n}{\partial X} + \boldsymbol{T}_1 \frac{\partial \boldsymbol{V}_n}{\partial Y} + \boldsymbol{T}_2 \frac{\partial \boldsymbol{V}_n}{\partial Z} = 0$$

$$\boldsymbol{V}_n = (u_n, u_{t,1}, u_{t,2}, P, \rho Y_k)$$

$$\boldsymbol{N} = n_x \boldsymbol{i} + n_y \boldsymbol{j} + n_z \boldsymbol{k} \tag{6.53}$$

$$\boldsymbol{T}_1 = t_{1,x} \boldsymbol{i} + t_{1,y} \boldsymbol{j} + t_{1,z} \boldsymbol{k}$$

$$\boldsymbol{T}_2 = t_{2,x} \boldsymbol{i} + t_{2,y} \boldsymbol{j} + t_{2,z} \boldsymbol{k}$$

对 $\boldsymbol{N}$ 进行对角化分解 $\boldsymbol{N} = \boldsymbol{L}^{-1}\boldsymbol{DL}$,得到用特征量 $\partial \boldsymbol{W} = \boldsymbol{L}\partial \boldsymbol{V}_n$ 表示的方程形式:

$$\frac{\partial \boldsymbol{W}}{\partial t} + \boldsymbol{D} \frac{\partial \boldsymbol{W}}{\partial X} + \boldsymbol{LT}_1\boldsymbol{R} \frac{\partial \boldsymbol{W}}{\partial Y} + \boldsymbol{LT}_2\boldsymbol{R} \frac{\partial \boldsymbol{W}}{\partial Z} = 0 \tag{6.54}$$

只保留边界处的法向贡献,得到边界特征方程:

$$\frac{\partial \boldsymbol{W}}{\partial t} + \boldsymbol{D}\frac{\partial \boldsymbol{W}}{\partial X} = 0 \tag{6.55}$$

$$\boldsymbol{D} = \begin{bmatrix} \boldsymbol{u} \cdot \boldsymbol{n} + c & & & & & \\ & \boldsymbol{u} \cdot \boldsymbol{n} - c & & & & \\ & & \boldsymbol{u} \cdot \boldsymbol{n} & & 0 & \\ & & & \boldsymbol{u} \cdot \boldsymbol{n} & & \\ & 0 & & & \boldsymbol{u} \cdot \boldsymbol{n} & \\ & & & & & \cdots \\ & & & & & & \boldsymbol{u} \cdot \boldsymbol{n} \end{bmatrix} \tag{6.56}$$

边界特征方程展开后得到相互独立的对流方程组,可以判断出边界处流场信息的进出特征。

$$\frac{\partial W_1}{\partial t} + (\boldsymbol{u} \cdot \boldsymbol{n} + c)\frac{\partial W_1}{\partial X} = 0$$

$$\frac{\partial W_2}{\partial t} + (\boldsymbol{u} \cdot \boldsymbol{n} - c)\frac{\partial W_2}{\partial X} = 0$$

$$\frac{\partial W_3}{\partial t} + (\boldsymbol{u} \cdot \boldsymbol{n})\frac{\partial W_3}{\partial X} = 0 \tag{6.57}$$

$$\frac{\partial W_4}{\partial t} + (\boldsymbol{u} \cdot \boldsymbol{n})\frac{\partial W_4}{\partial X} = 0$$

$$\frac{\partial W_{4+k}}{\partial t} + (\boldsymbol{u} \cdot \boldsymbol{n})\frac{\partial W_{4+k}}{\partial X} = 0$$

综上可知,守恒变分可以如下表示成特征量变分的形式,反之也成立。

$$\partial \boldsymbol{W} = \boldsymbol{L}_U \partial \boldsymbol{U}$$

$$\partial \boldsymbol{U} = \boldsymbol{R}_U \partial \boldsymbol{W}$$

$$\boldsymbol{L}_U = \boldsymbol{L}\boldsymbol{\Omega}_V^{-1}\boldsymbol{M}^{-1} \tag{6.58}$$

$$\boldsymbol{R}_U = \boldsymbol{M}\boldsymbol{\Omega}_V\boldsymbol{L}^{-1}$$

6.2.3 特征变量

应用 $\boldsymbol{D} = \boldsymbol{L}\boldsymbol{\Omega}_V^{-1}\boldsymbol{A}_n\boldsymbol{\Omega}_V\boldsymbol{R}$, $\boldsymbol{L}_V = \boldsymbol{L}\boldsymbol{\Omega}_V^{-1}$, $\boldsymbol{R}_V = \boldsymbol{\Omega}_V^{-1}\boldsymbol{R}$ 可以得到原始量与特征量之间的关联:

$$\partial \boldsymbol{W} = \boldsymbol{L}_V \partial \boldsymbol{V}$$

$$\partial \boldsymbol{V} = \boldsymbol{R}_V \partial \boldsymbol{W}$$

$$\partial W_1 = \boldsymbol{n} \cdot \partial \boldsymbol{u} + \frac{1}{\rho c}\partial P$$

$$\partial W_2 = -\boldsymbol{n} \cdot \partial \boldsymbol{u} + \frac{1}{\rho c}\partial P$$

$$\partial W_3 = \boldsymbol{t}_1 \cdot \partial \boldsymbol{u}$$

$$\partial W_4 = \boldsymbol{t}_2 \cdot \partial \boldsymbol{u}$$

$$\partial W_{4+k} = -\frac{Y_k}{c^2}\partial P + \partial \rho_k$$

$$\partial(\boldsymbol{u} \cdot \boldsymbol{n}) = \frac{1}{2}(\partial W_1 - \partial W_2)$$

$$\partial(\boldsymbol{u} \cdot \boldsymbol{t}_1) = W_3 \qquad\qquad (6.59)$$

$$\partial(\boldsymbol{u} \cdot \boldsymbol{t}_2) = W_4$$

$$\partial u = \frac{1}{2}n_x(\partial W_1 - \partial W_2) + t_{1,x}\partial W_3 + t_{2x}\partial W_4$$

$$\partial v = \frac{1}{2}n_y(\partial W_1 - \partial W_2) + t_{1,y}\partial W_3 + t_{2y}\partial W_4$$

$$\partial w = \frac{1}{2}n_z(\partial W_1 - \partial W_2) + t_{1,z}\partial W_3 + t_{2z}\partial W_4$$

$$\partial P = \frac{1}{2}\rho c(\partial W_1 + \partial W_2)$$

结合式(6.58)和(6.59),可以将边界特征量方程分为三类。

(1)声波:以声速传播,输运声扰动

$$\partial W_1 = \boldsymbol{n} \cdot \partial \boldsymbol{u} + \frac{1}{\rho c}\partial P$$

$$\partial W_2 = -\boldsymbol{n} \cdot \partial \boldsymbol{u} + \frac{1}{\rho c}\partial P \qquad\qquad (6.60)$$

$$\lambda_1 = \boldsymbol{u} \cdot \boldsymbol{n} + c$$

$$\lambda_2 = \boldsymbol{u} \cdot \boldsymbol{n} - c$$

(2)剪切波:以流动速度传播,输运横向速度扰动

$$\partial W_3 = \boldsymbol{t}_1 \cdot \partial \boldsymbol{u}$$

$$\partial W_4 = \boldsymbol{t}_2 \cdot \partial \boldsymbol{u} \qquad\qquad (6.61)$$

$$\lambda_3 = \boldsymbol{u} \cdot \boldsymbol{n}$$

$$\lambda_4 = \boldsymbol{u} \cdot \boldsymbol{n}$$

（3）组分波：以流动速度传播，输运组分扰动

$$\partial W_{4+k} = -\frac{Y_k}{c^2}\partial P + \partial \rho_k$$

$$\lambda_{4+k} = \boldsymbol{u} \cdot \boldsymbol{n}$$

(6.62)

6.2.4　边界特征量的校正

应用特征边界处理技术需做的工作可以简单描述如下：

①获得守恒量的预测值 $\partial U^{\text{predicted}}$ ；

②变换得到特征量的预测值 $\partial W^{\text{predicted}}$（$L_u$）；

③获取特征量的校正值 $\partial W^{\text{corrected}}$ ；

④逆变换得到守恒量的校正值 $\partial U^{\text{corrected}}$（$R_u$）。

可见，步骤③是关键，即如何对特征量进行修正。举例说明如下。

（1）亚声速出口边界

分析出口处特征量的传播情况，发现只有 W_2 是进入计算域的，需要进行修正，而其他特征量保持不变，如图 6.13 所示。

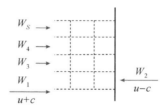

图 6.13　出口处特征量传播情况

由原始量和特征量的关联，可知压力与特征量满足下列关系：

$$\partial P = \frac{\rho c}{2}(\partial W_1 + \partial W_2)$$

(6.63)

如果出口处强制给定压力（$\partial P = 0$），相当于 $\partial W_2 = -\partial W_1$，这意味着进入计算域的声波等于离开计算域的声波，也就是完全反射边界条件。

如果要求出口无反射，则要求没有进入计算域的声波，即 $\partial W_2 = 0$。完全无反射边界条件会导致出口压力发生偏移，偏离于设定的目标压力。为此，需要采用松弛特征边界处理技术，即在出口处应用如下关系式：

$$\partial W_2 = \frac{2}{\rho c}K\Delta t(P^{\text{t}} - P)$$

(6.64)

其中，P^t 为目标压力，P 为瞬时压力，K 为松弛因子。出口处采用式（6.64），可以有效控制出口处的低频信息（即压力平均值），而允许高频扰动的出现。

　　（2）进口边界

　　分析进口处特征量的传播情况，发现只有 W_2 离开计算域且保持不变，而其他特征量都需要修正，如图 6.14 所示。

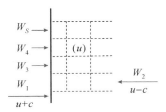

图 6.14　进口处特征量传播情况

　　根据方程定解条件要求，进口处需要同时给定速度、温度和组分。根据原始量与特征量之间的关系：

$$\partial(\boldsymbol{u} \cdot \boldsymbol{n}) = \frac{1}{2}(\partial W_1 - \partial W_2)$$
$$\partial(\boldsymbol{u} \cdot \boldsymbol{t}_1) = \partial W_3$$
$$\partial(\boldsymbol{u} \cdot \boldsymbol{t}_2) = \partial W_4 \tag{6.65}$$
$$\partial T = \frac{\beta T}{2c}(\partial W_1 + \partial W_2) - \sum_j \frac{RT}{\rho W_j}\partial W_{4+k}$$
$$\partial Y_k = \frac{1}{\rho}\left(\partial W_{4+k} - Y_k \sum_j \partial W_j\right)$$

由此得出进口反射边界条件如下：

$$\partial W_1 = \partial W_2 + 2\partial(\boldsymbol{u} \cdot \boldsymbol{n})$$
$$\partial W_3 = \partial(\boldsymbol{u} \cdot \boldsymbol{t}_1)$$
$$\partial W_4 = \partial(\boldsymbol{u} \cdot \boldsymbol{t}_2) \tag{6.66}$$
$$\partial W_{4+k} = Y_k \partial W_S + \rho \partial Y_k$$
$$\partial W_S = -\frac{\rho \partial T}{T} + \frac{\rho \beta}{c}(\partial W_2 + \partial(\boldsymbol{u} \cdot \boldsymbol{n})) - \rho \overline{W} \sum_j \frac{1}{W_j}\partial W_{4+j}$$

"松弛"无反射边界条件则表示成

$$\partial W_1 = 2K_{u_\eta}\Delta t(\boldsymbol{u}^{\mathrm{t}} \cdot \boldsymbol{n} - \boldsymbol{u} \cdot \boldsymbol{n})$$

$$\partial W_3 = K_{u_\xi}\Delta t(\boldsymbol{u}^{\mathrm{t}} \cdot \boldsymbol{t}_1 - \boldsymbol{u} \cdot \boldsymbol{t}_1)$$

$$\partial W_4 = K_{u_\xi}\Delta t(\boldsymbol{u}^{\mathrm{t}} \cdot \boldsymbol{t}_2 - \boldsymbol{u} \cdot \boldsymbol{t}_2) \tag{6.67}$$

$$\partial W_S = -\rho K_T \Delta t \frac{T^{\mathrm{t}} - T}{T}$$

$$\partial W_{4+k} = Y_k \partial W_S + \rho K_T \Delta t (Y_k^{\mathrm{t}} - Y_k)$$

（3）无滑移壁面边界

分析壁面处特征量的传播情况，发现只有 W_2 离开计算域且保持不变，而其他特征量都需要修正，如图 6.15 所示。

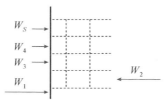

图 6.15　无滑移壁面处特征量传播情况

根据方程定解条件要求，边界处需要同时给定速度和温度。根据原始量与特征量之间的关系：

$$\partial(\boldsymbol{u} \cdot \boldsymbol{n}) = \frac{1}{2}(\partial W_1 - \partial W_2)$$

$$\partial(\boldsymbol{u} \cdot \boldsymbol{t}_1) = \partial W_3$$

$$\partial(\boldsymbol{u} \cdot \boldsymbol{t}_2) = \partial W_4 \tag{6.68}$$

$$\partial T = \frac{\beta T}{2c}(\partial W_1 + \partial W_2) - \sum_j \frac{RT}{\rho W_j}\partial W_{4+k}$$

由此得出无滑移反射边界如下：

$$\partial W_1 = \partial W_2 + 2\partial(\boldsymbol{u} \cdot \boldsymbol{n})$$

$$\partial W_3 = \partial(\boldsymbol{u} \cdot \boldsymbol{t}_1)$$

$$\partial W_4 = \partial(\boldsymbol{u} \cdot \boldsymbol{t}_2) \tag{6.69}$$

$$\partial W_{4+k} = Y_k \partial W_S$$

$$\partial W_S = -\frac{\rho \partial T}{T} + \frac{\alpha \beta}{c}[\partial W_2 + \partial(\boldsymbol{u} \cdot \boldsymbol{n})]$$

由于壁面自身要求存在反射特性，所以无须建立无反射条件。

6.3　湍流入口边界数据构造方法

在复杂湍流流动的大涡模拟中,湍流进口边界的生成一直是研究的难点问题之一。对于复杂湍流进口的设定,除了要满足平均流场外,还要提供进口处随时空变化的湍流脉动值,而这在一般情况下是很难获取的。本节参考目前广泛采用的 R-R(rescaling-reintroducing)方法[18-20],采用平均流场加湍流脉动的方法设定湍流边界条件。具体表达式如下:

$$\boldsymbol{V}_{\mathrm{ref}} = \bar{\boldsymbol{V}}_{\mathrm{ref}} + \boldsymbol{V}_{\mathrm{flu}} \tag{6.70}$$

其中,$\boldsymbol{V}_{\mathrm{ref}}$,$\bar{\boldsymbol{V}}_{\mathrm{ref}}$,$\boldsymbol{V}_{\mathrm{flu}}$ 分别为设定的速度、流场平均速度、流场随机脉动速度。写成分量形式为

$$u_i = \bar{u}_i + a_{ij} U_j \tag{6.71}$$

其中,u_i 为最终需要的速度信号,$\bar{u}_i$ 为恰当平均速度信号,a_{ij} 为速度分量之间的互相关系数,U_j 为分量 j 向上的随机速度脉动。

对于非均匀各向同性湍流进口,有

$$(a_{ij}) = \begin{pmatrix} R_{11}^{1/2} & 0 & 0 \\ \dfrac{R_{21}}{a_{11}} & (R_{22} - a_{11}^2)^{1/2} & 0 \\ \dfrac{R_{31}}{a_{11}} & \dfrac{R_{32} - a_{21} a_{31}}{a_{22}} & (R_{33} - a_{31}^2 - a_{32}^2)^{1/2} \end{pmatrix} \tag{6.72}$$

其中,R_{ij} 为速度分量之间的相关张量,且 $R_{ij} = R_{ji}$,可以从实验中获得,一般可以表示为

$$R_{11} = \langle u^2 \rangle = u_{\mathrm{rms}}^2, \qquad R_{22} = \langle v^2 \rangle = v_{\mathrm{rms}}^2$$

$$R_{33} = \langle w^2 \rangle = w_{\mathrm{rms}}^2, \qquad R_{12} = \langle uv \rangle = (uv)_{\mathrm{rms}} \tag{6.73}$$

$$R_{13} = \langle uw \rangle = (uw)_{\mathrm{rms}}, R_{23} = \langle vw \rangle = (vw)_{\mathrm{rms}}$$

其中,u,v,w 分别为 3 维坐标系下的速度分量,下标 rms 表示均方根。

对均匀各向同性湍流进口,

$$a_{11} = \sqrt{\dfrac{U_{\mathrm{rms}}^2 + V_{\mathrm{rms}}^2 + W_{\mathrm{rms}}^2}{3}} \tag{6.74}$$

$$a_{22} = a_{33} = a_{21} = a_{31} = a_{32} = 0$$

对于 3 维速度场每个速度分量的脉动值,可以表示为

$$U_i(\boldsymbol{x}, t)$$
$$= \sum_{n=0}^{N} \left[\boldsymbol{v}(\boldsymbol{k}_n) \cos(\boldsymbol{k}_n \cdot \boldsymbol{x} + \omega_n t) + \boldsymbol{w}(\boldsymbol{k}_n) \sin(\boldsymbol{k}_n \cdot \boldsymbol{x} + \omega_n t) \right] \qquad (6.75)$$

其中，

$$\boldsymbol{v}(\boldsymbol{k}_n) = \boldsymbol{\zeta}_n \times \boldsymbol{k}_n, \quad \boldsymbol{w}(\boldsymbol{k}_n) = \boldsymbol{\xi}_n \times \boldsymbol{k}_n \qquad (6.76)$$

$$\boldsymbol{k}_n \cdot \boldsymbol{v}(\boldsymbol{k}_n) = \boldsymbol{k}_n \cdot \boldsymbol{w}(\boldsymbol{k}_n) = 0 \qquad (6.77)$$

其中，矢量 $\boldsymbol{\zeta}_n$ 和 $\boldsymbol{\xi}_n$ 独立地从 2 维或 3 维高斯分布提取；ω_n 从标准差为 ω_0 的高斯分布中获取；矢量 $\boldsymbol{k}_n$ 选自统计各向同性分布，从而在 $N \to \infty$ 时达到期望的能量谱函数 $E(k)$。

6.4　并行燃烧模拟程序包

我们自主开发实现了基于非结构网格系统的并行燃烧程序包(PCP)。PCP 是针对气态多组分燃料燃烧而开发的一套应用主从模型(master/slave)并行计算结构的数值模拟代码，能精确计算燃烧产物，包括预测燃烧污染物的分布情况。PCP 涉及的物理模型及其模块实现如图 6.16 所示。它的基本功能可以简要描述为：

①具有稳态和非稳态可压缩燃烧流场计算能力；

②建立在非结构网格系统上，具有混合网格系统计算能力[21,22]；

③实现了基于非结构网格的高阶低耗散离散格式[23]；

④湍流模拟采用大涡模拟技术[24-26]；

⑤具有激波间断面计算能力[27-30]；

⑥采用自适应时间步长推进技术；

⑦在化学反应计算方面，具有有限速率模型和增厚火焰模型[25]；

⑧采用主从模型并行计算结构。

6.5　各向异性非结构网格自适应求解方法

在工程实际问题中，边界层、火焰面、多介质界面和激波等流动结构具有明显的各向异性特征。为了精确捕捉这些局部特征，需要在激波、边界层

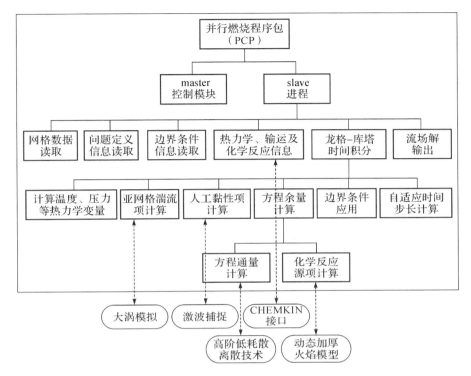

图 6.16　PCP 模块实现

和火焰面等处合理布置网格。

各向异性非结构网格是指网格单元在不同方向上有不同的伸展度,具有明显的方向性。这一方面使得网格密度能随流场特征变化而调整,大大降低了网格规模;另一方面使得网格密度合理布置,流场结构的计算精度和分辨率大大提高。

流场自适应求解技术则是研究如何自动识别非定常流动的流场特征,根据识别到的特征和期望的误差控制参数对网格尺寸进行实时控制,以克服人为定义网格单元尺寸导致的网格规模过大或分布不合理等局限性。

鉴于各向异性非结构网格自适应求解的上述优点,国内外许多学者在基于各向异性非结构网格的自适应求解技术方面做了大量研究工作。文献[31-39]等对各向异性网格生成技术以及度量张量的定义方法做了广泛的研究和实践。文献[40,41]将各向异性网格应用于具有强间断的多介质界面流动问题的自适应求解,并对计算的可靠性和准确性做了对比研究。

Castro-Díaz 等[42]应用各向异性网格自适应求解技术对超燃冲压发动机进口段和超声速机翼绕流流场进行了数值模拟,捕捉到了高分辨率的激波和边界层结构。

可见,各向异性网格自适应求解技术已经在超声速激波捕捉、界面流等流动问题中得到了很好的实现,而在湍流燃烧的数值模拟方面,各向异性网格自适应求解的应用研究还比较缺乏。由于燃烧流场具有明显的各向异性,如果将这项技术扩展到对火焰面、不同组分交界面和流动旋涡的捕捉上,对湍流燃烧的大规模数值模拟将起到一定的推动作用。我们基于各向异性非结构网格,结合大涡模拟技术,开发了燃烧问题的自适应并行求解程序,并进行程序代码的验证工作[25,43,44]。

各向异性非结构网格的自适应求解过程主要包含两个关键性实现步骤:①估计流场解的插值误差,根据误差构建度量张量;②在度量空间内生成各向异性非结构网格。引入度量张量的概念,刻画流场网格单元的方向性和尺寸信息。流场中任意一点的度量张量都可以通过一个对称正定矩阵来描述,这个矩阵包含了这个节点各方向的尺寸信息。自适应网格技术基于网格点的度量张量提供的信息来调整网格方向和尺寸,以实现各向异性自适应网格的生成。

6.5.1 度量张量和各向异性网格的基本概念

各向异性网格是指网格单元在不同方向上有不同的伸展度,在流场变化梯度较大的区域网格形状为扁平,而在非间断区域网格形状近似于正三角形。各向异性网格的一个明显特点是网格尺寸具有明显的方向性,正如前文所述,在不同方向的伸展度各不相同,导致有些网格形状不是正三角形,而是扁平的三角形。由此可以使网格的疏密程度随着流场变化情况而调整,减少不必要的计算量和一些区域的过密网格分布。通过网格尺度在一些区域自适应加密,可以使流场结构的捕捉精度大大提高,特别是一些变化梯度较大的间断面(如激波间断面和火焰面)等区域的捕捉结果会有相对更好的效果。所以目前各向异性网格在边界层流场、燃烧过程和超声速流场计算等 CFD 问题的数值模拟研究中应用广泛。

我们需要通过特定的数值方法对网格单元的方向性等特征予以描述,并将其应用到流场计算中,为此引入了度量张量的概念。流场中任意一点的度量张量都可以通过一个对称的正定矩阵加以描述,该矩阵非常适用于各向异性网格单元的度量。流场中所有网格点处的度量张量构成度量空间,生成各向异性网格的所有尺度计算都是在该度量空间下完成的。从本质上讲,各向同性与各向异性网格是相对于度量空间而言的。在后续内容中,会对度量张量概念进行详细描述。

为了简化,这里仅考虑 2 维度量空间的情形。可以用 2 维椭圆模型来表示各向异性尺度的度量。假定欧拉空间内点的坐标为 $P(x, y)$,则圆的方程可以表示为 $x^{\mathrm{T}}x = 1$。控制该椭圆的三个参数是长半轴 h_1、短半轴 h_2 和角度 θ,如图 6.17 所示。椭圆方程可用 2 次齐次式表示为

$$x^{\mathrm{T}}\begin{bmatrix} \cos\theta & -\sin\theta \\ \sin\theta & \cos\theta \end{bmatrix}\begin{bmatrix} 1/h_1 & 0 \\ 0 & 1/h_2 \end{bmatrix}\begin{bmatrix} \cos\theta & \sin\theta \\ -\sin\theta & \cos\theta \end{bmatrix}x = 1 \tag{6.78}$$

令

$$\boldsymbol{M} = \begin{bmatrix} \cos\theta & -\sin\theta \\ \sin\theta & \cos\theta \end{bmatrix}\begin{bmatrix} 1/h_1 & 0 \\ 0 & 1/h_2 \end{bmatrix}\begin{bmatrix} \cos\theta & \sin\theta \\ -\sin\theta & \cos\theta \end{bmatrix} \tag{6.79}$$

则

$$x^{\mathrm{T}}\boldsymbol{M}x = 1 \tag{6.80}$$

其中,$\boldsymbol{M}$ 为对称正定矩阵,称为度量张量矩阵。

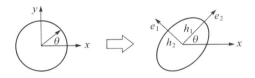

图 6.17　欧拉空间椭圆变换过程

从图 6.17 中可以看出,欧拉空间的圆方程经过度量矩阵变换后,成为椭圆,从而使得沿着中心点各个方向的尺寸由各向均匀变成各向异性。正是基于度量张量矩阵的这一特性,利用德洛奈(Delaunay)三角算法在度量空间内生成经典的非结构化网格,再变换到欧拉空间内形成各向异性非结构网格。

6.5.2　基于度量张量的各向异性网格自适应迭代过程

引入度量张量的概念后,可以通过构建度量空间来控制各向异性网格的尺寸分布,度量张量可以反映流场各点不同方向的网格尺寸信息,从而决定流场网格的密度分布。各向异性自适应网格的生成过程伴随数值求解过程。完整的基于度量张量的各向异性网格自适应迭代过程如图 6.18 所示,

并详细描述如下(以 2 维情形为例)。

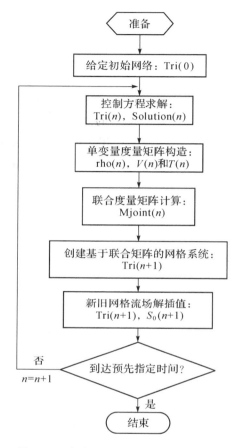

图 6.18　各向异性网格自适应迭代过程

(1)几何模型创建

根据需要研究的流场区域或发动机结构,设定几何外形和尺寸,创建几何模型,用于之后的网格生成和流场计算。

(2)初始网格生成

应用基于阵面推进技术或德洛奈算法的三角形网格生成程序,对计算域进行三角化网格划分 $T_k(k=0)$,得到计算域的初始网格系统。

(3)边界条件施加

根据实际求解问题的工况和流场特性,对计算问题施加合适的边界条件,如进口速度、压力等物理参数。

（4）流场解获取

调用合适的流场计算求解器,获得网格系统 T_k（$k \geqslant 0$）上的流场解 ϕ_k。

（5）度量张量矩阵计算

基于流场解 ϕ_k,计算得到表征流场误差信息的黑塞（Hessian）矩阵 $\boldsymbol{H}_k$ 及相应的度量张量矩阵 $\boldsymbol{M}_k$。本研究涉及湍流燃烧问题,采用了基于马赫数、温度和密度等流场解联合构造而成的度量张量矩阵,具体构造方法请参考第 6.5.4 节。

（6）网格重生成

对计算域执行新的三角划分 T_{k+1},以获得在度量张量 $\boldsymbol{M}_k$ 定义的度量空间内最优的三角化系统。在具体实现过程中,需要通过增删节点、交换边以及移动节点等局部操作,获取最优网格系统。

6.5.3　流场度量张量矩阵构造

理论上讲,需要通过数值解与精确解之间的近似误差来判断网格密度是否满足流场精准度需求。但是在实际运算过程中,无法预先获取流场解精确值,也就无法准确计算近似误差 e_h。为此,只能通过间接途径对数值误差进行估计,即采用网格单元 K 上的插值误差 $\tilde{e}_h$ 来控制和逼近误差,具体表达式如下:

$$\|u - u_h\| \leqslant c \|u - \prod_h u\| \tag{6.81}$$

其中,$\prod_h u$ 表示精确解在网格单元 K 上的线性插值。

定义 3 维空间 R_3 内任意非结构四面体网格单元 $K = \{a, b, c, d\}$,其中 a, b, c, d 分别表示四个网格节点。u 为 R_3 计算域内的流场精确解,u_h 为流场数值解,$\prod_h u$ 为定义在单元 K 上 u 的插值函数。

由于缺乏对计算结果的后验性认识,对精确解和数值解之间的近似误差 $\varepsilon_h = u - u_h$ 往往无法定量描述,因而采用插值误差 $\varepsilon = u - \prod_h u$ 来逼近实际流场解的误差。

将网格单元 K 某一节点（如 a）处的插值误差在任意点 x 附近进行泰勒展开:

$$(u - \prod_h u)(a) = (u - \prod_h u)(x) + \langle ax, \nabla(u - \prod_h u)(x)\rangle$$
$$+ \int_0^1 (1-t)\langle ax, H_u(x+txa)ax\rangle dt \qquad (6.82)$$

其中，$\nabla u(x)$ 和 $H_u(x)$ 分别表示定义在精确解 u 上的梯度和黑塞矩阵。若插值误差在 x 处取最大值，则有

$$\nabla(u - \prod_h u)(x) = 0 \qquad (6.83)$$

插值误差的范数可以表示为

$$\left\| u - \prod_h u \right\|_{\infty, K} = \left| \int_0^1 (1-t)\langle ax, H_u(x+tax)ax\rangle dt \right| \qquad (6.84)$$

网格单元内任意向量 ax 均可以用单元边 e 的线性组合表示，因而可以得出网格单元 K 的插值误差：

$$\left\| u - \prod_h u \right\|_{\infty, K} \leqslant c\langle e, H_u(x)e\rangle, e \in E_K, x \in K \qquad (6.85)$$

式 (6.85) 表明网格单元 K 处的插值误差可以用四条单元边的度量长度来衡量，通过对单元边度量长度的控制，达到控制插值误差的目的。

正是基于对插值误差关系式的推导，给定误差的上限 ε，可以构造一个 3×3 的度量张量矩阵 M：

$$M = R \begin{pmatrix} \tilde{\lambda}_1 & 0 & 0 \\ 0 & \tilde{\lambda}_2 & 0 \\ 0 & 0 & \tilde{\lambda}_3 \end{pmatrix} R^{-1}$$

$$\tilde{\lambda}_i = \min(\max(\frac{c|\lambda_i|}{\varepsilon}, \frac{1}{h_{\max}^2}), \frac{1}{h_{\min}^2}) \qquad (6.86)$$

其中，R 和 $\lambda_1, \lambda_2, \lambda_3$ 分别为黑塞矩阵 H_u 的特征向量和特征值，$h_{\max}$ 和 $h_{\min}$ 分别为网格单元边长度的限制阈值。将最大和最小单元边引入到特征值中，将保证黑塞矩阵的 2 阶导数项不出现奇异值，从而使得创建的各向异性网格的单元尺寸和网格规模满足实际流场解析的要求。

6.5.4 多度量张量相交算法

对于湍流燃烧问题，由于存在湍流场和温度场的相互耦合作用，必须同时考虑多个流场解变量进行度量张量的构造，这就需要进行多个度量张量的相交运算，使每个变量的插值误差都在给定的误差极限内。

3 阶度量张量可以对应于 3 维空间内的几何椭球，椭球的长轴、中轴和短轴分别表征三个方向的网格尺寸信息，体现网格的各向异性特征。计算域内

任一点存在不同流体变量的多个度量张量,分别对应不同尺寸大小和不同朝向分布的椭球。为了同时体现多个度量张量对网格单元几何特征的控制,本节基于体积相交的原则,选择包含相交体积内的最大椭球作为新的度量张量椭球。具体过程如下(以两个度量张量的相交计算为例,见图 6.19)。

定义 $\boldsymbol{\mu}_1$ 和 $\boldsymbol{\mu}_2$ 分别是点 $\boldsymbol{P}$ 上的两个流场变量解的度量矩阵,与之相对应的椭球方程分别为 Θ_{μ_1} 和 Θ_{μ_2},则椭球方程可以表示为

$$\Theta_{\mu_i} = \left\{ \boldsymbol{M} \mid \sqrt{(\boldsymbol{PM})^{\mathrm{T}} \boldsymbol{\mu}_i \boldsymbol{PM}} = 1 \right\} \tag{6.87}$$

用 $\mu_{1 \cap 2}$ 表示相交度量张量,两椭球的相交部分用 $\Theta_{\mu_1} \bigcap \Theta_{\mu_2}$ 表示,则相交部分的最大体积椭球表示如下:

$$\Theta_{\mu_{1 \cap 2}} = \max \left\{ \boldsymbol{M} \mid \sqrt{(\boldsymbol{PM})^{\mathrm{T}} \boldsymbol{\mu}_i \boldsymbol{PM}} = 1 \right\} \subset \Theta_{\mu_1} \bigcap \Theta_{\mu_2} \tag{6.88}$$

图 6.19　相交椭圆示意

6.5.5　自适应算法验证:超声速楔形体绕流计算

美国国家应用软件研究中心 CFD 研究所(NPARC)的 CFD 验证与确认网站[14],提供了高速楔形体绕流问题的 Wind 软件计算结果。本节首先对该问题进行各向异性网格自适应求解,以验证该方法对高速流动问题的适应性和优越性。

计算的楔形体与水平方向的夹角为 15°,来流马赫数为 2.5,波前压力为 1 标准大气压(atm)、温度为 289K。自适应求解过程中网格与马赫数分布情况的演变与收敛历程如图 6.20 所示。

从图 6.20(b)中可以看出,自适应求解的第一次迭代就产生了显著效果,网格资源明显向激波附近汇集,计算得到的激波开始变得尖锐。经过 4 次迭代,自适应求解过程趋于收敛,网格单元被有效分配至激波附近的狭窄区域。

各向异性网格计算结果与理论分析解及 Wind 代码模拟结果的定量对比见表 6.1。可以看出,本研究计算结果不但能定性捕捉相对更加尖锐的激波效应,与理论分析解的定量对比也吻合得很好,物理量误差值与 Wind 代码模拟结果相比有了明显的改善。

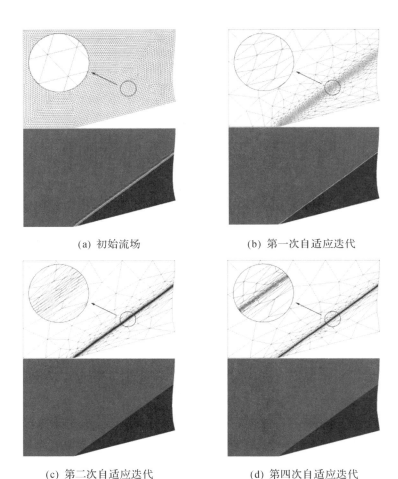

(a) 初始流场　　　　　　　　　(b) 第一次自适应迭代

(c) 第二次自适应迭代　　　　　　(d) 第四次自适应迭代

图 6.20　楔形体扰流自适应迭代过程

表 6.1　激波前后流场数据对比

物理量	分析解	Wind 代码模拟结果与误差/%	本研究计算结果与误差/%
波后马赫数	1.8735	1.8684(−0.271)	1.8747(0.0630)
波前波后压力比值	2.4675	2.4695(0.084)	2.4675(0.0015)
波前波后密度比值	1.8665	1.8560(−0.562)	1.8685(0.1090)
波前波后温度比值	1.3219	1.3305(0.649)	1.3205(0.1070)

注:括号内为误差值。

6.6　经典燃烧实验的数值验证

为了验证所开发求解器应用于反应流动问题求解时的准确性和可靠性,我们针对不同形式的经典燃烧火焰开展了详细的定性和定量分析工作。为了降低计算量,提升火焰面附近的数值分辨率,以下算例采用各向异性非结构网格。

6.6.1　1 维层流预混火焰

选取了几何结构比较简单的 1 维 CH_4/空气预混层流火焰燃烧算例,CH_4 和空气在化学当量比为 1、压力为 1atm 以及绝热条件下自由传播燃烧。自适应迭代求解过程生成的网格和温度场如图 6.21 所示。

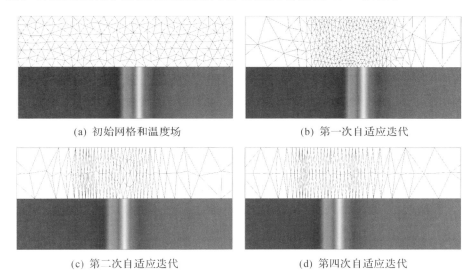

(a) 初始网格和温度场　　　　　　　　(b) 第一次自适应迭代

(c) 第二次自适应迭代　　　　　　　　(d) 第四次自适应迭代

图 6.21　自适应迭代网格和温度演变过程

从图 6.21 中可以看出,初始网格均匀分布,捕捉到的层流火焰解析度较差。经过 4 次自适应迭代操作,网格逐渐向火焰面附近加密,网格单元各向异性特征显著,而在远离火焰面处,网格尺度较大,这使整个网格规模大幅下降。

火焰面附近温度和 CO_2 质量分数分布对比验证情况如图 6.22 和图

6.23 所示。可以看出,与均匀网格相比,各向异性网格的单元数更少,但网格单元的分布更加合理,对火焰面的解析精度与均匀网格相比更高,物理量分布与 CHEMKIN 化学分析软件的计算结果吻合良好。这说明自适应求解程序在计算预混燃烧问题上具有很好的精度和可行性。

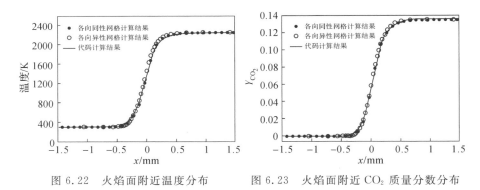

图 6.22 火焰面附近温度分布　　　图 6.23　火焰面附近 CO_2 质量分数分布

6.6.2　2 维对冲火焰

层流对冲火焰是典型的层流非预混燃烧火焰。本节以 H_2/空气对冲火焰为例,分别对基于单变量和多变量度量张量的各向异性网格自适应计算进行考查,其中 H_2 喷射速度为 2.5m/s,空气喷射速度为 1m/s,温度为 300K。

图 6.24(a)显示了在各向同性网格下流场温度、速度和 OH 质量分数等物理量的分布云图,整体网格节点数为 18026,单元数为 35314。图 6.24(b)基于温度度量张量 M_T 进行各向异性网格的创建,网格节点数为 1500,单元数为 2850。而图 6.24(c)则采用了同时考虑温度、密度和速度的多变量度量张量 $M_{T\cap\rho\cap|v|}$,网格节点数为 8053,单元数为 15553。

从图 6.24(b)中可以发现,基于温度度量张量创建的网格系统仅在温度场变化较剧烈处进行了加密,与各向同性网格系统相比,对速度场的捕捉不够精确,特别是在壁面附近没有对边界层结构进行很好的刻画。而图 6.24(c)在构造度量张量时,同时考虑了温度、密度和速度三个流场变量,网格对整个对冲区域和壁面附近都进行了加密,网格的各向异性特征比较明显,与图 6.24(b)相比,对边界层附近的流动有更好的捕捉精度,与图 6.24(a)相比,火焰区附近的虚拟数值振荡大幅降低。

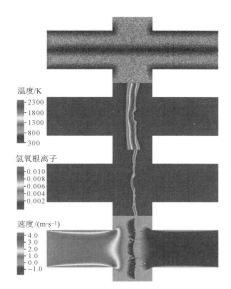

温度/K
- 2300
- 1800
- 1300
- 800
- 300

氢氧根离子
- 0.010
- 0.008
- 0.006
- 0.004
- 0.002

速度/(m·s⁻¹)
- 4.0
- 3.0
- 2.0
- 1.0
- 0.0
- -1.0

(a) 各向同性网格及流场解

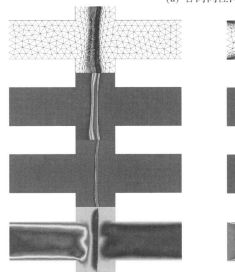

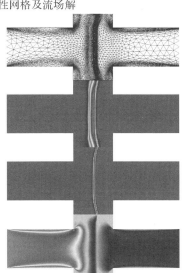

(b) 单变量各向异性自适应计算　　　(c) 多变量各向异性自适应计算

图 6.24　不同网格系统及对应流场解

　　从网格规模和计算结果综合来看,各向同性网格由于没有采用自适应技术,虽然对网格局部进行了加密,但网格节点数过多造成计算量过大,对冲区速度场也出现了数值振荡现象。节点数基于温度度量张量的自适应计算,网格节点数最少且对火焰面结构的计算也较精准,自适应求解的优势较为突出,但对速度场的计算结果较差。如图 6.25~6.28 是多变量自适应算例火焰面附近密度、温度和 O_2 质量分数的对比验证,相关模拟结果与 CHEMKIN 化学分析软件的计算结果吻合良好。这说明对燃烧问题来说,基于多变量度量张量的自适应计算能综合考虑各变量的变化因素,对整个流场结构的捕捉都比较精确。

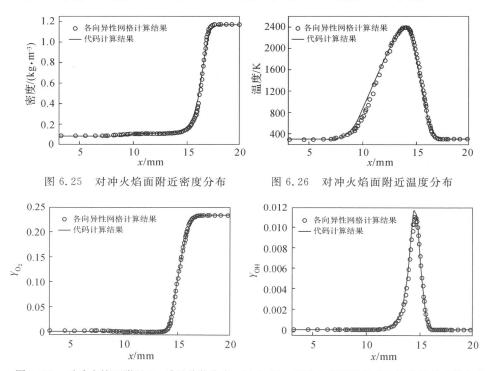

图 6.25　对冲火焰面附近密度分布　　图 6.26　对冲火焰面附近温度分布

图 6.27　对冲火焰面附近 O_2 质量分数分布　图 6.28　对冲火焰面附近 OH 组分质量分数分布

6.6.3　3 维湍流预混本生火焰

湍流火焰面不像层流火焰那样光滑,会出现褶皱或分离现象,多尺度流场涡与火焰面之间的耦合作用,使得流场呈现非定常性,对流场结构的捕捉难度增大。本节对 3 维湍流预混火焰进行算例验证,选取典型的 3 维本生(Bunsen)灯火焰算例,混合气体为化学恰当比下的预混 CH_4/空气,喷孔直径为 12mm,出口速度为 30m/s。

本节基于多变量流场的自适应求解技术,在构建度量张量时,兼顾温度、密度和速度三个物理量。3 维本生火焰的瞬时特征如图 6.29 所示。

图 6.29　3 维本生火焰瞬时特征(温度场)

　　基于多变量度量张量的自适应网格由于同时考虑了速度场和温度场的变化,因而加密区域沿着中轴线在下游呈扩张状,各向异性的特征较为明显,特别是在下游火焰面分离区域,流场还捕捉到了一些精细的小尺度涡结构。

　　不同轴向位置处计算结果与实验测量的对比如图 6.30 所示。图中显示,所得的数值预测结果与实验测量吻合良好。由此可以看出,基于多个流场变量的各向异性网格自适应计算,对于求解湍流预混燃烧问题是稳定可靠的,并且具有高效的特性。

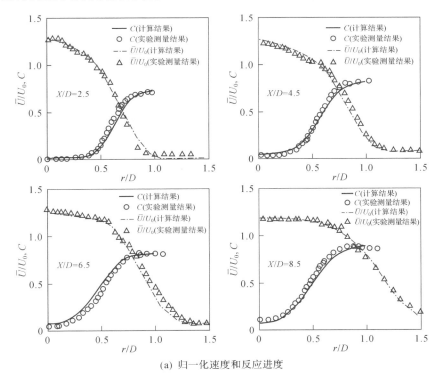

(a) 归一化速度和反应进度

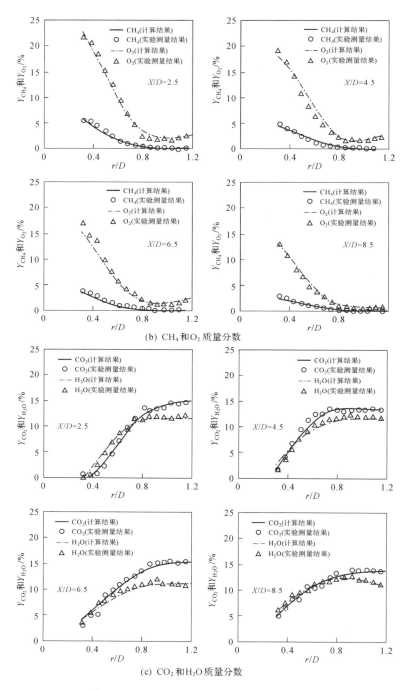

(b) CH₄ 和 O₂ 质量分数

(c) CO₂ 和 H₂O 质量分数

图 6.30 不同轴向位置流场数据的对比验证

6.6.4　3 维非预混抬举火焰

3 维抬升火焰的瞬时特征和时均特征如图 6.31 所示。不同位置处温度场计算结果与实验测量的对比如图 6.32 所示。数值预测结果与实验测量吻合良好。

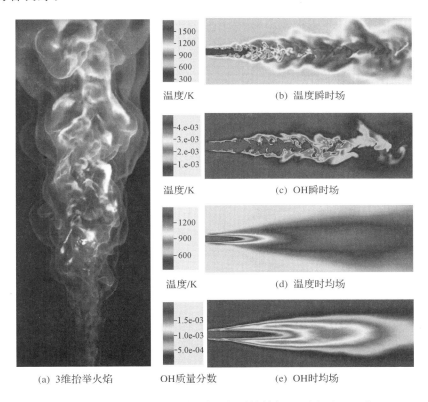

(a) 3维抬举火焰 　　温度/K 　　(b) 温度瞬时场

温度/K 　　(c) OH瞬时场

温度/K 　　(d) 温度时均场

OH质量分数 　　(e) OH时均场

图 6.31　3 维抬举火焰的瞬时特征与时均特征(温度场和 OH 场)

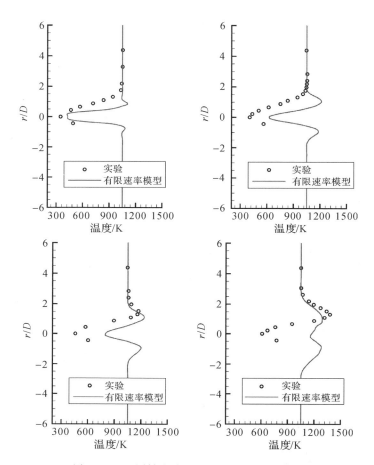

图 6.32 不同轴向位置处温度值的对比验证

参考文献

[1] Xie L，Zheng Y，Chen J，et al. Enabling technologies in the problem solving environment HEDP[J]. Communications in Computational Physics，2008，4（5）：1170-1193.

[2] Abgrall R，Larat A，Ricchiuto M. Construction of very high order residual distribution schemes for steady inviscid flow problems on hybrid unstructured meshes[J]. Journal of Computational Physics，2011,230(11)：4103-4136.

[3] Heinrich J C，Huyakorn P S，Zienkiewicz O C，et al. An 'upwind' finite element scheme for two-dimensional convective transport equation[J]. International Journal for

Numerical Methods in Engineering, 1977,11(1):131-143.

[4] Cockburn B, Hou S, Shu C. The Runge-Kutta local projection discontinuous Galerkin finite element method for conservation laws. IV. The multidimensional case [J]. Mathematics of Computation, 1990,54(190):545-581.

[5] Pesch L, van der Vegt J J W. A discontinuous Galerkin finite element discretization of the Euler equations for compressible and incompressible fluids [J]. Journal of Computational Physics, 2008,227(11):5426-5446.

[6] Donea J. A Taylor-Galerkin method for convective transport problems[J]. International Journal for Numerical Methods in Engineering, 1984,20(1):101-119.

[7] Löhner R, Morgan K, Zienkiewicz O C. An adaptive finite element procedure for compressible high speed flows [J]. Computer Methods in Applied Mechanics and Engineering, 1985,51(1):441-465.

[8] Argyris J, Doltsinis I S, Friz H. Studies on computation reentry aerodynamics[J]. Computer Methods in Applied Mechanics and Engineering, 1990,81(3):257-2896.

[9] Safjan A, Oden J T. High-order Taylor-Galerkin methods for linear hyperbolic systems[J]. Journal of Computational Physics, 1995,120(2):206-230.

[10] Colin O, Rudgyard M. Development of high-order Taylor-Galerkin schemes for LES[J]. Journal of Computational Physics, 2000,162(2):338-371.

[11] Selle L, Lartigue G, Poinsot T, et al. Compressible large eddy simulation of turbulent combustion in complex geometry on unstructured meshes[J]. Combustion and Flame, 2004,137(4):489-505.

[12] Moureau V, Lartigue G, Sommerer Y, et al. Numerical methods for unsteady compressible multi-component reacting flows on fixed and moving grids[J]. Journal of Computational Physics, 2005,202(2):710-736.

[13] Jameson A, Schmidt W, Turkel E. Numerical solution of the Euler equations by finite volume methods using Runge-Kutta time stepping schemes[C]//14th Fluid and Plasma Dynamics Conference, June 23-25, 1981.

[14] Sod G A. A survey of several finite difference methods for systems of nonlinear hyperbolic conservation laws[J]. Journal of Computational Physics, 1978,27(1):1-31.

[15] Hu C, Shu C. Weighted essentially non-oscillatory schemes on triangular meshes[J]. Journal of Computational Physics, 1999,150(1):97-127.

[16] Wieting A R. Experimental study of shock wave interference heating on a cylindrical leading edge[D]. Hampton, VA:NASA Langley Research Center, 1987.

[17] Luo H, Xu K. A discontinuous galerkin method based on a gas kinetic scheme for the Navier-Stokes equations on arbitrary grids [C]//5th International Conference on Computational Fluid Dynamics, 2008:423-428.

[18] Klein M，Sadiki A，Janicka J. A digital filter based generation of inflow data for spatially developing direct numerical or large eddy simulations［J］. Journal of Computational Physics，2003,186(2):652-665.

[19] Kraichnan R H. Diffusion by a random velocity field［J］. Physics of Fluids，1970，13(1):22-31.

[20] Klein M，Sadiki A，Janicka J. Investigation of the influence of the Reynolds number on a plane jet using direct numerical simulation［J］. International Journal of Heat and Fluid Flow，2003,24(6):785-794.

[21] 刘峰，邹建锋，郑耀. 合成射流物理参数对控制翼型流动分离的影响［J］. 浙江大学学报(工学版)，2013,47(1):146-153.

[22] Chen J，Xiao Z，Zheng Y，et al. Scalable generation of large-scale unstructured meshes by a novel domain decomposition approach［J］. Advances in Engineering Software，2018,121:131-146.

[23] 鲁阳，邹建锋，郑耀. 基于非结构网格的 TTGC 有限元格式的实现及在超声速流动中的应用［J］. 计算力学学报，2013,30(5):712-716.

[24] Zheng Y，Zou J. Partially resolved numerical simulation for supersonic turbulent combustion［C］// 14th AIAA/AHI Space Planes and Hypersonic Systems and Technologies Conference，2006，

[25] 张阳，邹建锋，郑耀，等. 湍流燃烧自适应求解技术在低排放燃烧室计算中的应用［J］. 气体物理，2016,1(1):31-41.

[26] 张阳，马振海，邹建锋，等. 一种高阶精度大涡模拟技术用于激波/火焰相互作用［J］. 航空学报，2018,39(10):117-132.

[27] 谢家华，邹建锋，张阳，等. 超黏性激波捕捉技术在激波/火焰相互作用问题中的应用［J］. 工程热物理学报，2018,39(8):1864-1870.

[28] 张阳，邹建锋，郑耀. 改进虚拟边界算法在超声速流动问题求解中的应用［J］. 力学学报，2018,50(3):538-552.

[29] Zhang Y，Zou J，Xie J，et al. Asymmetric characteristics of the shock bifurcation in the reflected shock/boundary layer interaction［J］. International Journal of Numerical Methods for Heat & Fluid Flow，2018，28(10): 2357-2377.

[30] Zhang Y，Zou J，Xie J，et al. Asymmetric characteristics of the shock bifurcation in the reflected shock/boundary layer interaction［J］. International Journal of Numerical Methods for Heat & Fluid Flow，2018,28(10):2357-2377.

[31] Remacle J F，Li X R，Shephard M S，et al. Anisotropic adaptive simulation of transient flows using discontinuous Galerkin methods［J］. International Journal for Numerical Methods in Engineering，2005,62(7):899-923.

[32] Tam A，Ait-Ali-Yahia D，Robichaud M P，et al. Anisotropic mesh adaptation for 3D

flows on structured and unstructured grids[J]. Computer Methods in Applied Mechanics and Engineering，2000，189(4)：1205-1230.

[33] Frey P J，Alauzet F. Anisotropic mesh adaptation for CFD computations[J]. Computer Methods in Applied Mechanics and Engineering，2005，194(48-49)：5068-5082.

[34] Dolejsi V，Felcman J. Anisotropic mesh adaptation for numerical solution of boundary value problems[J]. Numerical Methods for Partial Differential Equations，2004，20(4)：576-608.

[35] Habashi W G，Dompierre J，Bourgault Y，et al. Anisotropic mesh adaptation：towards user-indepndent，mesh-independent and solver-independent CFD. Part I. General principles [J]. International Journal for Numerical Methods in Fluids，2000，32(6)：725-744.

[36] Ait-Ali-Yahia D，Baruzzi G，Habashi W G，et al. Anisotropic mesh adaptation：towards user-independent，mesh-independent and solver-independent CFD. Part II. Structured grids[J]. International Journal for Numerical Methods in Fluids，2002，39(8)：657-673.

[37] Dompierre J，Vallet M G，Bourgault Y，et al. Anisotropic mesh adaptation：towards user-independent， mesh-independent and solver-independent CFD. Part III. Unstructured meshes[J]. International Journal for Numerical Methods in Fluids，2002，39(8)：675-702.

[38] Bottasso C L. Anisotropic mesh adaption by metric-driven optimization[J]. International Journal for Numerical Methods in Engineering，2004，60(3)：597-639.

[39] Dolejsi V. Anisotropic mesh adaptation technique for viscous flow simulation[J]. East-West Journal of Numerical Mathematics，2001，9(1)：1-24.

[40] Belhamadia Y，Fortin A，Chamberland E. Anisotropic mesh adaptation for the solution of the Stefan problem[J]. Journal of Computational Physics，2004，194(1)：233-255.

[41] Belhamadia Y，Fortin A，Charnberland E. Three-dimensional anisotropic mesh adaptation for phase change problems[J]. Journal of Computational Physics，2004，201(2)：753-770.

[42] Castro-Diaz M J，Hecht F，Mohammadi B，et al. Anisotropic unstructured mesh adaption for flow simulations[J]. International Journal for Numerical Methods in Fluids，1997，25(4)：475-491.

[43] 邹建锋，盛东，邢菲，等. 基于各向异性非结构网格的超声速流动自适应计算[J]. 空气动力学学报，2013，31(1)：47-51.

[44] 邹建锋，盛东，方磊，等. 各向异性网格自适应计算在超燃模拟中的应用[J]. 航空动力学报，2015，30(9)：2140-2150.

第 7 章　涡轮发动机燃烧过程的数值模拟

针对航空宇航推进系统内部燃烧过程数值模拟研究存在的局限性和应用瓶颈，我们试图从燃烧求解器开发和并行求解平台构建两方面开展深入探讨，以期提升燃烧过程数值模拟研究的可靠性和认可度，拓宽数值模拟在燃烧室设计研究中的适用范围。

经过长期的工作积累，我们成功开发了一套适用于多学科数值模拟分析的高端数字样机系统[1,2]。关于高端数字样机系统的简要描述请参见本书第 10 章，集成在该求解平台中的燃烧求解器的主要功能及算法在第 2～6 章已有详细阐述，本章和第 8 章将对应用集成在该平台中的燃烧求解器开展的部分数值模拟工作[3-12]做简要介绍。

7.1　贫油直接喷射低排放燃烧室的计算分析

贫油直接喷射(lean-direct injection，LDI)[13-16]采用多点直接喷射，把燃油喷入燃烧室内，与空气强烈混合并燃烧。由于多点喷射可大大增加燃油与空气接触面积，使燃油与空气快速混合，形成均匀贫油混合气进行燃烧，消除局部过热点，降低燃气温度，从而抑制 NO_x 的排放。另外，在喷射点处为局部富油燃烧，还可增加燃烧稳定性。虽然富油燃烧有可能增加 NO_x 生成，但因混合气在高温区停留时间很短，故 NO_x 增加量很少。LDI 的燃油直接喷射入火焰区，因此不会如贫油预混预蒸发(lean premixed prevaporized，LPP)燃烧室那样存在自燃或回火问题。但是，LDI 中燃油没有预混和预蒸发过程，故燃油的良好雾化及其与空气迅速均匀混合，成为 LDI 的关键技术。

图 7.1 为由 25 个燃油喷射点和旋流器组成的 LDI 燃烧室。其中，各个

喷射点和旋流器沿径向和周向均匀分布。每个燃油喷射点下游紧接着一个旋流器,所有旋流器都保持相同的旋向。该燃烧室没有主燃孔和掺混孔,燃烧室空气除冷却空气外,全部从头部进入燃烧室内,直接喷射燃油在自身与周围相邻的旋流器所产生的旋流相互作用下得到良好雾化,并与空气迅速均匀混合和燃烧,降低 NO_x 排放。

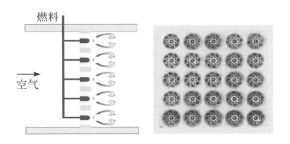

图 7.1 贫油直接喷射燃烧技术

多点贫油直接喷射燃烧方式聚焦于在极高的温度和压力环境下实现低 NO_x 排放量,该技术有望在不久的将来被用于高性能飞机发动机中。在 LDI 燃烧室中,采用贫油燃烧形式组织燃烧。除了用于火焰筒冷却的空气,其余空气均参与燃烧。与其他贫油燃烧模式相同,LDI 通过降低火焰温度的方法减少 NO_x 排放量,这是由于 NO_x 是温度的指数函数。为了消除燃烧中局部热点所产生的 NO_x,贫油燃烧概念依赖于燃烧前燃料和空气的充分混合。因此,LDI 需要快速的燃料汽化和均匀的燃料-空气混合。LDI 通过多喷射单元集成的方式,实现局部小量的燃料与空气快速混合。

为了研究 LDI 燃烧室的应用潜力,深入认识燃烧室中的旋转湍流场十分必要。对图 7.2 中 LDI 燃烧室流场进行了大涡模拟分析。计算中应用了不同疏密程度的网格系统(图 7.3)。图 7.4 是不同网格系统下的轴向速度分布曲线,同时给出了试验测量结果以及部分其他文献中的数值模拟结果。图 7.5 和图 7.6 是不同横截面处的轴向速度分布场与试验测量结果的对比。相关对比展示了网格的收敛性以及模拟结果与实验结果的一致性。图 7.7 是涡量等值面和流线图。

在 LDI 燃烧室模拟工作中,采用多点喷射把燃油喷入矩形直筒燃烧室内,在喷射点处为局部富油燃烧,以增加燃烧稳定性,然后与空气快速混合,形成均匀贫油混合气并进行燃烧,降低了 NO_x 排放量。由此可知,LDI 技术的关键是改善燃料向气流内的流动,增强快速混合的能力。

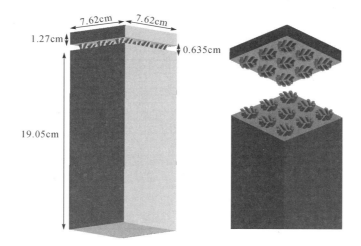

图 7.2 LDI 燃烧室的几何示意

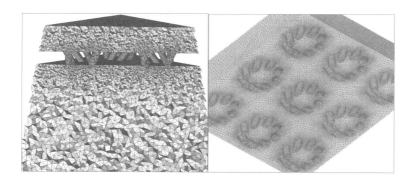

图 7.3 LDI 燃烧室的网格系统示意

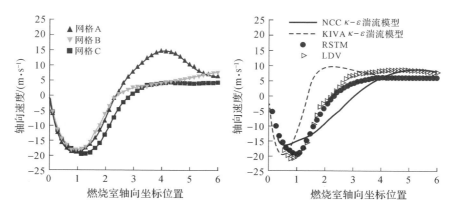

图 7.4 不同网格系统下的轴向速度分布曲线

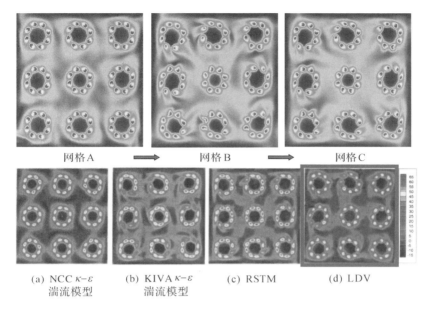

图 7.5　轴向横截面处($z=0.3$)的速度分布

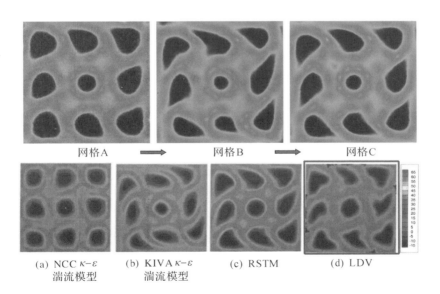

图 7.6　轴向横截面处($z=1.3$)的速度分布

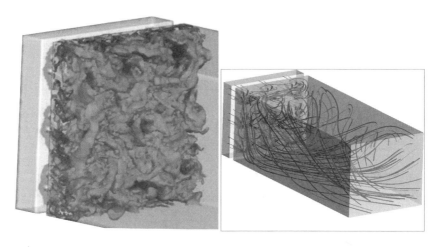

图 7.7　涡量等值面和流线图

7.2　富油燃烧-猝熄-贫油燃烧低排放燃烧室的设计分析

对于航空发动机燃烧室来说,NO$_x$ 的排放能导致严重的环境问题和人类健康问题。因此,研究影响 NO$_x$ 生成的关键因素至关重要,这有利于设计出先进的低污染燃烧室。富油燃烧-猝熄-贫油燃烧(rich-burn quick-mix lean-burn,RQL)燃烧室是另一种有前途的低排放燃烧室[13]。本节将应用基于多变量度量张量的自适应求解技术对一款 RQL 燃烧室的流场结构进行捕捉和特性分析,这对低排放燃烧室的设计有着重要的指导意义。

典型的 RQL 燃烧室如图 7.8 所示,它实际上是一种特殊的分级燃烧室,由富燃区、猝熄混合区和贫燃区三部分组成。在富燃区,当量比控制在 1.2～1.6,该区间因缺氧,相当一部分燃料不能燃烧,燃料中挥发出的氮也不能与氧生成 NO,而还原生成 N$_2$;又因火焰温度降低,NO$_x$ 和 CO 排放量减少。在猝熄混合区,引入大量空气并与前阶段未烧完的燃料快速混合,因停留时间太短未能燃烧。进入贫油区后,剩余燃料与空气的混合气体才完全燃烧。通过选择合适的当量比(0.5～0.7)来控制燃烧温度,实现 NO$_x$、CO 和 HC 的低排放量,提升点火及火焰稳定极限。RQL 燃烧室可以明显降低 NO$_x$ 排放量,但其缺点是富燃区易发生冒烟且 CO 生成高,贫燃区温度较高且 NO$_x$ 较高,其关键技术是空气与未烧完的燃料快速均匀混合。

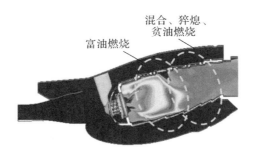

图 7.8　RQL 燃烧室

目前,PW 1100-JM 发动机采用了新一代 TALON X 燃烧室,通过改进喷嘴设计从而使得富燃区均匀混合,优化主燃孔设计、实现快速混合以减少猝熄掺混过程的 NO_x 生成,减小燃烧室体积以缩短驻留时间等三个方面的措施,达到了比 CAEP6 低 50% 以上的 NO_x 排放水平。

7.2.1　燃烧室几何结构

RQL 燃烧室主要由头部、富油区、快速混合区、贫油区和排气段五个部分组成。其中头部由一级轴向旋流器构成,用于产生回流区,起稳定火焰作用。来流空气分别以两种方式进入燃烧室:头部旋流器和快速混合孔。两种方式的空气质量流量比随着不同的设计工况和燃烧室几何结构而发生变化。整个 RQL 燃烧室的 3 维几何和局部剖析图如图 7.9 所示,用于描述整个通道空气的流向和化学反应区域。

整个燃烧室的设计尺寸以 NASA 相关报告[17]作为参考依据。头部轴向旋流器出口外径为 45mm,叶片安装角为 45°,叶片数为 8,旋流数为 0.77。富油区内径为 75mm,长度为 66mm,其后连有一个收缩角为 30°的过渡段,用于连接富油区和快速混合区。快速混合区含有 8 个直径为 12.5mm 的相同稀释圆孔。贫油区长度为 332mm,内径为 75mm。具体尺寸如图 7.10 和图 7.11 所示。

7.2.2　数值结果与分析

对于整个 RQL 燃烧室,头部一级旋流的作用会在富油区形成回流区,使来流速度降低,从而起到稳定火焰的作用。富油区和贫油区燃烧室内的火焰形状以及轴向速度沿流向的演变情况如图 7.12 所示。

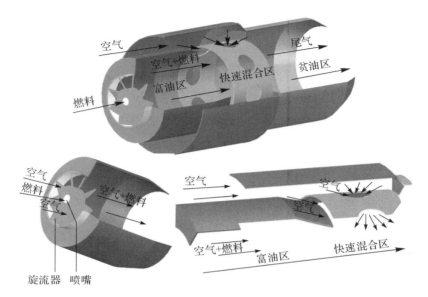

图 7.9 RQL 燃烧室的 3 维几何和局部剖析图

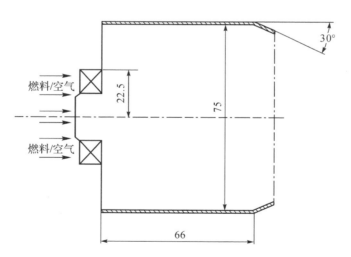

图 7.10 富油区尺寸(单位:mm)

中心截面轴向速度和燃烧产物 CO_2 质量分数分布如图 7.13 所示。富油区的流场速度集中在 $-5\sim15$m/s,这是由于采用的一级旋流强度较弱,直接导致下游回流强度的减小,回流效果不明显。从燃烧产物 CO_2 质量分数分布可以看出,预混燃气经过富油燃烧后,由于快速混合空气的稀释作用,燃烧反应在下游贫油区得到了增强,从而 CO_2 的生成量较高。

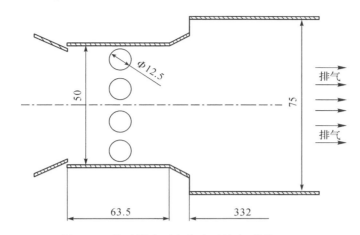

图 7.11　快速混合区和贫油区尺寸(单位:mm)

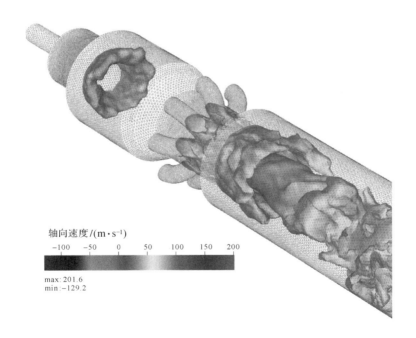

图 7.12　RQL 燃烧室内部温度场等值面分布(着色:轴向速度)

　　从中心截面平均温度分布(图 7.14)可以看出,在快速混合区,火焰呈扇锥形,这是猝熄射流使火焰向中央轴心处压缩的缘故。一方面,猝熄空气对富油区高温燃气起到冷却作用,另一方面,富油燃料在快速混合区进行二次点燃,从而实现了富油向贫油的快速转换。

轴向速度/(m·s⁻¹)

-100　　-50　　　0　　　50　　100　　150　　200

max:201.6
min:-129.2

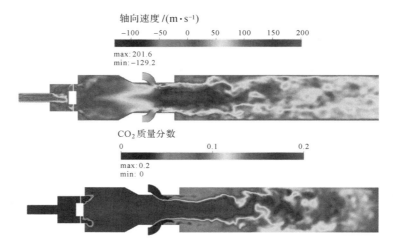

图 7.13　中心截面轴向速度和CO_2质量分数分布

温度/K
300　600　900　1200　1500　1800　2100

max:2321
min:292

轴向速度均方根值/(m·s⁻¹)
5　10　15　20　25　30　35

max:63
min:0

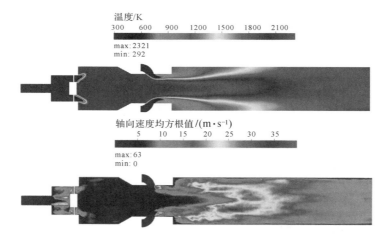

图 7.14　中心截面平均温度和轴向脉动速度分布

　　分级燃烧技术虽然有利于减少 NO_x 生成,但由于速度场与温度场之间强烈的耦合作用,也会出现燃烧不稳定现象。从中心截面轴向脉动速度分布(图 7.14)可以看出,在快速混合区局部出现了较大的脉动速度(20～40m/s),并向下游延伸,进而使贫油区脉动速度(20～30m/s)明显大于富油区(2～10m/s)。这是由于在快速混合区和贫油区,流场的各气流参数(如压力、密度、成分等)均发生了较大变化,气流在快速混合区和贫油区都处于较大的压力梯度下,这样直接导致了气流脉动量的增加。

7.3　驻涡燃烧室的设计分析

在第一台涡轮喷气发动机面世至今的 80 余年间,航空燃气涡轮发动机经过几个阶段的发展,其性能也达到了较高的水平,基本上能满足各类飞行器的要求。但随着对飞行器性能的追求不断提升,对航空发动机设计的要求也朝着高温升、高燃烧效率、低污染排放等方向发展,这使得传统类型的燃烧室在设计层面上可提升的空间越来越少。在这个背景下,美国空军研究室和通用公司于 20 世纪 90 年代中期提出了驻涡燃烧室(trapped vortex combustor,TVC)的概念。TVC 是一种分级燃烧系统,由凹腔区和主流区组成。当流体流经凹腔时,由于流体黏性的作用,凹腔内部会形成驻涡[18],即形成较稳定的回流区。学者受此现象启发,形成驻涡稳定理论并将其应用到燃烧室设计中,发现燃料在凹腔内的驻涡中燃烧时,具有燃烧效率高、贫油吹熄边界低、总压损失较低等很好的燃烧特性。在同工况下,TVC 因其具有结构相对简单、污染排放更低等特点,得到了国内外许多学者的关注。

在国外,1995 年戴顿大学的 Hsu 等[19]设计出了第一代 TVC 模型,Katta 等[20]使用非定常、轴对称的数学模型对第一代 TVC 进行了模拟验证。随后,美国空军研究室与通用公司又相继研发了第二代、第三代 TVC,目前对 TVC 的研究已发展到第四代。在诸多评定项目中,TVC 的性能都超过了期望值,因此 TVC 在军用、民用和地面燃气轮机等方面有着巨大的应用潜力。

国内多家高等院校对 TVC 开展了研究并取得了一定的成果。樊未军等[21]对试验用的低污染 TVC 开展了研究,结果表明 RQL/TVC 结合的燃烧模式可降低 NO_x 的排放;邢菲[22]对某涡轴发动机加入级间 TVC 进行了研究,确定了级间 TVC 的基本结构和燃烧组织形式,对其燃烧性能进行了详细研究,对其点火性能、贫油熄火性能以及出口温度分布在不同凹腔油气匹配和凹腔几何结构下的影响规律进行了总结,并利用初步提出的贫油熄火经验关系式对油气比进行了预估。

何小民等对 TVC 的研究以实验为主。首先对基于第一代 TVC 的驻涡火焰稳定器在不同凹腔结构参数下的冷态流场特性进行了试验研究,并初步确定了凹腔的基本结构参数[23]。然后以第三代 TVC 的火焰筒结构为对象[24]，设计了三头部 TVC 模型，并对不同来流参数对 TVC 燃烧性能的影响进行了研究，获得了多头部 TVC 的燃烧效率、总压损失等综合性能参数和各进口气动参数优化匹配的初步方案，总结了 TVC 性能变化规律的影响因素，初步探究了 TVC 火焰稳定机理和火焰筒的设计方法，并确定了火焰筒的基本方案。2010 年，他们研究了 TVC 主流进气方式和供油方式对结构更为紧凑的 TVC 实验件的影响。

刘世青[25]采用定常和非定常方法对中心钝体式 TVC 的结构和影响因素及流场结构进行了数值研究，从驻涡腔内有利于形成稳定气流的性能出发，探索 TVC 最佳的结构形式和特性；程平[26]从喷射开孔径、气体喷射速度、喷射孔设置位置等三个方面对驻涡腔内的流动特性进行了数值模拟，分析了不同参数对燃烧室总压损失、驻涡腔内旋涡特征（数量、强度、稳定性和空间位置等）、驻涡腔内流动速度变化及速度矢量分布等流动特性的影响。

近年来随着计算流体力学的持续快速发展，加之在航空工程热态工况研究中计算燃烧学的广泛运用以及非结构化网格良好的几何适应性，三者的结合在理论研究和实际应用中发挥了巨大的应用价值。本节采用数值模拟方法对添加联焰稳流器前后的驻涡燃烧室模型在不同工况下热态温度场的分布及污染物的排放等特性进行分析[3,5-7]，考察联焰稳流器对驻涡燃烧室的流场和燃烧性能的影响，希望对燃烧室性能的评估和设计的改进起到一定的参考作用。

7.3.1 带联焰稳流器驻涡燃烧室的设计

典型驻涡燃烧室初始设计模型如图 7.15 所示。该模型主要包括凹腔、掺混段、各类进气孔等结构。在设计时，模型借鉴了相关文献的几何参数，燃烧室凹腔底部长 48mm，前体壁面高 38mm，后体壁面高 30mm，模型宽 100mm，并将出口段延长。由于主流区较快的流动速度会把驻涡区与主流区分隔成两部分，为更好地实现驻涡区与主流区的能量传递，在原始模型的基础上，添加了联焰稳流器。联焰稳流器的设计参考了文献[27]的设计思路，并针对本节的研究对象进行了适当修改。

添加联焰稳流器后的驻涡燃烧室 3 维模型如图 7.16 所示。更改后的 TVC 模型设计为 30°扇形结构，出口段长度恢复为文献[22]的取值。

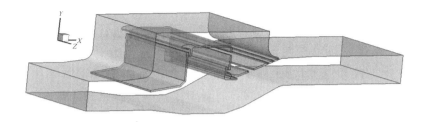

图 7.15　典型驻涡燃烧室初始设计模型

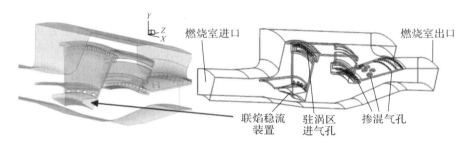

图 7.16　添加联焰稳流器后的驻涡燃烧室 3 维模型

7.3.2　分析方法和参数设置

先在 CATIA 软件中进行驻涡燃烧室的初步几何建模,再利用高端数字样机[1,2](high end digital prototyping,HEDP)系统对驻涡燃烧室的几何模型进行几何优化和网格划分。HEDP 系统是由我们开发的完全自主知识产权的数值模拟平台软件,为力学计算尤其是航空航天领域中复杂力学问题的求解提供了高性能的求解算法。该系统集成了相应的几何处理、网格生成、大规模计算以及与商业计算机辅助设计(CAD)系统和分析系统的输出能力[28,29]。将模型的几何文件导入 HEDP 系统进行优化,可生成非结构网格,再对凹腔区和掺混孔等处进行加密处理,网格数目为 228 万,如图 7.17 所示。

应用 HEDP 系统中的并行燃烧求解器对驻涡燃烧室内的流动问题进行计算。在设定边界条件时,选择速度进口和压力出口,燃烧室进口的气流温度为 400K,马赫数为 0.10~0.35,出口处压力为 101.3kPa,燃烧室壁面取绝热无滑移条件。气态燃烧计算中使用非预混燃烧模型,使用概率密度函数法考虑湍流与化学反应的相互作用。采用离散相模型,燃油液滴尺寸分布满足罗辛-拉姆勒(Rosin-Rammler)分布,液滴直径的最大值、最小值和平均中径采用文献[30]中的实验数据。连续相计算收敛后再耦合离散相计

图 7.17   驻涡燃烧室网格及局部细节

算,连续相每计算 10 次,与离散相耦合计算一次。开启 NO_x 模型,排放物主要针对热力型 NO_x 进行分析。

7.3.3   结果分析

为方便描述,将原始无联焰稳定装置的燃烧室模型称为模型 A,将添加了联焰稳定装置的燃烧室模型结构称为模型 B。分别选取马赫数为 0.10、0.15、0.20、0.25、0.30 和 0.35 的六个不同工况,对模型 A、B 的冷态和热态流场进行数值模拟。分别在模型 A、B 中取三个截面Ⅰ、Ⅱ、Ⅲ进行分析,如图 7.18所示。其中,模型 A 关于 xOy 平面对称,$z \in [-0.05, 0.05]$,分别选取 $z=0$,$z=0.02$ 和 $z=0.04$ 处的截面;模型 B 为 30°扇形结构,分别选取 8°、12.25°、15°处的截面,角度参考方向为从燃烧室进口方向看沿逆时针转动。

在冷态计算稳定后,加入离散相进行燃烧模拟,其中来流马赫数为 0.2,来流温度为 400K,这里只采用凹腔供油的方式,供油量为 3.35g/s,总余气系数为 1.8。

(1)流场特征

模型 A、B 三个截面的速度云图如图 7.19 所示,矢量为流线。可以看出,模型 A 凹腔内存在一个稳定的单涡结构,凹腔内的流动速度为 40m/s 左右,主流区域流速较大,为 80~100m/s,经过掺混段后,由于燃烧出口气体压力较低,燃烧室出口段下壁面区域气流加速到 160m/s。模型 B 与模型 A 的流场结构基本相似,但是凹腔内的涡结构明显大于模型 A。由于联焰稳流器的作用,主流在稳定器后方出现一个稳定的小范围回流区域,而这有利于空气和燃料的混合以及凹腔区的火焰传播至主流区。模型 B 主流区域的速度与模型 A 主流区域的速度相当,燃烧室出口上壁面的气体速度则增加至 300m/s。

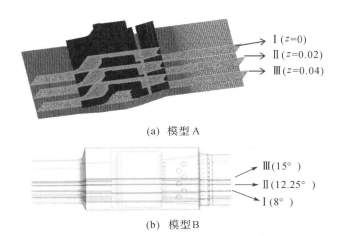

(a) 模型 A

(b) 模型 B

图 7.18　模型 A、B 中截面 Ⅰ、Ⅱ、Ⅲ 的选取

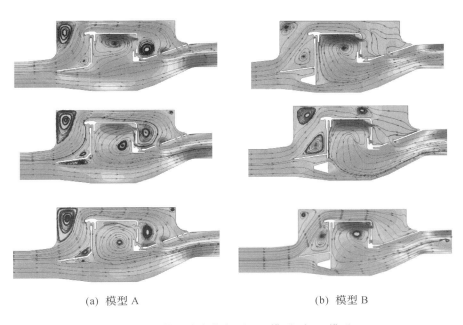

(a) 模型 A　　　　　　　　　(b) 模型 B

图 7.19　截面速度分布(左:A 模型;右:B 模型)

　　模型 A 各截面温度和 CO 分布如图 7.20 所示。燃烧室内的最高温度为 2300K,燃烧的高温区集中于凹腔内部,凹腔的壁面处温度分布较其他区域高。由于只在凹腔区供油,凹腔内的空气较少,开始富油燃烧。主流的高速气流带入了大量的空气,但是由于主流的空气速度较大,并未将火焰引入

主流区域,到掺混区域时火焰几乎熄火。凹腔内的 CO 生成量较高,主流中的 CO 与 O_2 反应生成 CO_2,掺混段由于 O_2 含量增加,CO 的生成量较少。

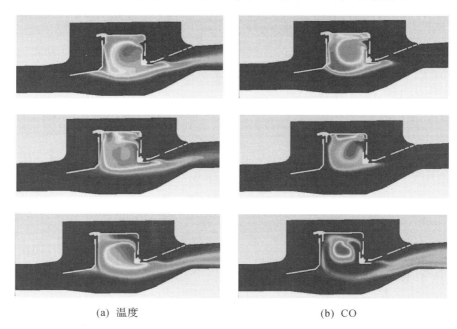

(a) 温度   (b) CO

图 7.20　模型 A 各截面温度和 CO 分布

模型 B 各截面温度和 CO 分布如图 7.21 所示。燃烧室内的最高温度为 2300K。由于加入了联焰稳流器,凹腔区的火焰能够较好地引入主流区域,燃烧范围明显增大,并且高温区主要分布在主流火焰稳定器以及凹腔下部和掺混段部分,与模型 A 相比,模型 B 凹腔壁面处的温度得到了很好的控制,但是稳定器壁面和掺混区前段壁面的温度偏高。掺混区后段壁面附近温度较前段明显降低,气流掺混降温作用明显。从两个燃烧室模型的燃烧情况可以看出,温度场和 CO_2 分布情况类似,出口产物中 CO_2 含量比模型 A 明显增加。

(2)燃烧性能

·出口温度分布

燃烧室出口温度分布是评价燃烧室性能的一个重要指标,出口气体温度分布的均匀程度直接影响下游叶轮机械的寿命。一般温度分布系数要求为 $0.25 \sim 0.35$。模型 A、B 的出口截面温度分布情况如图 7.22 所示。模型 A 燃烧室出口的最高温度为 1469K,平均温度为 785K,温度分布系数为

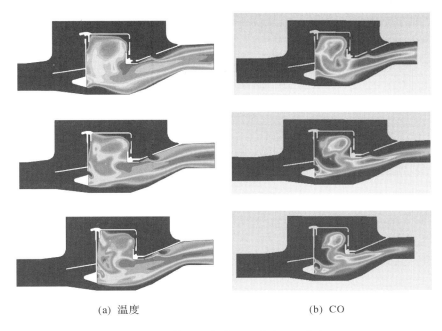

(a) 温度　　　　　　　　　　(b) CO

图 7.21　模型 B 各截面温度和 CO 分布

(a) 模型 A　　　　　　　　　(b) 模型 B

图 7.22　出口截面温度分布

0.92；模型 B 燃烧室出口的最高温度为 2128K，平均温度为 1546K，温度分布系数为 0.49。改进后的模型 B 燃烧室出口截面温度分布有了较大的改善，但是仍然需要进一步优化。

· 燃烧效率

燃烧效率的定义有多种，本节采用焓增燃烧效率[31]进行计算，即燃烧效率 η 表示实际放热量与理论放热量之比：

$$\eta = \frac{(W_a + W_f)\,\overline{C_{p,3}}\,\overline{T_3^*} - W_a\,\overline{C_{p,2}}\,\overline{T_2^*} - W_f\,\overline{C_f T_f}}{W_f H_a} \times 100\% \quad (7.1)$$

其中，W_a 和 W_f 分别为进口气体流量和燃料流量，$\overline{C_{p,3}}$ 为产物的平均比热，$\overline{T_3^*}$ 为平均出口总温，$\overline{C_{p,2}}$ 为进口平均比热，$\overline{T_2^*}$ 为平均进口总温，T_f 为燃油温度；H_a 为燃油低热值，取 $H_a = 43200\text{kJ/kg}$；$\overline{C_f}$ 为燃油平均比热，$\overline{C_f} = 2.03\text{kJ/(kg·K)}$。经计算，模型 A 的燃烧效率约为 95%，模型 B 的燃烧效率约为 99%。

· NO$_x$ 排放

NO$_x$ 为航空发动机燃烧排放的主要污染物，其中 NO 的含量较多，这里用 NO 的排放量作为 NO$_x$ 排放情况的参考指标。模型 A、B 三个截面的 NO 分布云图如图 7.23 所示，两个燃烧室的 NO 排放量均比较少，低于排放标准。这是因为驻涡燃烧室本身就存在分级燃烧特性，其污染物的排放量比同工况下普通结构的燃烧室要少，而且由于燃料注入只采用了凹腔区供油的方式，因此在燃烧过程中由于凹腔内燃油量较高出现富油燃烧，在主流区域，火焰在较大速度的主流气流作用下发生猝熄，而在主流区后段和掺混段中，由于少量空气的加入又出现贫油燃烧，这是典型的低排放 RQL 燃烧形式，因此 NO$_x$ 排放量较低。

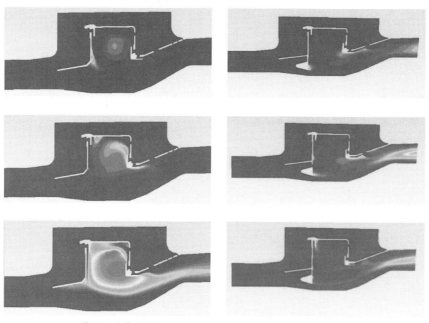

(a) 模型A（普通型）　　　　　　　(b) 模型B（带联焰稳流器）

图 7.23　模型 A、B 三个截面驻涡燃烧室内部 NO 分布情况对比

参考文献

[1] Xie L，Zheng Y，Chen J，et al. Enabling technologies in the problem solving environment HEDP[J]. Communications in Computational Physics，2008，4（5）：1170-1193.

[2] 郑耀，解利军. 高端数字样机技术及应用[M]. 北京：科学出版社，2015.

[3] 邢菲，张帅，邹建锋，等. 基于驻涡燃烧室的贫油熄火经验关系式初探[J]. 航空学报，2010,31(10):1914-1918.

[4] 李琼，王培勇，刑菲，等. 火焰曲率对 H_2 扩散火焰 NO 排放影响的数值研究[J]. 工程热物理学报，2011,32(11):1949-1952.

[5] 汤彬，邢菲，邹建锋，等. 驻涡燃烧室凹腔温度变化规律及气量分配[J]. 推进技术，2011,32(2):182-187.

[6] Xing F，Wang P，Zhang S，et al. Experiment and simulation study on lean blow-out of trapped vortex combustor with various aspect ratios[J]. Aerospace Science and Technology，2012,18(1):48-55.

[7] 李欣，鲁阳，王崃瞩，等. 联焰稳流器对驻涡燃烧室性能的影响分析[J]. 南京理工大学学报，2014,38(6):787-794.

[8] 张阳，王安科，房兴龙，等. 一种设有开孔式文氏管的旋流燃烧室头部结构：CN201520151920.3[P]. 2015-10-28.

[9] 张阳，邹建锋，郑耀. 文氏管对旋流流动影响的数值模拟[J]. 动力工程学报，2015，35(6):463-468.

[10] 郑耀，张阳，邹建锋. 文氏管喉部直径对燃烧室流场结构影响的数值模拟[J]. 燃烧科学与技术，2015,21(2):97-102.

[11] 张阳，邹建锋，郑耀，等. 湍流燃烧自适应求解技术在低排放燃烧室计算中的应用[J]. 气体物理，2016,1(1):31-41.

[12] 张阳，邹建锋，郑耀，等. 文氏管对旋流流场影响的数值研究[J]. 推进技术，2016，37(5):907-915.

[13] Amabile S，Cutrone L，Battista F，et al. Analysis of a low-emission combustion strategy for a high performance trans-atmospheric aircraft engine[C]//46th AIAA/ASME/SAE/ASEE Joint Propulsion Conference & Exhibit，July 25-28, 2010.

[14] Fu Y，Jeng S，Tacina R. Characteristics of the swirling flow in a multipoint LDI combustor[C]//45th AIAA Aerospace Sciences Meeting and Exhibit，January 8-11, 2007.

[15] Marek C，Smith T，Kundu K. Low emission hydrogen combustors for gas turbines using lean direct injection[C]// 41st AIAA/ASME/SAE/ASEE Joint Propulsion Conference & Exhibit，July 10-13，2005.

[16] Huh J，Cernansky N，Choi K，et al. Mixing of axially injected liquid jets and pre-atomized sprays in a lean-direct-injection（LDI）mode[C]//34th AIAA/ASME/SAE/ASEE Joint Propulsion Conference and Exhibit，July 13-15，1998.

[17] Peterson C O，Sowa W A，Samuelsen G S. Performance of a model rich burn-quick mix-lean burn combustor at elevated temperature and pressure[R]. NASA，2002.

[18] 武辉. 凹腔驻涡燃烧器的实验与数值研究[D]. 北京：中国科学院研究生院工程热物理研究所，2009.

[19] Hsu K Y，Gross L P，Trump D D，et al. Performance of a trapped-vortex combustor [C]//33rd Aerospace Sciences Meeting and Exhibit，January 9-12，1995.

[20] Katta V R，Roquemore W M. Numerical studies of trapped-vortex combustor[C]//32nd Joint Propulsion Conference and Exhibit，July 1-3，1996.

[21] 樊未军，严明，易琪. 富油/快速淬熄/贫油驻涡燃烧室低 NO_x 排放[J]. 推进技术，2006，27（1）：88-91.

[22] 邢菲. 级间驻涡燃烧室燃烧组织及性能优化研究[D]. 北京：北京航空航天大学，2009.

[23] 何小民，王家骅. 驻涡火焰稳定器冷态流场特性的初步研究[J]. 航空动力学报，2002，17（5）：567-571.

[24] 何小民，许金生，苏俊卿. 驻涡区进口结构参数影响 TVC 燃烧性能的试验[J]. 航空动力学报，2007，22（11）：1798-1802.

[25] 刘世青. 驻涡燃烧室流动特性的冷态数值研究[D]. 大连：大连海事大学，2011.

[26] 程平. 驻涡燃烧室冷态流场气体喷射的研究[D]. 大连：大连海事大学，2009.

[27] 蒋波. RQL 驻涡燃烧室排放性能研究[D]. 南京：南京航空航天大学，2010.

[28] 段丽. 高端数字样机中的几何用户环境——框架设计和软件实现[D]. 杭州：浙江大学，2010.

[29] 郑耀，郑建靖，陈建军. 高端数字样机系统的前处理用户环境[J]. 计算力学学报，2012，29（1）：135-139.

[30] 翟晓磊，彭日亮，樊未军，等. 某驻涡燃烧室性能数值模拟[J]. 航空动力学报，2013（5）：1134-1141.

[31] 金如山. 航空燃气轮机燃烧室[M]. 北京：宇航出版社，1988.

第 8 章　超燃冲压发动机燃烧过程的数值模拟

在高超声速飞行器研制涉及的若干关键技术中,超燃冲压发动机技术占有极其重要的地位。但以下几个方面的制约,使得对超声速燃烧过程进行可靠的数值仿真仍存在较大的研究难度,对其中的物理机理尚未有深入认识,从而直接影响了超燃冲压发动机的研发和设计研究。

①内部流道复杂。实际的超燃冲压发动机内部流道由进气道、隔离段、燃油喷嘴、燃烧室、火焰稳定器、掺混增强设备和尾喷管等几何部件组成。而对于目前呼声很高的各类型组合发动机,比如 RBCC,还需考虑火箭支板和模态调节机构的模拟仿真。因此,针对如此复杂的发动机结构,如何设计出优良可靠的网格系统是首要问题,也是仿真结果的决定性要素。

②内部流场结构复杂。超燃冲压发动机燃烧室流场非常复杂,存在湍流、激波和边界层流动,化学非平衡效应也非常强烈。

③超声速条件下湍流与燃烧的相互作用机理还不是十分明确,缺乏准确可靠的燃烧模型加以考虑。

④计算规模庞大。实际超燃冲压发动机的仿真设计至少需要上千万个网格单元,对碳氢燃料而言,还需要考虑几百个化学反应过程和几百种中间气体组分的相互作用。即使采用经过简化的几何模型,也存在计算规模庞大的挑战。这在单机上计算已不可能,需要考虑并行计算。

本章在非结构网格的基础上,建立超声速湍流燃烧问题的并行求解体系,并进行程序代码的验证工作。

8.1 冲压发动机带扩张角隔离段流场数值模拟

本节参照 Carroll 等[1]的超声速隔离段实验研究,对带 0.13°扩张角的隔离段内的复杂激波系与超声速湍流边界层及其相互作用现象进行了有效的数值模拟和实验验证[2],通过对比计算,选择和确定了合理的湍流计算模型(Spalart-Allmara 模型,即 S-A 模型),并系统地分析了出口反压、来流马赫数、湍流边界层厚度等流动参数对隔离段内流动特征的影响。研究发现:①改变出口反压不会改变激波串结构及激波串上游的流场,但会改变激波串的起始位置;②来流马赫数的变化会影响激波串结构,包括其对称性、激波间距、激波数目和激波串长度;③湍流边界层厚度的变化对激波串结构的起始位置和波前波后升压比有一定影响,但不影响激波串长度。

8.1.1 隔离段研究概述

超燃冲压发动机主要由进气道、隔离段、燃烧室及尾喷管构成。超燃冲压发动机推进技术是研制未来先进飞行器、实现高速飞行的关键技术之一。隔离段安置于进气道与燃烧室之间,一般为等截面或者带有微小扩张角的管道。隔离段主要有两方面的作用:①隔离(或减小)进气道与燃烧室之间的流动干扰,为燃烧室提供稳定的高压状态,为进气道提供较宽的稳定工作范围;②使超燃冲压发动机在工作过程中实现亚燃模态与超燃模态之间的相互转换[3]。

Neumann 和 Lustwerk 于 1949 年和 1951 年先后描述了他们在超声速风洞扩压器中观测到的"内流"激波与边界层的相互作用现象[4,5]。在隔离段内,超声速气流产生的激波系与壁面湍流边界层会发生复杂的相互作用,形成强烈干扰,出现激波反射与交叉,表现为分叉结构、激波串及混合区同时存在,称之为"伪激波"结构[6]。超声速来流经过"伪激波"时会经历屡次加速和减速,从超声速减速为亚声速,再加速为超声速,最后减速为完全亚声速(如果管道足够长),从而满足亚燃模态的工作条件。该加速减速过程的发展与演化直接决定着隔离段的工作性能与效率,进而影响超声速进气道的工作性能和超燃冲压发动机的工作稳定性。

鉴于此,有必要加强对隔离段内激波与湍流边界层相互作用问题的深入研究,找出激波串的产生和发展机理,建立有效的计算和预测模型。其中涉及的高速可压缩流体计算方法依然是计算流体力学领域具有挑战性的课题之一[7]。

　　随着计算机性能的提高以及高速可压缩流体计算技术的发展,数值模拟在深入分析隔离段内的复杂流动特征与流场结构方面发挥着实验测量不能比拟的越来越大的作用。目前文献中关于隔离段内激波与边界层相互作用的研究比较多。王东屏等[10]采用 3 阶 QUICK 格式与 S-A 湍流模型对马赫 4 时 2 维直管内的"伪激波"进行了数值模拟和实验验证,计算结果与实验结果显示出较好的一致性。李博等[8]和梁德旺等[9]对均匀来流和有斜波入射(非均匀)情况下的等直隔离段内流场进行了数值模拟,分析了激波串的变化规律以及激波串长度与反压的关系。

　　考虑实际高超声速飞行中流动因素的复杂性与非线性特性,本节拟从参数化分析的角度,系统地研究若干关键流动参数(出口反压、来流马赫数、湍流边界层厚度等)对隔离段内激波和边界层相互作用特征的影响,从而为实际超燃冲压发动机的设计,尤其是隔离段的设计,提供一定的有益参考。

8.1.2　计算模型介绍

　　Carroll 等[1]对矩形管道内激波/湍流边界层的相互作用进行了大量卓有成效的实验研究。基于此,我们对带有 0.13°扩张角的隔离段模型内的"伪激波"结构(主要是激波串结构)进行了有效的数值模拟和参数分析。

　　(1)几何模型

　　参照文献[1]中的实验模型,建立一个 2 维几何计算区域的实验模型,如图 8.1 所示,左侧为进口,高 38.1mm,上下两侧从左向右均以 0.13°角扩张,全长 754mm,右侧为出口。

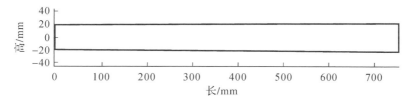

图 8.1　隔离段几何模型

（2）网格模型

由于几何结构比较简单规则，此处采用结构网格，计算网格为 50×300。为了更好地捕捉湍流边界层的分离以及管道中后部激波与边界层相互作用现象，对近壁面处网格做了加密处理。

8.1.3　计算方法及其验证

通过求解基于密度的可压缩流体力学控制方程，进行隔离段内超声速/亚声速复杂流场的数值计算。

参考相关文献[7]，对流场计算条件进行如下设置。

①隔离段进口的主流区设为均匀流动。

②隔离段进口的边界层内速度分布采用 1/7 幂规律加以定义，即

$$U=\begin{cases}U_e(y/\delta_u)^{1/7}, & y<\delta_u\\U_e, & y\geqslant\delta_u\end{cases}\tag{8.1}$$

其中，U_e 为隔离段进口主流区的均匀流动速度；y 为隔离段管道内任意点到较近壁面的距离；δ_u 为湍流边界层厚度。

③壁面边界条件设置为无滑移绝热。

为了提高计算效率，加快激波与边界层作用流场结构的形成时机，在初始化时，在隔离段管道上游位置人为设置一道正激波。

为了确定有效的流场计算方法，尤其是选择和确定合理的湍流计算模型，以上述隔离段模型为对象，进行验证计算和对比分析。湍流模式考虑了 S-A 模型、SST k-ω 模型、雷诺应力（Reynolds Stress，RS）模型、重整化（Realizable）k-ε 模型和非平衡壁面函数。

不同湍流模型对应的隔离段上下壁面静压分布对比如图 8.2 所示。对比发现，SST k-ω 模型和 RS 模型的计算结果与实验测量之间的误差较为明显，而 S-A 模型和 Realizable k-ε 模型的计算结果与实验测量的吻合程度较好。Realizable k-ε 模型对激波串下游流场的模拟存在一定误差，对激波前后流场物理值的捕捉不及 S-A 模型合理。通过对比计算可知，S-A 模型在模拟复杂激波结构与湍流边界层分离及其相互作用方面有着很大的优势。

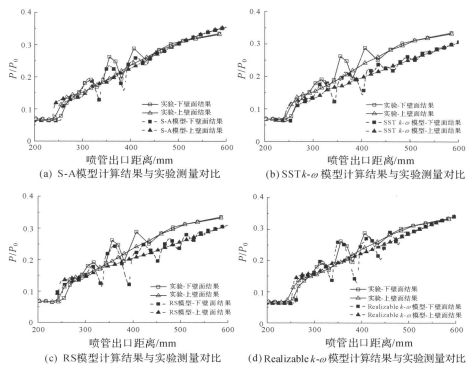

(a) S-A模型计算结果与实验测量对比
(b) SST k-ω 模型计算结果与实验测量对比
(c) RS模型计算结果与实验测量对比
(d) Realizable k-ω 模型计算结果与实验测量对比

图 8.2　壁面静压分布对比

后续将采用 S-A 湍流模型对不同出口反压 P_b、来流马赫数 M_u、湍流边界层厚度 δ_u 的工况进行模拟计算,系统地分析这些参数对隔离段内激波与边界层相互作用现象的影响。

8.1.4　计算结果分析

(1)隔离段的出口反压特性

超声速气流在隔离段内经过激波串后减速为亚声速,同时静压增加到与隔离段出口(即燃烧室内)的压力相匹配。隔离段所能承受的燃烧室压力范围是衡量其性能的重要方面。

本算例对未受干扰的来流马赫数 $M_u = 2.45$,湍流边界层厚度 $\delta_u = 5.4\,\mathrm{mm}$ 工况下的出口反压特性进行了计算。

该工况在不同出口反压 P_b 条件下的压力等值线如图 8.3 所示,激波串呈非对称结构。当反压小于一定值(40kPa)时,激波串从隔离段出口退出,进入隔离段后面的燃烧室中,此时隔离段内主流区域充满均匀的超声速流动;随着出口反压不断增加,激波串在隔离段内的起始位置不断前移,但其结构和其前方流场基本不变。当反压增加到一定值(约 135 kPa)时,激波串被推到隔离段进口,并且演变为一道近似正激波;当反压进一步增加时,激波串从隔离段进口退出,进入隔离段前面的进气道中,导致进气道无法启动,此时的出口反压称为隔离段的最大承受反压[8-9]。

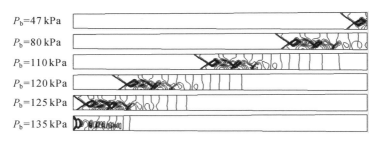

$P_b=47\,\text{kPa}$

$P_b=80\,\text{kPa}$

$P_b=110\,\text{kPa}$

$P_b=120\,\text{kPa}$

$P_b=125\,\text{kPa}$

$P_b=135\,\text{kPa}$

图 8.3　不同出口反压条件下的压力等值线

不同出口反压条件下的壁面静压分布如图 8.4 所示。其中图 8.4(b)为将图 8.4(a)中静压曲线的初始压力升高点平移到原点所得。可进一步发现,当隔离段中存在基本完整的激波串结构时,增大出口反压会导致激波串长度逐渐变小,但变化幅度很小;相应的气流经过激波串后,升压比也随着出口反压的增大而逐渐增加,变化幅度也很小,且升压比总小于相同马赫数下正激波前后的静压升高比。

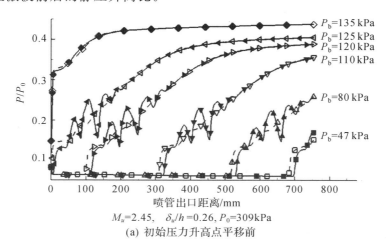

$M_u=2.45$,　$\delta_u/h=0.26$, $P_0=309\,\text{kPa}$

(a) 初始压力升高点平移前

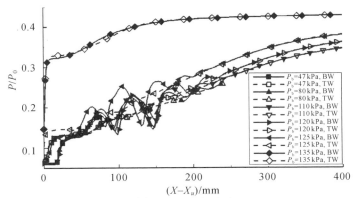

X_u—压力升高起始位置；BW—下壁面；TW—上壁面；M_u=2.45，δ_u/h=0.26，P_0=309kPa

(b) 初始压力升高点平移后

图 8.4　不同出口反压条件下的壁面静压分布

（2）隔离段的来流马赫数特性

高超飞行器在飞行过程中要经历变马赫数飞行过程，导致通过进气道进入隔离段内的来流马赫数也随之变化。考察超声速来流马赫数的变化对隔离段内激波串结构形态的影响很重要。研究表明，来流马赫数对激波串结构的影响比较大。

不同来流马赫数 M_u 条件下隔离段内的马赫数等值图如图 8.5 所示。将静压分布曲线的初始压力升高点平移到原点后所得的壁面静压分布曲线如图 8.6 所示。当来流马赫数较小时（M_u =1.5 附近），激波串呈对称结构，隔离段上、下壁面静压分布一致；当来流马赫数大于一定值时，由于非线性分叉的影响，激波串结构将向某侧壁面偏转，呈非对称结构，相应的上、下壁面静压分布有所不同；随着来流马赫数的增大，激波串结构的非对称性更加明显，相邻两道激波之间距离增大，激波串中的激波数目有所减少，但激波串总长度增加，气流经过激波串的静压升高比变大。这与文献[1]的研究结果一致。

研究还表明，当来流马赫数减小时，气流经过激波串结构前后的静压升高比减小，但更加接近相同马赫数下正激波前后的静压升高比。

（3）隔离段的湍流边界层厚度特性

隔离段内的激波串结构是由于超声速气流与湍流边界层之间的相互作用而形成的，因此，有必要考察湍流边界层厚度对隔离段内激波串结构的影响。

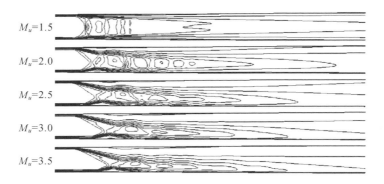

图 8.5   不同来流马赫数条件下的马赫数等值线

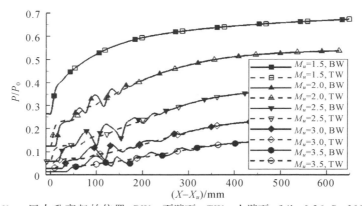

X_u—压力升高起始位置；BW—下壁面；TW—上壁面；δ_u/h =0.26, P_0=309kPa

图 8.6   不同来流马赫数条件下的壁面静压分布

本算例计算了湍流边界层厚度 δ_u 分别为 1.0mm、3.0mm、5.4mm、7.3mm 和 10.0mm 五种工况下的隔离段内部流场。

不同湍流边界层厚度时隔离段的壁面静压分布曲线如图 8.7（a）所示。当其他条件一致（即来流条件、出口反压等相同）时，若初始未受干扰的湍流边界层厚度 δ_u 越大，则激波串结构出现越靠前。

将静压曲线的初始压力升高点平移到原点后所得的壁面静压分布如图 8.7（b）所示。当其他条件一致时，随着湍流边界层厚度 δ_u 增大，气流经过激波串的静压升高比小幅减小，但激波串长度基本一致。

①在一定的出口反压范围内，当隔离段内存在激波串结构时，改变出口反压并不改变激波串前面的流场，对激波串结构的影响也很小，但会改变激

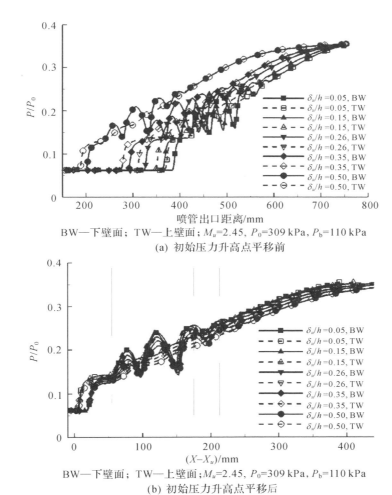

BW—下壁面；TW—上壁面；M_u=2.45，P_0=309 kPa，P_b=110 kPa

(a) 初始压力升高点平移前

BW—下壁面；TW—上壁面；M_u=2.45，P_0=309 kPa，P_b=110 kPa

(b) 初始压力升高点平移后

图 8.7 不同湍流边界层厚度的壁面静压分布

波串的起始位置。当出口反压超过一定值时，激波串被推出隔离段而进入进气道，导致进气道无法启动；当出口反压小于一定值时，激波串进入燃烧室内，隔离段内充满均匀的超声速流动。

②当来流马赫数较小时，激波串呈对称结构；当来流马赫数超过一定值时，激波串将向某侧壁面偏转，呈非对称结构；随着来流马赫数增大，激波串的非对称性更加显著，且激波跨度变大，激波数目变少，激波串总长度则变长，气流经过激波串的静压升高比增大。

③湍流边界层厚度的变化对激波串结构影响较小。当湍流边界层厚度

变大时，激波串起始位置小幅前移，激波串前后的升压比则小幅变小，而激波串长度基本不变。

8.2 支板型超燃冲压发动机的计算分析

我们开发的湍流燃烧数值模拟代码对国内外多款类型超燃冲压发动机的几何模型进行了详细的计算分析[11-14]，对超声速燃烧机理有了很好的认识和了解。

8.2.1 几何模型和网格设计

研究对象为德国宇航中心（DLR）超燃冲压发动机，Waidmann 等在1991—1995 年对其进行了实验研究[15-17]，发动机燃烧室的几何结构如图8.8 所示。发动机燃烧室模型沿轴线方向总长 300mm，跨度 40mm，高50mm，上壁面呈 3° 角向下游扩张。采用支板底部喷氢点火，支板扩张角为12°。发动机原型在支板底部布置有 15 个直径为 1mm 的氢气喷孔，为简化问题，按照以往文献做法，截取了中间截面附近 3 个喷孔在内的一段发动机几何区域，模拟的支板细部结构如图 8.9 所示。

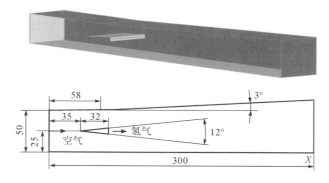

图 8.8　发动机燃烧室的几何结构（单位：mm）

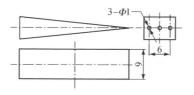

图 8.9　支板的几何参数（单位：mm）

8.2.2　化学反应机理

燃烧效应采用 7 步氢气化学反应机理加以考虑,对应的阿伦尼乌斯系数设置,采用 cgs 单位制(厘米-克-秒-摩尔制)。

表 8.1　两种不同的化学反应机理

机理	序号	反应	指前因子 $A/(cm^3 \cdot mol^{-(n-1)} \cdot s^{-1})$	温度指数 N	T_a/K
1 步	1	$H_2 + 1/2O_2 \longleftrightarrow H_2O$	5.013×10^{13}	0	17614
7 步	1	$H_2 + 1/2O_2 \longleftrightarrow 2OH$	1.7×10^{13}	0	24157
	2	$H + O_2 \longleftrightarrow OH + O$	1.2×10^{17}	-0.91	8310.5
	3	$OH + H_2 \longleftrightarrow H_2O + H$	2.2×10^{13}	0	2591.8
	4	$O + H_2 \longleftrightarrow OH + H$	5.06×10^4	2.67	3165.6
	5	$OH + OH \longleftrightarrow H_2O + O$	6.30×10^{12}	0	548.6
	6	$H + OH + M \longleftrightarrow H_2O + M$	2.21×10^{22}	-2	0
	7	$H + H + M \longleftrightarrow H_2 + M$	7.30×10^{17}	-1	0

8.2.3　边界条件设置

湍流模型采用大涡模拟技术,燃烧模型为动态增厚火焰模型,3 阶 TTGC 有限元格式离散。自由来流和燃料出口设置为超声速入口边界,出口定义为超声速出口,两侧为对称边界,其他壁面都采用壁面函数处理。来流和燃料射流条件如表 8.2 所示。

表 8.2　入流状态

变量	空气	氢气
Ma	2.0	1.0
$u/(m \cdot s^{-1})$	730	1200
T/K	340	250
P/MPa	0.1	0.1
Y_{O_2}	0.232	0
Y_{N_2}	0.736	0
Y_{H_2O}	0.032	0
Y_{H_2}	0	1

8.2.4 冷态流场的数值模拟

冷态流场计算中采用结构网格,网格单元数为 1159544,支板附近区域的网格如图 8.10 所示,相邻的网格尺度拉伸比不超过 1.15,网格长宽比被限制在 50 以内。

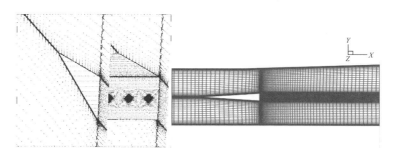

图 8.10 德国 DLR 支板型超燃冲压发动机燃烧室模拟所用的网格

保持喷氢但是不点火燃烧,计算直至收敛对应的物理时间为 3.6ms。瞬时流场的密度等值线与冷态流场的数值纹影分别如图 8.11 和图 8.12 所示。从两图的对比可以知道,数值模拟捕捉到的特征流场与实验结果吻合良好,与以往的模拟结果相比结构更加清晰。流场中的结构主要为楔形。支板前端产生了对称的激波并且在发动机壁面反射,支板底部产生膨胀波,超声速来流与射流之间产生速度剪切层。超声速来流经过支板后方的膨胀波后气流转向射流方向,从而形成新的激波。激波经过壁面的反射产生反射激波并且与剪切层相互作用。冷态流场中的拟序结构如图 8.13 所示。喷口附近有不稳定剪切层,之后出现开尔文-亥姆霍兹(Kelvin-Helmholtz,K-H)不稳定波,随着激波与剪切层的相互作用,出现涡破碎、扭曲、变形,最后出现大涡结构。激波与剪切层的相互作用能够让 H_2 与空气充分混合,提高燃烧效率。

冷态流场的壁面和中心线上压力值分布如图 8.14 所示。整体与实验值相吻合,但是数值模拟压力峰值低于实验值。对比可知,实验中支板后方除了膨胀波之外出现了激波,而本算例和相关文献[18]的数值模拟中没有出现激波,有理由认为是因实验模型的粗糙表面产生的。不同流向位置的速度如图 8.15 所示。冷态流场内速度预测值与实验值相差不大。

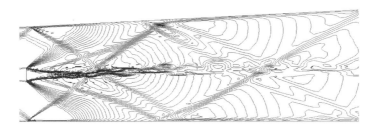

图 8.11　瞬时流场的密度等值线

图 8.12　冷态流场的数值纹影

图 8.13　冷态流场中的拟序结构

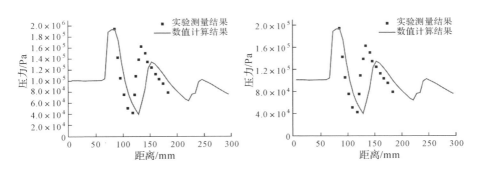

图 8.14　冷态流场的壁面和中心线上压力值分布

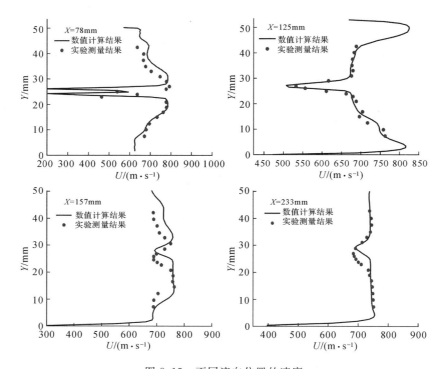

图 8.15　不同流向位置的速度

8.2.5　烧流场的数值模拟

对支板型发动机燃烧室的热态结果进行处理和分析。计算中对于黏度只考虑其温度依赖性,即流体黏度由萨瑟兰公式计算,而不考虑组分效应;普朗特数取 0.675,各组分的施密特数统一取 0.75;湍流普朗特数和各组分的湍流施密特数取 0.9。本算例没有进一步分析动量、能量和分子扩散能力的相对差异对计算结果的影响。

燃烧室内流动结构的实验阴影如图 8.16 所示,密度场的计算结果如图 8.17 所示。紧贴支板底部的化学反应带具有类似纺锤的形状,这与实验可视化结果(图 8.16)接近。反应带最狭窄处距支板基部约 75mm,与实验测量数据吻合。

根据燃烧室内的马赫数分布(图 8.18),纺锤形反应带在 $x=100$mm 附近开始收缩,从而对下游产生一定程度的流动加速效应。相关文献的计算结果[18] 显示,化学反应带收缩引起的加速行为会导致 $x=180$mm 附近出现超声速流动。但我们没有在该区域观察到超声速现象,计算结果与实验测量结果一致。

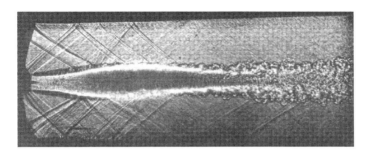

图 8.16　燃烧室内流动结构的实验阴影

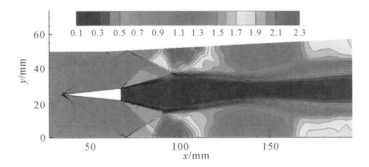

图 8.17　燃烧室内密度场的计算结果

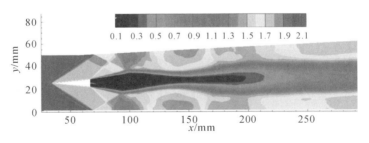

图 8.18　燃烧室内的马赫数分布

　　流道中心线上燃料射流的速度分布曲线如图 8.19 所示,流向速度沿 x 方向的变化趋势与实验测量结果基本吻合,即在纺锤形反应带收缩点($x=$ 100mm)之前燃料射流呈急剧减速态势,在收缩点之后开始缓慢加速。与相关文献[18]的模拟结果对比,本算例曲线的加速段与实验测量更加接近,而减速段与实验结果有一定的出入。支板近尾流区的温度场分布特征在图 8.20 中进行描述,本算例计算捕捉到两个温度极大值点,极大值点所在的位置与实验测量一致。但火焰面上温度极大值的具体数值与实验测量结果相比有一定的差异,深层次的原因将在今后的工作中再做探讨。

纺锤形反应区收缩点前后的流动特征,如图 8.21 所示。计算结果与实验测量结果在中心反应区的差异较大,这也说明中心反应区的非定常湍流效应十分剧烈,导致计算和实验测量都相当困难。

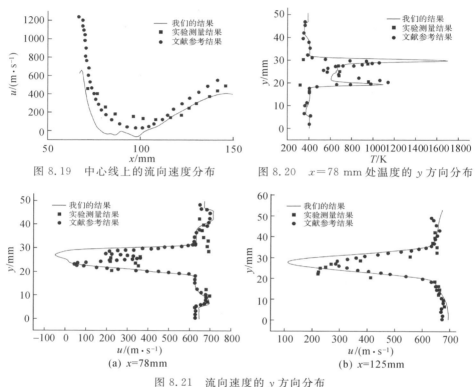

图 8.19 中心线上的流向速度分布   图 8.20 $x=78$ mm 处温度的 y 方向分布

(a) $x=78$mm   (b) $x=125$mm

图 8.21 流向速度的 y 方向分布

8.2.6 各向异性非结构网格自适应求解技术的应用

我们开发和实现了基于各向异性非结构网格的自适应求解技术,并将此方法应用到了支板型超燃冲压发动机内燃烧问题的求解中。关于各向异性网格的详细介绍请见第 6.5.1 节。

初始网格中获得的冷态流场如图8.22所示。初始网格没有在边界层附近布置足够多的网格节点,限制了边界层附近流场的描述。除了在做了网格加密的喉道附近模糊地捕捉到了边界层,在远离喉道的上下壁面上很难体现物理量的急剧变化。

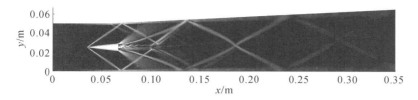

图 8.22　初始网格的冷态流场

　　自适应求解最终网格分布与冷态流场结构如图 8.23 所示。可以看出，除激波与射流区域外，与前面的计算结果相比，本算例的计算还有效捕捉到了壁面边界层这个大梯度区域，并进行了有效的网格加密。

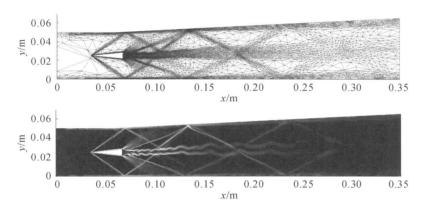

图 8.23　自适应求解最终网格与冷态流场结构

　　计算得到的基于初始网格的燃烧流场如图 8.24 所示。由于网格资源是在冷态流场参数下进行配置的，某些燃烧区域因网格太过稀疏而无法得到准确的结果。

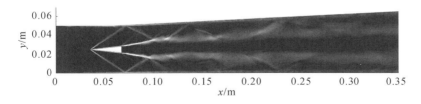

图 8.24　基于初始网格的燃烧流场

　　燃烧流场自适应求解过程中网格分布与流场结构的演变历程如图 8.25所示。因为初始网格来源于冷流场自适应计算，初始流场解对燃烧区域的描述不太理想。经过若干次迭代,网格资源的分配与计算结果都趋于稳定。在火焰面附近,网格的各向异性特征已非常明显。

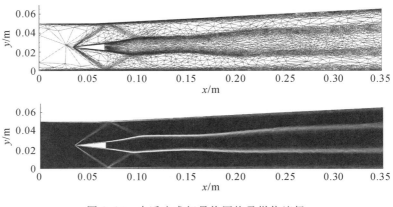

图 8.25　自适应求解最终网格及燃烧流场

8.3　激波诱导点火超燃冲压发动机的计算分析

HyShot 和 Hyper-X 项目[19]的成功,证明了实际飞行中实现超声速燃烧的可能性。HyShot 项目的发动机中使用了"前体燃料喷射"概念,燃料与空气在进口段发生预混,因此不需要在燃烧室内增加额外的混合设施,可以有效减小壁面造成的摩擦阻力。另外,HyShot 发动机采用了激波串点火功能,使得燃烧可以在较低的静温(300~400K)下发生。

8.3.1　HyShot 发动机模型和几何尺寸

HyShot 项目使用的发动机模型(图 8.26)由进口、燃烧室和推力面组成。模型总长 624mm,燃烧室高 24mm。燃料喷口布置在燃烧室上游的进口斜面上,共两个,呈 44°角喷出,喷口直径 2mm。

进口段的微小斜面设计可以降低在进口边界层内发生燃烧的可能性,因为进口边界层内的燃烧会引起阻力增加。

8.3.2　边界条件设置

我们计算了非燃烧流和燃烧流两种情况,即非反应流(fuel-off)和反应流(fuel-on)。两种工况对应的边界条件设置如表 8.3 所示。

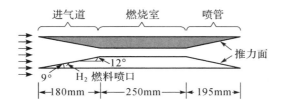

图 8.26　HyShot 项目使用的发动机的几何模型

表 8.3　入流状态两种工况对应的边界条件设置

工况	$U_{air}/$ $(m \cdot s^{-1})$	P_{air}/Pa	T_{air}/K	M_{air}	$U_{H_2}/$ (m/s)	P_{H_2}/Pa	T_{H_2}/K	M_{H_2}
fuel-off	2766	10230	487	6.24	0	0	0	0
fuel-on	2612	8948	412	6.4	1321	640000	300	1

进口空气中氧气的质量分数设定为 0.21。给定的进口条件可以近似模拟 30km 高空马赫 6.4 的飞行。对于反应流工况,燃料氢气以声速喷射,喷射压力为 0.64MPa,对应的燃料当量比约为 0.4。

8.3.3　模拟结果

对表 8.3 中列出的两个工况进行模拟计算,对计算结果进行分析讨论,并与相关的试验数据进行对比。所有计算均在计算稳定后取得。

(1)非反应流

对于非反应流工况,我们采用 2 维仿真。非反应流工况下的压力场如图 8.27 所示。由于激波的反射作用,在发动机内部形成了压力场的块状分布。温度场也有类似的块状分布特征(图 8.28)。

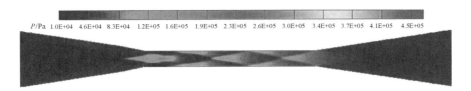

P/Pa　1.0E+04　4.6E+04　8.3E+04　1.2E+05　1.6E+05　1.9E+05　2.3E+05　2.6E+05　3.0E+05　3.4E+05　3.7E+05　4.1E+05　4.5E+05

图 8.27　非反应流工况下的发动机压力场

进口段与燃烧室连接处的温度分布如图 8.29 所示。进口段与燃烧室连接处没有出现局部高温区,避免了燃烧在进口处发生。直至距燃烧室连接处才开始在壁面形成局部的高温区,这里正是燃烧区域。

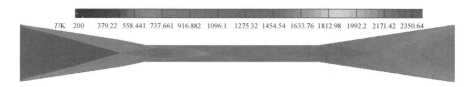

图 8.28　非反应流工况下的发动机温度场

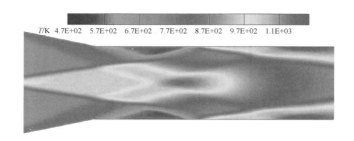

图8.29　非反应流工况下进口段与燃烧室连接处的温度分布

发动机中心线上的压力分布曲线如图 8.30 所示,与试验数据基本吻合。试验数据取自澳大利亚昆士兰大学 Odam Judy 的博士论文[20]。

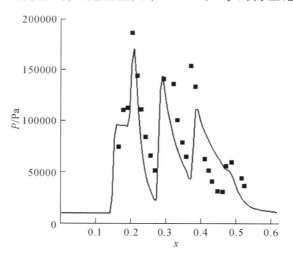

图 8.30　非反应流工况下发动机中心线上的压力分布曲线

（2）反应流

对于反应流工况，由于燃料喷口的 3 维分布特性，我们进行了 3 维模拟。考虑燃料喷射燃烧后的压力场分布如图 8.31 所示。发生燃烧后，燃烧室内的压力分布有了很大的变化，激波结构不再清晰。温度场分布结果与美国国家航空航天局兰利研究中心的仿真结果[21]的对比如图 8.32 所示，两者取得了很好的一致性。

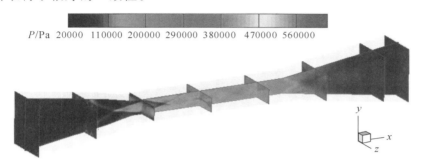

图 8.31　反应流工况下的发动机压力场

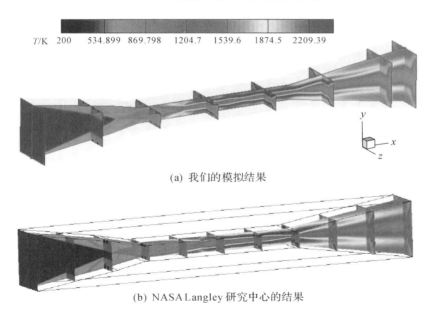

(a) 我们的模拟结果

(b) NASA Langley 研究中心的结果

图 8.32　反应流工况下的发动机温度场分布

中心线上压力分布与实验值的对比如图 8.33 所示，定量结果吻合度也较好。

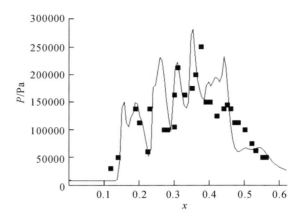

图 8.33　反应流工况下发动机中心线上的压力分布曲线

8.4　组合循环发动机模拟设计

火箭基组合循环发动机（RBCC）将高推重比、低比冲的火箭发动机与低推重比、高比冲的吸气式推进装置优化组合，其单级入轨工作过程主要包括四种模态，即火箭引射模态、亚燃冲压模态、超燃冲压模态以及纯火箭模态。实际的 RBCC 发动机燃烧室流场非常复杂，当处于超燃冲压模态时，超声速气流在发动机内流动的时间尺度与内部燃烧的化学反应的时间尺度接近，非平衡效应非常强烈，是一个复杂的化学非平衡流场。同时，其中还充满了不稳定的激波系、膨胀波系，特别是进气道、隔离段产生的厚边界层和分离流与燃烧室中众多的燃料以及旋涡结构的相互作用更是增加了流场的复杂程度。因此，超声速燃烧阶段的数值模拟遇到了极大的挑战。

8.4.1　物理模型和网格设计

ISTAR 是 NASA 资助的一个火箭基组合循环发动机的研究计划[22]，其目标是试飞一个以 6 倍声速飞行的自推进运载工具，以验证发动机运转的所有模式。对于 ISTAR 支板型组合循环发动机，取出其中一个单元，其进气道与燃烧室的几何模型如图 8.34 所示。为了准确模拟真实工况，我们同时模拟进气道和燃烧室，共计算仿真了四组算例，分别为马赫 2.2 的地面工况、马赫 4.4 的地面工况、马赫 4 的高空工况以及马赫 6 的高空工况。

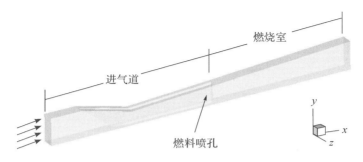

图 8.34　ISTAR 支板发动机几何模型

在整个计算区域,我们生成非结构的三棱柱网格。在壁面以及燃料喷口附近,由于流场的物理尺度小,因此需要加密网格(图 8.35)。整个网格系统包括 2139180 个单元和 1157101 个节点。

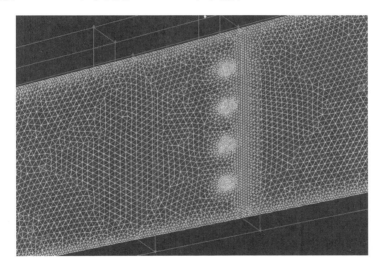

图 8.35　ISTAR 支板发动机燃料喷口附近的局部加密网格

8.4.2　冷态计算结果

冷态计算结果如图 8.36 和图 8.37 所示,即喷口不喷射燃料,仅有空气流入的情况。入口气流马赫数等于 6,其他参数按照 RBCC 超燃阶段所对应的海拔高度设置。从两图中可以看出,进气道处产生压缩波系,气流在通过压缩波时减速增压,进入燃烧室后仍然保持超声速状态。楔形体尾流与激波相互作用,产生了复杂的流场结构。

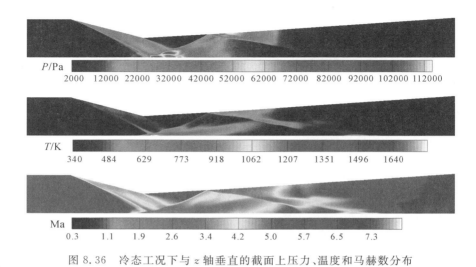

图 8.36 冷态工况下与 z 轴垂直的截面上压力、温度和马赫数分布

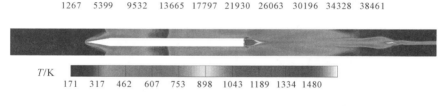

图 8.37 冷态工况下与 y 轴垂直的截面上压力、温度和马赫数分布

8.4.3 热态计算结果

当冷态计算收敛后,开始通过燃料喷口向燃烧室注入燃料,并打开氢氧反应机制。注入的燃料为氢气,燃料的当量比为 0.5,取当量比小于 1.0 的目的是使燃料尽可能充分燃烧。燃料与来流空气混合后,在激波诱导下点火。燃烧稳定后区域内最高温度为 2500~2800K,各种工况下有所不同。

热态计算结果如图 8.38～8.40 所示。从三幅图中可以看出,燃烧发生后,燃烧室的温度和压力升高。从燃烧火焰在空间的分布可以看出,高温区都集中在燃烧室的下半部。图 8.41 和图 8.42 分别对应 H_2 和 H_2O 的浓度等值面,两幅图所取浓度均为 0.08(质量浓度)。当燃烧充分后,H_2 只在燃料喷口附近还有少量残余,大部分已转换成生成物 H_2O。

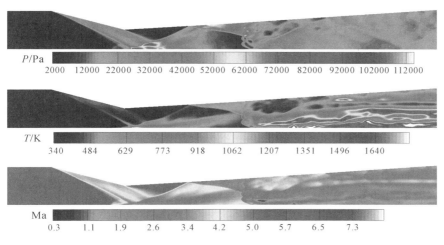

图 8.38　热态工况下与 z 轴垂直的截面上压力、温度和马赫数分布

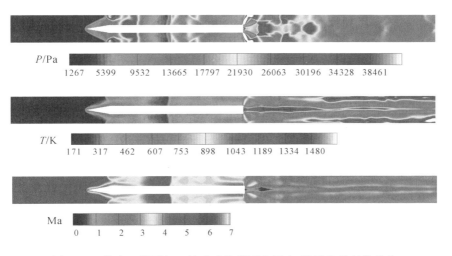

图 8.39　热态工况下与 y 轴垂直的截面上压力、温度和马赫数分布

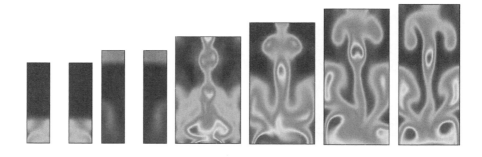

图 8.40 热态工况下与 x 轴垂直的截面上温度分布

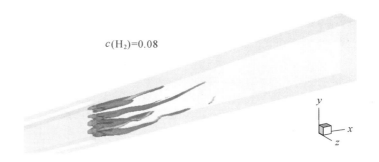

$c(\mathrm{H_2})=0.08$

图 8.41 $\mathrm{H_2}$ 的浓度等值面

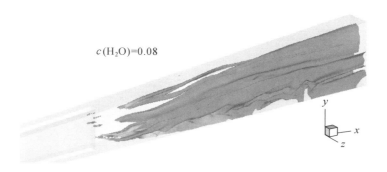

$c(\mathrm{H_2O})=0.08$

图 8.42 $\mathrm{H_2O}$ 的浓度等值面

发动机壁面上沿轴线方向的压力分布和温度分布曲线分别如图 8.43 和图 8.44 所示。从两图中可以看出,进气道和燃烧室中由激波或者燃烧所引起的压力和温度变化。

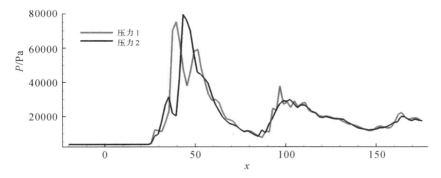

图 8.43　热态工况下两条直线上压力分布

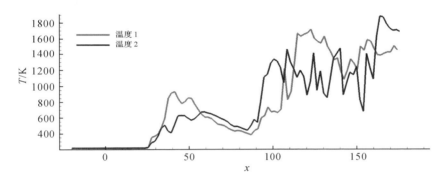

图 8.44　热态工况下两条直线上温度分布

参考文献

[1] Carroll B，Dutton J C. Characteristics of multiple shock wave/turbulent boundary-layer inter-actions in rectangular ducts[J]. Journal of Propulsion and Power，1990,6(2):186-193.

[2] Zhang Y，Zou J，Xie J，et al. Asymmetric characteristics of the shock bifurcation in the reflected shock/boundary layer interaction [J]. International Journal of Numerical Methods for Heat & Fluid Flow，2018,28(10):2357-2377.

[3] 邓元灏，徐华胜，钟世林. 双模态超燃冲压发动机隔离段流场分析[J]. 燃气涡轮试验与研究，2008,21(2):44-47.

[4] Neumann E P，Lustwerk F. Supersonic diffusers for wind tunnels[J]. Journal of Applied Mechanics，1949,16(2):195-202.

[5] Neumann E P，Lustwerk F. High-efficiency supersonic diffusers[J]. Journal of the Aeronautical Sciences，1951,18(6):369-374.

[6] Matsuo K，Miyazato Y，Kim H D. Shock train and pseudo-shock phenomena in internal

gas flows[J]. Progress in Aerospace Sciences，1999，35(1)：33-100.

[7] 冯锦虎，高峰，何至林. 超燃冲压发动机隔离段内附面层/激波串相互干扰研究[J]. 火箭推进，2010，36(2)：5-9.

[8] 李博，袁化成，梁德旺. 高超声速进气道等直隔离段的反压特性研究[J]. 宇航学报，2008，29(1)：78-83.

[9] 梁德旺，李博. 高超声速进气道隔离段反压的前传模式及最大工作反压[J]. 空气动力学学报，2006，24(4)：454-460.

[10] 王东屏，兆文忠，杉山弘，等. 马赫数 4 二维直管内拟似冲击波实验和数值研究[J]. 航空学报，2005(4)：392-396.

[11] Zou J，Zheng Y，Liu O. Simulation of turbulent combustion in DLR Scramjet[J]. Journal of Zhejiang University：Science A，2007，8(7)：1053-1058.

[12] Liu O，Zou J，Zheng Y，et al. Aviation kerosene supersonic combustion in dual-mode scramjet[C]//The 2007 International Autumn Seminar on Propellants，Explosives and Pyrotechnics，October 23，2007.

[13] Liu O，Zou J，Cai Y，et al. Simulation of aviation kerosene combustion in dual-mode scramjet combustor[J]. Journal of China Ordnance，2009，5(2)：88-94.

[14] 邹建锋，邓见，刘欧子，等. 超声速燃烧过程的计算[J]. 气体物理-理论与应用，2008，3(1)：50-53.

[15] Guerra R，Waidmann W，Laible C. An experimental investigation of the combustion of a hydrogen jet injected parallel in a supersonic air stream[C]//3rd International Aerospace Planes Conference，December 3-5，1991.

[16] Alff F，Brummund U，Clauss W，et al. Experimental investigation of the combustion process in a supersonic combustion ramjet (SCRAMJET) combustion chamber[C]//DGLR-Jahrestagung，October 4-7，1994.

[17] Waidmann W，Alff F，Böhm M，et al. Supersonic combustion of hydrogen/air in a scramjet combustion chamber[J]. Space Technology，1995，6(15)：421-429.

[18] Oevermann M. Numerical investigation of turbulent hydrogen combustion in a SCRAMJET using flamelet modeling[J]. Aerospace Science and Technology，2000，4(7)：463-480.

[19] HyShot[EB/OL]. [2016-09-23]. https://en. wikipedia. org/wiki/HyShot.

[20] Odam J. Scramjet experiments using radical farming[D]. Brisbane：University of Queensland，2004.

[21] Star J B，Edwards Jr. J R，Smart M K，et al. Numerical simulation of transient scramjet combustion in a shock tunnel[C]//43rd AIAA Aerospace Sciences Meeting and Exhibit，January 10-13，2005.

[22] Scramjet programs[EB/OL]. [2018-02-21]. https://en. wikipedia. org/wiki/Scramjet_programs.

第9章　燃料射流过程的数值模拟

相关实验研究发现,从涡轮发动机尤其是超燃冲压发动机燃烧室燃料喷口射出的燃油大多以液态形态存在。以液态形态喷射的煤油燃料与燃烧室空气来流之间必然存在很强的相互作用。尽管液态碳氢燃料燃烧现象的相关研究取得了一定进展,但当前国内外对液态碳氢燃料在高速气流中的喷射和雾化现象的认识及雾化参数的测量等方面的研究工作还有待深入,对液态燃料雾化流场和雾化参数尚未能开展足够精细的测量研究,从而约束了高性能发动机燃烧室的开发和研制。

液态燃料的雾化过程是流场尺度及局部流动条件的非线性函数。传统的流体力学实验方法和技术不能满足人们既要认识液态燃料雾化出现的新特征,又要确定雾化参数分布的要求。传统的静压测量技术不能详尽地传达雾化流场信息;纹影和阴影等实验方法受沿光路积分效应的影响,其时间和空间分辨率很低。基于光散射或粒子多普勒效应的仪器可以有效测量单点的液滴直径,配合使用步进电机扫描可以进行多点测量,如平面激光诱导荧光(PLIF)、相位多普勒测速(PDA)、激光多普勒测速(LDA)、Marlvern液滴分析仪等。但这些仪器的使用和维修费用昂贵,并且测量精度易受风洞内的振动、噪声和油污等恶劣测量环境的影响。鉴于实验研究的投入费用高、研制周期长和测量数据覆盖范围小等局限性,数值模拟成了辅助实验研究的主要手段,并在揭示燃烧机理和开展发动机燃烧室设计方面有着实验研究所不可比拟的巨大潜力。

液态燃料燃烧过程的数值模拟涉及射流雾化、两相流、点火、化学燃烧和湍流燃烧相互作用等物理和力学问题的数学描述。当前广为使用的主流商用专业软件在气液两相流计算、多组分化学反应以及湍流燃烧模型等方面都有着较为鲁棒和普适的模块实现,对简单的湍流燃烧究问题的模拟结果有着相当的可靠程度。然而,由于多数专业数值模拟软件对液态燃料燃烧问题中最初始的射流雾化过程没能做出很好的考虑和数学处理,而是应用简化的雾化液滴分布函数,忽略了流场尺度及局部流动条件等流场非线性信息对射流雾化过程的影响。因此,当前对液态燃料燃烧问题采用的数值模拟处理方法在计算的起始阶段就引入了较大的物理建模误差,很大程度上破坏了燃烧过程的整体模拟精度,限制了数值模拟手段在发动机燃烧室模拟和设计方面的应用。

从计算流体力学的角度看,主要有两类方法可以用于气液两相射流问题的研究。①在 RANS 或 LES 流体力学求解方法中引入合适的雾化计算物理模型,模拟喷雾流场;②联合使用流体力学求解方法和流体界面捕捉/追踪技术,模拟射流问题。就目前的研究情形而言,后一类计算方法在研究气液两相射流问题方面具有更好的应用前景,不仅具有更好的计算可靠性和精度方法,在计算过程中的资源占用情况在现今的软硬件条件下也可以被广泛接受。

本章将对气液两相射流破碎过程研究中涉及的物理建模技术和数值模拟方法进行调研,对上述两类求解方法的具体应用及其局限性进行讨论,并针对发动机燃烧室中的射流情形提出可供参考的研究建议和设计方案。

9.1　液态射流概述

液态射流雾化破碎成大量的液滴,是一类典型的并且具有重要实际意义的汽液两相流动问题。雾化过程被广泛应用于工程、环境及生物医学领域,其中一个很重要的应用对象便是航空发动机和冲压发动机中的喷油设备。在航空发动机或冲压发动机燃烧室中,液态煤油只有经历充分的雾化过程才能导致高效率的燃烧。雾化过程进行得越充分,燃油液滴与来流空气的接触面积就越大,从而加速液滴的蒸发及其与空气的掺混燃烧。航空发动机和冲压发动机的推进性能及污染排放级别与雾化动力学息息相关,具体涉及液态燃料的雾化效果、燃料液滴的运动蒸发以及燃料/空气掺混效果等。

随着世界能源问题日益紧张以及军事国防需求日益紧迫,如何更大程度地提升燃料效率并降低污染排放,是未来航空发动机和冲压发动机设计需要着重研究的焦点之一。为此,对雾化过程的深入认识和有效控制有着十分重要的意义。

雾化过程可以被细分为射流雾化、液滴输运、液滴蒸发以及混合燃烧等若干物理过程。经喷管产生的液体射流雾化过程如图 9.1 所示,由喷口向下游发展,依次包括三个明显的流动区域,即雾化区、稠密区和稀疏区。

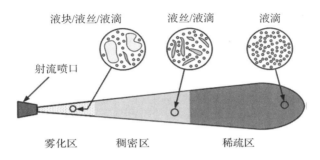

图 9.1　射流雾化过程示意

①雾化区。在距离喷口最近的雾化区,由于射流和周围环境空气的速度差而产生的 K-H 不稳定性造成射流的破碎,形成液泡、液丝和液滴共存的流动区域。

②稠密区。雾化区的液泡在表面张力的作用下,继续分解成液丝和液滴,成为稠密区。在流动区域内,液体依旧占有很高的体积分数,液滴与液滴相互作用明显。

③稀疏区。稀疏区主要由近似球状的液滴群构成,均匀分布于周围环境空气中。一般来说,液柱在表面气动力作用下形成液丝,液丝继续断裂而形成大液滴的过程称为一次雾化;而大液滴进一步破碎为小液滴的过程称为二次雾化。

一般来说,射流雾化结构的特征取决于射流压力、喷口尺寸和液体黏度/密度等参数。雾化液滴的尺寸分布和速度分布因喷雾设施不同而差异很大。譬如,内燃机喷雾流场中,液滴尺寸在 $10\mu m$ 的量级。

关于液态燃料射流和喷雾燃烧的研究手段涉及实验研究、理论分析和数值模拟等。随着计算机速度和存储能力的日益提高,借助 CFD 技术对射流问题进行研究已经成为可能,由此可以更加深入地认识射流雾化过程的复杂流动机理。

在 CFD 方面,基于整体平均方程求解的 RANS 模拟方法不能提供旋涡结构等具有非定常特征的动力信息。燃料射流和雾化燃烧过程是典型的非定常问题,因此 RANS 方法不能用于准确求解雾化过程。理论上,直接数值模拟和大涡模拟可以胜任射流雾化问题的求解。然而,由于射流雾化汽液两相流问题中涉及很强的时空多尺度特征,射流问题的流动机理至今还没有被研究透彻。

雾化流场同时存在气相和液相的相互作用。通常可通过在欧拉框架下求解纳维-斯托克斯(Navier-Stokers,N-S)方程对气相流动加以研究。液相流动的处理方法则有所不同,主要有欧拉(Eulerian)框架和拉格朗日(Lagrangian)框架,与之对应的雾化流场求解方法分别被称为欧拉-欧拉(Eulerian-Eulerian,E-E)法和欧拉-拉格朗日(Eulerian-Lagrangian,E-L)法。

①在 E-E 框架下,具体的多相流求解方法可以分为多个种类,本节重点讲述的是界面追踪/捕捉方法。使用界面追踪/捕捉技术进行射流雾化问题的求解,计算区域同时覆盖气态流场和液体区域。在这类方法中,需要引入的物理模型较少,因此具有较好的精度和可靠性。但由于要实时追踪/捕捉液滴与气相流场间的界面信息,对应的计算资源和计算量不容忽视,对计算机软硬件资源要求较高。

②在 E-L 框架下,气态流场用欧拉方法描述,雾化流场中的液滴群用离散的"计算粒子"加以考虑,并采用拉格朗日的思想进行跟踪计算。每个"计算粒子"具有给定的尺寸和输运属性。因此,在这个框架下进行雾化流场计算可以给出流场中喷雾液滴的详细分布及时间历程信息。但由于拉格朗日框架下对液滴自身所占区域内的流动不加以模拟,且在射流破碎初始阶段和雾化阶段,需要建立相应的物理模型加以考虑,采用 E-L 框架进行射流雾化过程的模拟属于简化建模策略,其在计算精度和可靠性方面存在局限性。

本章后续内容安排如下:第 9.2 节将讲述基于 E-L 框架的雾化计算方法,重点介绍雾化过程的理论模型及其应用;第 9.3 节将介绍在 E-E 框架下引入界面追踪/捕捉技术求解雾化问题的技术及实际应用;第 9.4 节将特别介绍移动粒子半隐式法(moving particle semi-implicit method,MPS)在雾化过程研究方面的尝试和探索;最后对发动机燃烧室中的射流问题研究进行有益的展望。

9.2 基于欧拉-拉格朗日框架的雾化过程建模研究

喷雾流场中的气相流动在欧拉框架下求解,而液相流动的求解需要在拉格朗日框架下进行,通过跟踪液滴/液滴群的运动轨迹来实现,气相和液相流体的质量、动量和能量守恒方程中需要引入相关表达式项以考虑两相之间的相互作用。

下面具体讨论拉格朗日框架下的喷雾求解方程以及液体雾化过程物理模型等方面的内容。

9.2.1 拉格朗日框架下的喷雾方程

气相连续性方程中需要增加考虑液滴蒸发效应引起气态流体质量变化的源项,气相动量方程中需要加入喷雾液滴运动引起的动量增益项,液滴蒸发引起的能量交换则需要在气相能量方程中体现。

至于喷雾液滴的运动,理论上可以通过跟踪每个液滴的运动进行求解。但随之而来的计算复杂度限制了直接求解方法的实际应用。实际操作中,通常建立液滴分布函数 f 以描述喷雾液滴的状态。液滴分布函数 f 被定义为液滴位置矢量 x,液滴运动速度 v,液滴半径 r,液滴温度(假定液滴具有均匀一致的温度)T_d,液滴变形量 y,液滴变形量的时间变化率 $\dot{y}$ 以及时间 t 等 11 个独立变量的函数。一旦确定了液滴分布函数 f,就可以确定喷雾液滴在时间和空间中的概率分布信息,据此可以计算气相方程中引入的考虑两相效应的方程源项。

为了给出液滴分布函数 f,需要建立对应的输运控制方程:

$$\frac{\partial f}{\partial t} + \nabla_x \cdot (f\boldsymbol{v}) + \nabla_v \cdot (f\boldsymbol{F}) + \frac{\partial}{\partial r}(fR) + \frac{\partial}{\partial T_d}(f\dot{T}_d) + \frac{\partial}{\partial y}(f\dot{y}) + \frac{\partial}{\partial \dot{y}}(f\ddot{y})$$
$$= \dot{f}_{\text{coll}} + \dot{f}_{\text{bu}} \tag{9.1}$$

其中, $f(\boldsymbol{x}, \boldsymbol{v}, r, T_d, y, \dot{y}, t) \mathrm{d}\boldsymbol{v}\mathrm{d}r\mathrm{d}T_d\mathrm{d}y\mathrm{d}\dot{y}$ 表示单位体积内给定时间和空间位置处的喷雾液滴数目。关于方程及相关变量的详细说明请参见文献[1]。

由此,气相方程中由于两相流效应引入的相关源项(依次对应质量守恒方程源项、动量守恒方程源项和能量守恒方程源项)可以计算如下:

$$\dot{\rho}^{s} = \int f\rho_{d}4\pi r^{2}Rd\boldsymbol{v}drdT_{d}\mathrm{d}y\mathrm{d}\dot{y}$$

$$\dot{\boldsymbol{F}}^{s} = \int f\rho_{d}\left[\frac{4}{3}\pi r^{3}(\boldsymbol{F}-\boldsymbol{g})+4\pi r^{2}R\boldsymbol{v}\right]d\boldsymbol{v}drdT_{d}\mathrm{d}y\mathrm{d}\dot{y} \qquad (9.2)$$

$$\dot{Q}^{s} = \int f\rho_{d}\{4\pi r^{2}R[I_{l}+\frac{1}{2}(\boldsymbol{v}-\boldsymbol{u})^{2}]+\frac{4}{3}\pi r^{3}[c_{l}\,\dot{T}_{d}$$
$$+(\boldsymbol{F}-\boldsymbol{g})\boldsymbol{\cdot}(\boldsymbol{v}-\boldsymbol{u}-\boldsymbol{u}')]\}d\boldsymbol{v}drdT_{d}\mathrm{d}y\mathrm{d}\dot{y}$$

其中,上标 s 表示喷雾相关,下标 d 表示液滴相关。$\boldsymbol{F}$ 和 $\boldsymbol{g}$ 分别是液滴加速度和重力加速度。

通常,喷雾输运方程可以应用蒙特卡罗(Monte-Carlo)方法进行求解,以获取喷雾液滴在相空间的轨迹状态及变化特征,喷雾场对气态场的贡献通过方程源项体现。

9.2.2 液体雾化过程建模

雾化过程是指借助内力和外力作用以克服表面张力影响,从而将液柱转变成喷雾形态的液滴群。针对雾化过程建立的雾化模型,是对复杂雾化过程中液泡和液滴破碎过程的近似描述,在雾化问题的 CFD 计算中为喷雾方程(9.1)的求解提供必需的边界条件信息,比如在喷管出口位置处的液滴尺寸、速度、温度等。

目前应用广泛的两个雾化模型是 TAB 模型(Taylor analogy breakup)和 wave 破碎模型。其中,wave 破碎模型被称为 K-H 模型。TAB 模型推荐用于低韦伯数射流或低速射流问题。对于韦伯数大于 100 的射流问题,wave 模型的应用效果更佳,wave 模型在高速射流问题中的应用非常广泛。韦伯数 $\mathrm{We}=\dfrac{\rho u^{2}}{\sigma}$,表征气动力与表面张力的比值。其中 ρ,u 和 σ 分别为射流密度、射流速度以及表面张力系数。

(1)TAB 模型

O'Rourke 等[2] 提出的 TAB 模型假设射流柱由具有相同特征尺度的液滴群组成,并将液滴的运动变形行为与弹簧-质量块系统进行类比:作用在质量块上的弹簧外力类比于作用在液滴上的气动力,弹簧恢复力类比于液滴的表面张力,弹簧阻尼力类比于液滴的黏性力。

在上述假设下,描述液滴弹簧-质量块的运动方程可以写为

$$\frac{\mathrm{d}^2 x}{\mathrm{d}t^2} = \frac{F}{m} - \frac{k}{m}x - \frac{d}{m}\frac{\mathrm{d}x}{\mathrm{d}t} \tag{9.3}$$

其中,x 为液滴半径的长度变化量(图 9.2)。

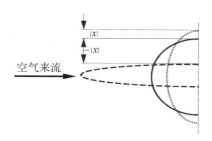

图 9.2　射流液滴变形示意

根据泰勒比拟假设,方程中各项表达式分别如下[分别对应气动力(弹簧外力)、液滴表面张力(弹簧恢复力)和液滴黏性力(弹簧阻尼力)]。

$$\frac{F}{m} = C_F \frac{\rho_g u^2}{\rho_l r}$$

$$\frac{k}{m} = C_k \frac{\sigma}{\rho_l r^3} \tag{9.4}$$

$$\frac{d}{m} = C_d \frac{\mu_l}{\rho_l r^2}$$

其中,ρ_g 为气体密度;ρ_l,σ 和 μ_l 分别为液体密度、表面张力系数和黏度;u 为液滴的相对速度;r 为原始液滴(球形)的半径;C_F,C_k 和 C_d 为常数。

当液滴变形量 x 超过某一临界值 $C_b r$ 时(通常取 $C_b = 0.5$),认为液滴发生破碎。令液滴变形量 $y = x/(C_b r)$,可以获得无量纲形式的液滴运动控制方程:

$$\frac{\mathrm{d}^2 y}{\mathrm{d}t^2} = \frac{C_F}{C_b}\frac{\rho_g}{\rho_l}\frac{u^2}{r^2} - \frac{C_k \sigma}{\rho_l r^3}y - \frac{C_d \mu_l}{\rho_l r^3}\frac{\mathrm{d}y}{\mathrm{d}t} \tag{9.5}$$

当 $y > 1$ 时,发生液滴破碎。通过求解 2 阶常微分方程(9.5),可以得到液滴无量纲变形量 y 的表达式如下:

$$y(t) = \mathrm{We}_c + \mathrm{e}^{-(t/t_d)}\left[(y_0 - \mathrm{We}_c)\cos(\omega t) + \frac{1}{\omega}\left(\frac{\mathrm{d}y_0}{\mathrm{d}t} + \frac{y_0 - \mathrm{We}_c}{t_d}\right)\sin(\omega t)\right]$$

$$\mathrm{We} = \frac{\rho_g u^2 r}{\sigma}$$

$$\mathrm{We_c} = \frac{C_\mathrm{F}}{C_\mathrm{k} C_\mathrm{b}} \mathrm{We}$$

$$\frac{1}{t_\mathrm{d}} = \frac{C_\mathrm{d}}{2} \frac{\mu_\mathrm{l}}{\rho_\mathrm{l} r^2} \tag{9.6}$$

$$\omega^2 = C_\mathrm{k} \frac{\sigma}{\rho_l r^3} - \frac{1}{t_\mathrm{d}^2}$$

其中，ω 为液滴振荡频率；y_0 为平衡位置的位移值，默认为 0。

通过求解方程(9.6)，可以获得组成射流柱的所有液滴的变形量及其运动速度等信息。如果 $y>1$，需要进一步考虑所产生的子液滴的尺寸和速度大小，其中，子液滴尺寸和液滴数目可以从能量守恒的角度进行计算分析。TAB 模型具有简单易用、计算量少的特点，但精度低，仅适用于黏度较大的液体射流近似模拟。关于 TAB 模型的详细介绍可以参见文献[2]。

(2)wave 模型(K-H 模型)

wave 模型由 Reitz[3] 提出，适合对高韦伯数（We>100）雾化问题的分析。Reitz[3] 认为汽液两相之间的速度差，即 K-H 不稳定性，是液滴破碎的主要原因，液滴的破碎时间和新生成液滴的尺寸与增长最快的 K-H 不稳定波相关，由 K-H 不稳定波的波长和增长率决定。

为了认识射流雾化过程的 K-H 不稳定性特征，Reitz 等[4] 对一圆柱状液体射流进行了稳定性分析。环境气体为无黏静止不可压。射流柱半径为 a，初始射流速度为 v，液体和气体密度分别为 ρ_1 和 ρ_2，对应的黏度为 μ_1 和 μ_2。分析过程使用柱坐标系统。

在稳定性分析过程中，在初始流动基础上叠加一个任意无限小的轴对称的位移扰动，通过求解线性化的流体力学控制方程，可以得到表征扰动增长率 ω 与波数 $k = 2\pi/\lambda$ 之间的函数关系，即色散关系。具体形式如下：

$$\omega^2 + 2\nu_1 k^2 \omega \left[\frac{I'_1(ka)}{I_0(ka)} - \frac{2kL}{k^2 + L^2} \frac{I_1(ka)}{I_0(ka)} \frac{I'_1(La)}{I_1(La)} \right]$$

$$= \frac{\sigma k}{\rho_1 a^2} (1 - k^2 a^2) \left(\frac{L^2 - a^2}{L^2 + a^2} \right) \frac{I_1(ka)}{I_0(ka)} \tag{9.7}$$

$$+ \frac{\rho_2}{\rho_1} \left(U - i \frac{\omega}{k} \right)^2 \left(\frac{L^2 - a^2}{L^2 + a^2} \right) \frac{I_1(ka)}{I_0(ka)} \frac{K_0(ka)}{K_1(ka)}$$

对方程的数值解进行曲线拟合操作，可以得到最不稳定波的增长率 Ω

及其波长 Λ [3]:

$$\frac{\Lambda}{a} = 9.02 \frac{(1+0.45 \mathrm{Oh}^{0.5})(1+0.4 \mathrm{Ta}^{0.7})}{(1+0.87 \mathrm{We}_2^{1.67})^{0.6}}$$

$$\Omega\left(\frac{\rho_1 a^3}{\sigma}\right) = \frac{0.34+0.38 \mathrm{We}_2^{1.5}}{(1+\mathrm{Oh})(1+1.4 \mathrm{Ta}^{0.6})} \tag{9.8}$$

其中，$\mathrm{Oh} = \sqrt{\mathrm{We}_1}/\mathrm{Re}_1$ 为奥内佐格（Ohnesorge）数，$\mathrm{Ta} = \mathrm{Oh}\sqrt{\mathrm{We}_2}$ 为泰勒数。$\mathrm{We}_1 = \rho_1 U^2 a/\sigma$ 和 $\mathrm{We}_2 = \rho_2 U^2 a/\sigma$ 分别为液相韦伯数和汽相韦伯数，$\mathrm{Re}_1 = Ua/\nu_1$ 为雷诺数。

在 wave 模型中，假定射流破碎后新生成的液滴半径与最不稳定表面波的波长成正比，即

$$r = B_0 \Lambda \tag{9.9}$$

其中，B_0 为模型常数，Reitz[3] 建议取 0.61。由此，可以进一步给出"父"液滴半径的变化速率：

$$\frac{\mathrm{d}a}{\mathrm{d}t} = -\frac{a-r}{\tau}, \quad r \leqslant a \tag{9.10}$$

其中，液滴破碎时间 τ 定义如下：

$$\tau = \frac{3.726 B_1 a}{\Lambda \Omega} \tag{9.11}$$

破碎时间常数 B_1 设为 1.73[5]。

可见，在 wave 模型中，方程（9.10）表征"父"液滴的质量变化速率，当"父"液滴的脱落质量达到初始质量的 5% 时，可以认为将产生"子"液滴，"子"液滴的半径大小由方程（9.9）描述。"子"液滴除了半径和速度之外，具有和"父"液滴相同的流动属性。"子"液滴的速度大小和运动方向根据动量守恒原理获得。

TAB 模型和 wave 模型被广泛用于分析液体射流的首次破碎（射流柱破碎成液丝或液滴）和二次破碎（大液滴破碎成更小的液滴）。

已有研究人员倾向于将 wave 模型（K-H 模型）和瑞利-泰勒（Rayleigh-Taylor，R-T）破碎模型结合起来研究射流雾化问题。当流体加速方向与轻重流体的密度梯度方向不一致时，就会出现所谓的 R-T 不稳定性。高密度的液体射流进入低密度的环境空气，是一种典型的 R-T 不稳定问题。将 K-H 模型与 R-T 模型结合，可以形成一种竞争关系。通过对比两种模型预测的液滴破碎时间，取其短者为实际的液滴破碎时机。一般来说，K-H 模型在临近射流口的上游区域发挥更明显的作用，R-T 模型主要在下游区域

发挥作用。因此,K-H 模型与 R-T 模型的结合能获得更为准确的雾化分析结果。

9.2.3 液体雾化过程模型的应用

Tanner[6]在 1998 年针对 TAB 模型的不足提出了 TAB 改进模型,使得该模型在预测粒子的平均半径和平均速度方面都有很大的改善。韩国学者 Kim 等[7]对原始 TAB 模型中的液滴运动方程和液滴运动常数做了修改和优化,使得改进模型计算出的雾化结果,在液滴半径和变形率计算方面都有着比原始 TAB 模型更加令人满意的精度。

Reitz 等[8,9]首次将 TAB 雾化模型耦合至 CFD 计算中,使用 E-L 方法追踪喷雾场的运动轨迹,而将雾化模型用于初始雾化流场的计算。该方法在低速射流的雾化破碎计算中得到了很好的应用效果。

Vallet 等[10]提出了欧拉-拉格朗日雾化(Eulerian-Lagrangian spray atomization,ELSA)模型,在靠近喷口处采用欧拉方法而远离喷口处采用拉格朗日方法来模拟射流雾化。Lebas 等[11]借助直接模拟技术对远离喷口处的雾化参数进行了详尽的对比分析,证明了 ELSA 模型的有效性。

国内的学者在液态射流雾化模型方面开展了很多突出的基础研究工作。高剑等[12]针对直喷汽油机中空锥形燃油喷雾问题,发展了一种适用于模拟燃油喷雾雾化过程的薄膜喷雾模型,采用表面波破碎理论模拟燃油薄膜的破碎过程。刘金武等[13]综合对比了国际上近年来用实验分析方法所建立的各种雾化计算模型的特点、应用情况及不足,结合计算机技术的发展给出了雾化过程模拟发展趋势。李会平等[14]应用波理论描述了金属融体气体雾化与喷射成形中初次雾化阶段的破碎过程,导出了最不稳定的波数方程。赵鹏等[15]基于数值模拟方法,研究了网格分辨率、时间步长和不同的射流雾化模型对柴油喷雾的影响。

在应用雾化模型研究超声速气流中雾化问题方面,国内学者近几年开展了很多卓有成效的研究工作。刘静等[16,17]于 2006 年对超声速横向气流中的喷雾过程进行了数值模拟,采用 2 维 N-S 方程计算气相流动,应用一次雾化模型和二次雾化模型模拟雾化过程,将所得计算结果与实验测量结果进行了有效对比。刘静等[18]于 2008 年在直连式实验台上进行了超声速气流中的横向射流雾化实验。刘静等[17]于 2010 年采用 E-L 方法对超声速横向气流中燃料雾化过程进行了数值模拟,气相场用欧拉方法计算,液相场用拉格朗日粒子跟踪方法计算，在液相的拉格朗日计算中采用改进的混合雾化模型研究雾化过程。杨顺华和乐嘉陵[19]将 K-H 模型与 R-T 波动模型耦合，发展了一种液滴破碎混合模型，利用该模型对来流马赫数为 1.94 的超声速气流中的水射流雾化进行了数值模拟，再现了超声速气流中射流的雾化结构。相关计算参数与实验结果吻合较好。

9.3　基于欧拉-欧拉框架的雾化过程界面追踪模拟研究

本节将简要介绍 E-E 框架下的雾化过程界面追踪数值模拟研究。对相关算法和验证结果的详细描述可参考作者团队的部分研究成果[20-28]。

9.3.1　界面追踪方法介绍

在 E-L 框架下，需要对气液界面进行跟踪计算，以确定液相流体的位置。随着计算机硬件资源和并行求解技术的快速发展，采用界面流模拟技术开展射流雾化复杂过程的计算研究已经成为可能。目前，能用于求解界面演化的数值方法主要分为体积追踪（volume tracking）和锋面追踪（front tracking）两大类。

流体体积法（Volume of Fluid，VOF）和水平集（Level Set）是被广泛使用的体积追踪技术。VOF 技术是 Hirt 等[29]最先提出来的。在 VOF 界面演化求解算法中，每个时间步都需要求解体积分数方程获得流场中体积分数的分布，据此重构界面信息并获得界面附近网格单元的流通量。FLAIR[30]、SLIC[31]和 PLIC[32]都是 VOF 技术的不同变体，不同变体在界面重构技术方面各有异同，从而在计算效率和界面附近流通量的计算精度方面各有优劣。在 Level Set 中，界面拓扑是由水平集函数 ψ 自动处理的。水平集函数 ψ 不是物理意义上的守恒变量，在处理界面拓扑结构相互作用时可能会产生非物理特征。

Unverdi 等[33]以及 Tryggvason 等[34]针对不可压问题实现了锋面追踪算法。Glimm 等[35]则实现了基于可压缩流动问题的锋面追踪算法，分别针对 2 维（线单元）和 3 维（三角面片）情况实现了界面拓扑结构的合并与破碎。Du 等[36]开发和公开了一套应用于锋面追踪拓扑处理的程序包,基于可压缩流动问题,展现了更优越的低耗散性和接触间断描述特性。锋面追踪技术在数值求解过程中允许界面两侧存在间断解,从而避免在锋面演化过程中产生数值耗散效应。

Macphee 等[37]借助 X 射线成像技术,对内燃机内高压液体射流的时间演化过程进行了实验研究,获得了液柱射流的定性图片以及射流前锋运动速度等定量测量数据,为数值模拟研究提供了很好的验证算例。这一射流问题的模拟存在两个难点:射流速度很高,属于可压缩两相流,存在激波结构;喷管内部存在空化现象。

Glimm 及其研究团队采用锋面追踪界面追踪方法对高速带空化现象的射流雾化问题进行大量研究,取得了不错的模拟结果[38-41](图 9.3)。

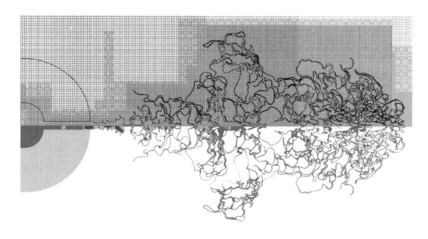

图 9.3　高速带空化射流的雾化模拟结果

2011 年,Glimm 团队[42]结合使用锋面追踪方法和虚拟流体(Ghost Fluid)方法,对可压缩两相射流问题进行了 3 维模拟研究,以验证所实现的新方法的准确程度。计算所得的 3 维射流雾化结果如图 9.4 所示。

Pan 等[43]采用 Level Set 方法对液体射流问题进行了数值模拟,研究了层流状态下的射流破碎情形,模拟算例的雷诺数介于 480 和 2300 之间,韦伯数介于 3.1 和 28000 之间。低韦伯数情形下的射流破碎在定性和定量方面都取得了比实验数据更好的一致性。

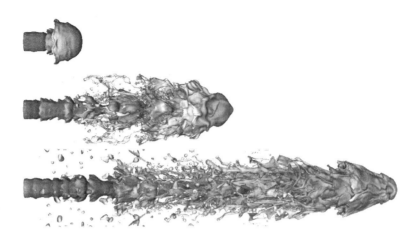

图 9.4　3 维高速射流雾化过程

另有一类具有守恒特征的 Level Set/Ghost Fluid 方法[44]，用于模拟不可压两相射流雾化问题，模拟雷诺数为 3000。

Shinjo 等[45]应用 Level Set 方法对射流雾化的内在机理进行了探索，分别研究了液柱抽丝及液滴形成机制，导致雾化产生的液体表面稳定性特征[46]，以及射流前锋的雾化机理[47]。

Chesnel 等[48]对大涡模拟技术在液体射流模拟中的应用进行了可行性分析。Delteil 等[49]应用 VOF 技术研究了圆射流的瑞利破碎过程，对破碎长度和液滴尺寸的预测取得了与实验一致的效果。Sirotkin 等[50]采用修正光滑粒子流体动力学(SPH)无网格方法模拟了液体射流的破碎过程。

9.3.2　界面追踪方法在射流问题研究中的应用

(1)射流雾化现象

液体的射流雾化现象广泛存在于实际工程机械装置中，如内燃机、食品加工装置、喷涂装置等[45]。对于航空宇航推进系统来说，燃油的雾化特性与燃烧室内燃烧效率和污染物排放密切相关。研究高速射流雾化的物理过程，对于先进发动机燃烧室的设计和改进具有重要指导意义。

静止或流动空气中的液体射流是复杂的时空多尺度两相流问题。液体射流进入空气后，受到气动力、表面张力、黏性力和惯性力的相互作用，导致射流场中出现小尺度的旋涡，从而导致射流表面失稳并产生微米尺度的液丝和液滴结构,此为液体射流首次破碎过程。在液相和气相的相互作用下,大尺度液滴继续破碎产生细小液滴,此为二次破碎过程。二次破碎产生的小液滴在发动机燃烧室内的高温高压环境中继续蒸发和掺混,最终点火并开始燃烧。首次破碎的动力学过程直接影响二次破碎过程,射流雾化最终产生的液滴数目、尺寸和空间分布特征,将直接影响发动机燃烧室的燃烧效率和低排放特征。

借助高速摄像技术或激光多普勒测速技术,可以对液体射流过程进行实验测量研究。Linne 等[51]使用弹道成像的光学技术观测到了柴油射流首次雾化的复杂结构。Wang 等[52]使用 X 射线成像技术对高压液体射流的时间演化过程进行了实验研究。Blaisot 等[53]运用图像分析技术研究了液滴尺寸、形状和分布特征。由于射流速度越高,破碎历时越短,液滴尺寸越小,流场越复杂,对实验设备要求更高,难以实现精准测量,因此,在射流动力学的实验测量方面,现有研究对低速射流破碎已有一定认识,而对实际工程应用中的高速射流机理仍不明晰。

使用数值模拟方法分析射流破碎问题则主要存在以下两方面的难点和挑战。

①空间多尺度问题对网格分辨率要求高,计算量大。射流破碎形成的液丝或液滴往往处于几微米甚至几十微米量级。为了准确捕捉这些动态变化的小尺度结构,通常在每个液丝或液滴所在区域附近需要有 5~10 个网格点的解析度,由此使得对射流破碎问题的模拟面临计算规模大、耗时长的挑战。

②使用常规空间离散格式难以捕捉气液两相之间的锋利界面。常规的空间离散格式在求解大密度比的气液两相界面时存在较强的界面抹平现象,这对研究射流失稳和液滴破碎过程是十分不利的。

随着计算机计算能力的提高和并行求解技术的发展,第一个难点可以逐渐被克服。至少在现今的计算机条件下,采用数值模拟方法研究射流的首次破碎过程是可行的。而近几十年,国内外计算流体力学专家在体积追踪和锋面追踪等界面流模拟技术方面的努力和成果,使得第二个难点的解决也变为可能。

因此,采用界面流数值模拟方法对射流复杂过程进行计算研究已成为可能,广大学者在该领域开展了相关探索研究。Pan 等[43]采用 Level Set 技术对液体射流问题进行数值模拟,研究了层流状态下的射流破碎情形。Menard 等[54]将 Level Set/VOF/GFM 技术相结合,展示了 3 维射流进入静止空气的动力学过程。Gorokhovski 等[55]指出了 DNS 方法用于研究射流现象的优势和挑战。Herrmann[56-58]使用改进的 Level Set 技术研究了横向射流和密度比等因素对射流长度和破碎特征的影响。Desjardins 等[59,60]提出了一类具有守恒特征的 Level Set/GMF 方法,模拟了不可压两相射流雾化问题。Fuster 等[61]使用自适应网格细化(adaptive mesh refinement,AMR)技术模拟射流首次破碎过程,该技术能够降低网格量,节省计算资源。Shinjo 等[45-47,62]应用 Level Set 技术对射流雾化的内在机理进行探索,研究了液丝和液滴的产生过程、射流表面不稳定性的特征以及射流头部的雾化特征,分析了气相湍流对雾化分布的影响。

可见,近年来,学者们针对射流雾化问题进行过大量数值研究,对破碎距离、雾化角和粒径分布等射流场结构的认识有了很大的进步。但是射流雾化过程十分复杂,现今对详细的破碎机理的认识还不够全面和深入。为此,我们试图采用直接数值模拟技术,结合使用 VOF 界面流模拟方法和有界压缩格式,对 30m/s 射流进入静止空气的失稳和首次雾化过程进行有效的计算分析,以期获得对射流失稳机理和雾化破碎动力学更为细致的观察与认识。

为保证界面的尖锐性和有界性,我们引入了附加人工压缩项对流体界面运输方程进行修正,并将归一化变量表(normalized variable diagram,NVD)型高阶 Gamma 差分格式(Gamma differencing scheme,GDS)有界压缩格式应用于方程的离散[63]。应用此类 VOF 技术[20,21]对复杂的 3 维瑞利-泰勒不稳定性问题实现了并行模拟,系统地研究了密度差和雷诺数对界面演化的影响,得到了上升气泡和下沉"尖钉"的时间发展规律。下文将应用该方法对射流破碎过程进行直接数值模拟。射流中的气相和液相都属于牛顿流体,根据 Brackbill 等[64]提出的连续表面力模型连续表面力(continuum surface force,CSF)计算表面张力项。

我们使用该数值方法,首先计算了速度为 0.415m/s 和 1.04m/s 的低速射流,对比 Pan 等[43]的数值模拟结果,分析了低速射流表面波的形式、射流破碎的不同模式和射流核心长度的影响因素等,验证了界面流模拟技术的准确性。

继续关注速度为 30m/s 的高速液态燃料射流,研究其首次破碎的动力学机理。我们分析了射流前锋与核心、雾化速度场与压力场的演化过程,阐述了射流液柱中扰动的产生和传播特性、液丝的形成与变化以及液滴的形成机制。为实现高速射流的大规模模拟计算,对算例中的网格分区域进行加密,对计算程序进行并行化处理,并行化代码在高性能计算设备"天河二号"上实现。

(2)低速射流

首先,对层流状态下的低速射流破碎过程进行计算分析,以验证用第9.2节中介绍的界面流算法模拟射流问题的可行性。根据 Reitz[65] 的理论,不同入射速度下液体射流具有不同的破碎模式,主要分为四个阶段:①瑞利破碎模式;②第一类风生破碎模式;③第二类风生破碎模式;④雾化模式。

不同射流模式的划分由三个重要的无量纲参数决定:表征惯性力与黏性力之比的雷诺数(Re)、表征惯性力与表面张力之比的韦伯数(We)、表征液体重力与表面张力之比的邦德数(Bo)。具体定义如下:

$$\mathrm{Re} \triangleq \frac{\rho_l D_0 U_0}{\mu_l} \tag{9.12}$$

$$\mathrm{We} \triangleq \frac{\rho_l D_0 U_0^2}{\sigma} \tag{9.13}$$

$$\mathrm{Bo} \triangleq \frac{g D_0^2 \rho_l}{\sigma} \tag{9.14}$$

其中,D_0 为射流喷口圆孔直径,U_0 为射流初始速度,σ 为表面张力系数。

两个低速射流验证算例(算例 1 和算例 2,分别对应工况 1 和工况 2)取相同的雷诺数,算例 2 的韦伯数和邦德数更高,流场的主要参数见表 9.1。从射流形态、表面波的发展、破碎模式和射流核心长度四个方面,对算例 1 和算例 2 的数值模拟结果与 Pan 等[43] 的计算结果展开对比分析。

算例 1 和算例 2 射流破碎过程的界面演化分别如图 9.5 和图 9.6 所示,其中每个图像之间的时间间隔不固定。图 9.5 和图 9.6 中,最上端为射流喷口位置,液体射流由圆形喷口进入静止空气,重力加速度方向竖直向下。

表 9.1　验证算例(算例 1 和算例 2)的流动参数

参数	工况 1	工况 2
喷管直径 D_0/mm	1.3	1.3
液体速度 U_l/(m·s^{-1})	0.42	0.42
气流速度 U_g/(m·s^{-1})	0	0
液体密度 ρ_l/(kg·m^{-3})	1000	1000
气体密度 ρ_g/(kg·m^{-3})	1.226	1.226
液体黏度 μ_l/(Pa·s)	1.78×10^{-5}	1.78×10^{-5}
气体黏度 μ_g/(Pa·s)	1.137×10^{-6}	1.137×10^{-6}
雷诺数 Re	480	480
韦伯数 We	3.1	7.45
表面张力系数 σ/(N·m^{-1})	73×10^{-3}	30.4×10^{-3}

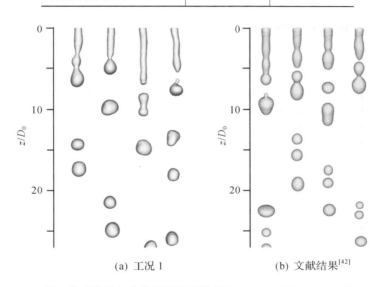

(a) 工况 1　　　　　　(b) 文献结果[42]

图 9.5　工况 1 流动结构与文献结果的比较(Re = 480 , We = 3.1 , Bo = 0.23)

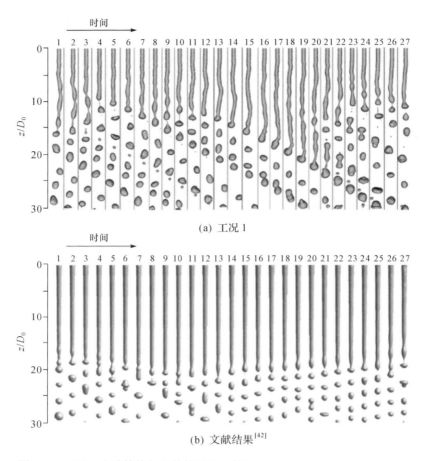

图 9.6　工况 2 流动结构与文献结果的比较（Re＝480，We＝7.45，Bo＝0.55）

在重力、黏性力和表面张力的作用下，射流表面受到不稳定扰动，顶端膨胀，形成液滴并脱落，已脱落的液滴在外力作用下呈现不规则形状。图 9.5 和图 9.6 呈现的射流破碎液滴夹止动力学现象与 Pan 等[43]的研究一致，这说明我们采用的 VOF 技术能够准确模拟符合物理力学机制的射流结构。

射流表面的扰动有两种表现形式，分别为扩张波和正弦波。在较低的射流速度下，射流液柱在重力、黏性力和表面张力三种外力作用下，以中轴线为对称轴，间隔性出现直径增大和直径缩小的波动形态（扩张波）。随着射流入射速度增大，液柱核心长度增加，液体与周围气体之间的气动力作用加强。加之射流本身结构不稳定，气动力对射流的微小扰动就会导致轴线波动。射流轴线的波动类似正弦曲线,被称为正弦波。

验证算例 1(图 9.5)中射流过程的表面波主要表现为轴对称结构,即扩张波形式,射流破碎模式为瑞利破碎模式。

验证算例 2 的模拟结果[图 9.6(a)]中的液柱中轴线出现偏斜,如其中液柱轴线 13～20 的正弦波结构清晰可见,呈现规则的不对称发展形态,说明气动力对射流破碎的影响逐渐显现,射流已进入不稳定状态,此时的射流破碎模式已从瑞利破碎模式发展为风生破碎模式。而 Pan 等[43] 的计算显示,同一工况下其射流液柱仍主要表现为对称结构,尚未出现明显的波动失稳形态,参考图 9.6(b)。引起计算差异的因素可能与射流进口处的数值扰动导致的提前失稳有关,具体原因还在探究中。

对比图 9.5 和图 9.6 中的射流液柱核心长度,能验证 Sallam 等[66] 关于射流形成机理的研究。射流入射速度越高,韦伯数越大,射流液柱核心的平均长度也越长。液体进入空气,射流前锋最先受到冲击,产生表面波并向液柱上游传递,射流液柱核心长度在重力、黏性力和表面张力的作用下先增加。当重力克服表面张力和黏性力作用时,射流头部的液滴开始脱落。上游液柱直径在表面张力的作用下出现短暂收缩,而后在重力作用下继续增大,液柱失稳呈周期性变化。

(3)高速射流

作为本章重点,下面将进一步研究高速燃油液体通过圆形喷口射流进入静止空气的射流破碎过程。发动机燃烧室雾化喷嘴喷射出的液柱所受扰动主要来源于两方面:喷口干扰等不均匀的无规律的非物理扰动源;气液两相对流的相互作用。此处高速射流算例(算例 3,对应工况 3)的研究对象为液体射流破碎过程受到的气动力作用,暂不考虑喷口扰动,给定均匀分布的入射速度。考虑重力因素,设置重力方向与射流入射方向相同。流场具体参数见表 9.2。

算例 3 的计算域设置为长方体,尺寸为 $10D \times 10D \times 21.7D$($D$ 为射流出口直径)。计算域尺寸取得足够大,一是为了保证射流破碎结构的完整性,二是为了避免计算域边界对射流主体的影响。采用的喷管入口直径小(0.1mm),射流速度高(30m/s),导致射流破碎产生的液丝和液滴尺寸小(几十微米量级)。若需捕捉到足够细致的流场结构信息,以确保对雾化破碎过程的高分辨率模拟,在射流核心区域需要至少达到微米量级的网格精度;而在远离射流主体的气相流场,对射流破碎过程的影响弱,可选用较粗的网格,以降低计算资源的浪费。本节采用的分区加密网格如图 9.7 所示。

表 9.2　高速射流算例(算例 3)的流动参数

参数	工况 3
喷管直径 D_0/mm	0.1
液体速度 U_1/(m·s^{-1})	30
气流速度 U_g/(m·s^{-1})	0
液体密度 ρ_1/(kg·m^{-3})	848
气体密度 ρ_g/(kg/m^{-3})	34.5
液体黏度 μ_1/(Pa·s)	0.287×10^{-5}
气体黏度 μ_g/(Pa·s)	19.7×10^{-6}
雷诺数 Re	440
韦伯数 We	1270
表面张力系数 σ/(N·m^{-1})	30×10^{-3}

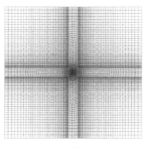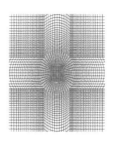

(a) 计算区域　　　　　(b) 喷管附近网格

图 9.7　流向截面网格示意

为了考察网格分辨率对流场结构细节模拟精度的影响,我们共设计了三套不同规模的网格以进行网格无关性实验。三套计算网格参数见表9.3,与之对应的射流整体结构模拟结果如图 9.8 所示。

表 9.3　网格参数

参数	网格 1	网格 2	网格 3
网格总数/10^6	4.5	35	400
最小分辨率/μm	2.5	1.5	0.5

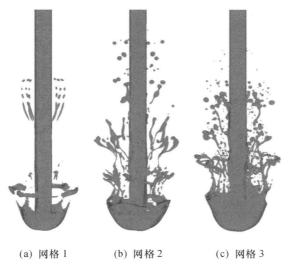

(a) 网格 1　　　(b) 网格 2　　　(c) 网格 3

图 9.8　不同网格下的射流结构

粗网格的模拟结果见图 9.8(a)，可见最小分辨率为 $2.5\mu m$ 的网格仅能大致模拟出射流主体及其头部的蘑菇状轮廓，边缘存在非物理的不光滑锯齿状结构，液丝结构也未能够准确刻画。图 9.8(b)能比较完整地展示射流失稳、蘑菇状头部及破碎产生液丝的过程，但是未能有效捕捉到液丝转变为液滴的演化过程，未能真实反映射流首次破碎的动力学过程。图 9.8(c) 对应的是本研究采用的规模最大的网格系统（约 4 亿网格），最小分辨率为 $0.5\mu m$。图 9.8(c)能清晰地展示射流失稳、液丝形成及破碎生成液滴的整个过程，有效反映了首次破碎的机理。由此说明，网格分辨率与数值模拟结果的解析精度密切相关，网格 3 的网格足够精细，能够捕捉高速射流首次破碎的流场结构及其演化过程。

由于以下两方面的原因，我们没有对更密的网格结果进行计算和讨论：①根据目前的对比计算分析，图 9.8(c)所示的网格 3 已经能对射流柱失稳和首次破碎过程进行有效捕捉；②继续加密网格应该能对射流的二次破碎现象（即大液滴破碎成小液滴）加以考虑，但所需要的计算网格规模十分庞大，对海量数据的可视化处理技术要求也很高，我们目前可以利用的计算资源难以达到该级别。本研究采用了约 4 亿个网格单元，如果在 3 维空间各个坐标方向加密一倍，将需要超过 32 亿的计算规模；考虑计算稳定性要求，所需要的时间步长也将进一步缩小，从而极大地增加计算时间。

下面继续基于图 9.8(c) 中的计算结果对射流破碎过程展开流场结构和气动特性分析,将分别从射流整体结构、扰动的产生和传播、液丝形成机制以及液丝的发展和液滴形成机制这四个方面对射流首次破碎机制展开深入的分析研究。

- 射流整体结构

射流整体结构的演化过程如图 9.9 所示,每张图片记录的时间间隔为 $15\mu s$。液体以 $30m/s$ 的速度喷射进入静止的空气,在冲击力作用下,头部边缘向外卷曲,形成蘑菇状结构。头部卷曲边缘的尖端最先变成薄片状。当其受到的气动力大于表面张力时,薄片结构发生破碎,产生环带状和条带状液丝,并向靠近喷口处的上游脱落。液丝结构不稳定,其尖端液滴会继续脱落,液滴直径由液丝尺寸决定,与射流速度密切相关。此外,流场中还存在很多尺寸极小的卫星液滴,为二次破碎产生。液柱头部产生扰动并向上游液柱传递。此外,已脱落的自由液丝中的一部分继续与液柱核心发生碰撞,发生融合或产生新的液丝,从而为液柱核心注入新的扰动。因此液柱核心表面不稳定性逐渐增强,下游表面不再保持光滑,开始出现波动。整个射流过程中,蘑菇头体积有所增大,雾化程度不断提高,影响范围进一步扩大。

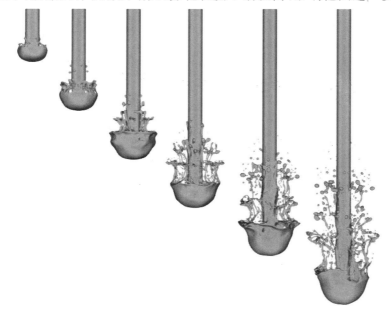

图 9.9 射流结构的时间历程

高速射流进入空气后,与周围的静止气体形成较大速度差,即剪切效应。气液两相之间的剪切效应使得空气由静止沿着射流方向开始加速,在黏性力和惯性力的作用下,气流速度不断增大,直至接近射流头部向外卷曲的边缘处受到阻挡。在射流头部边缘与液柱核心之间的蘑菇状结构内侧,气流速度加速到最大(图 9.10)。射流头部最先受到冲击,速度降低,形成液体低速高压区。而在头部边缘的后方,会形成一个或多个集中的气体高速低压区(图 9.11)。射流结构和流场的变化过程可分为两个阶段。

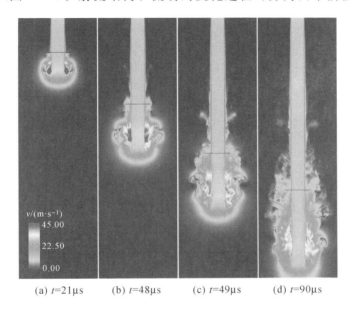

(a) $t=21\mu s$ 　(b) $t=48\mu s$ 　(c) $t=49\mu s$ 　(d) $t=90\mu s$

图 9.10　纵向速度场分布的时间历程

第一阶段,流场呈对称结构,如图 9.11(a)和(b)所示。此时,以流向不稳定性为主,卷曲的边缘呈轴对称,在后方产生强烈的轴对称涡,速度场和压力场也基本呈轴对称。

第二阶段,流场呈不对称结构,如图 9.11(c)和(d)所示。随着射流不断向下游推移,轴对称结构被新产生的非对称的流向涡破坏,从而增加整个流场的不稳定性。整个过程也与液丝和液滴的形成密切相关。轴对称涡流结构被破坏,液柱头部与液核处产生的液丝和液滴越来越多,流场速度场和压力场高度紊乱。射流头部蘑菇状结构变大,其后的尾迹范围也增大。头部后方环流区域内部的气体高速低压区集中程度减小,范围变大,紊乱程度提高,并相对液柱向上游移动,速度场和压力场也基本呈非轴对称。

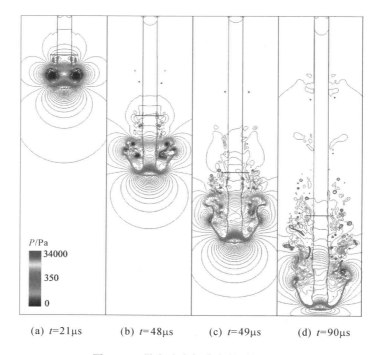

P/Pa
34000
350
0

(a) $t=21\mu s$ (b) $t=48\mu s$ (c) $t=49\mu s$ (d) $t=90\mu s$

图 9.11　纵向速度场分布的时间历程

· 扰动的产生和传播

表面不稳定性的发展与液柱所受扰动的产生和传播过程一致。受到扰动的液柱形态发生变化,产生表面波。图 9.10 和图 9.11 中的黑色横线为液柱表面受扰动部分和未受扰动部分的分界线。射流液柱所受扰动可能主要来自喷口处扰动和头部冲击扰动。本算例中,喷口处的边界条件不随时间变化,不产生喷口扰动。因而射流液柱受到的扰动只可能源于射流头部受到冲击后发生变形,从而与周围气体作用产生非定常扰动,并从射流头部向喷口方向传播,由此造成受扰动部分和未受扰动部分的分界线位置并不固定。

扰动由下游射流头部向靠近喷口处的上游传播,通过气相和液相两个途径实现。

气相主要为涡流和相对速度的作用。液柱头部卷曲的边缘后方会形成气体环流区,其中包括很多小的涡量,与液柱表面相互作用,促进扰动的传播。观察扰动区域可以发现,气相和液相的相对速度在不同位置有所不同。在液柱下游区域,附近气体速度比射流核心速度更快。在液柱上游区域,液相相对速度较快。相对速度的明显差异,使得液柱表面受到强烈的气动剪切力作用,在图 9.10 中可观察到表面波结构。但是表面波并不明显,波长较短,黏滞阻力很难在短时间内被克服,因此表面波不是主要的扰动传递方式。

　　液相作用主要为液滴和液丝的再碰撞。再碰撞的过程将扰动传递给上游,也促进了破碎的进程。再碰撞会产生两种结果:当液滴碰撞的径向速度较高时,融合到液柱内(图 9.12),融合后的液柱表面仍较光滑;可能形成新的液丝(图 9.13),此时液滴碰撞的轴向速度较高而径向速度较低,碰撞后在液柱形成凸起[图 9.13(c)],在周围空气的摩擦力和压力作用下变扁平状,并向上游弯曲倾斜[图 9.13(d)],最终产生液丝[图 9.13(e~f)]。

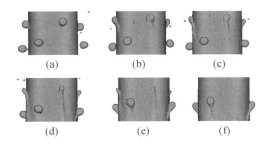

图 9.12　液滴碰撞和融合

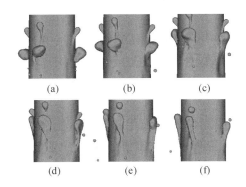

图 9.13　液滴碰撞形成液丝的过程

· 液丝形成机制

　　高速的液柱进入静止的气体之后,在前方阻力的挤压作用下,头部液体堆积并向外侧和后侧转移。在与周围气体接触时,由于气液两相存在速度差,液柱表面受到剪切力。又由于表面张力的作用,表面发生变形扭曲。扭曲变形的液柱头部的边缘受剪切力最大而表面张力最小,会最先变薄,呈现薄片状结构。薄片状结构不均匀,发生破碎,产生液丝。环带液丝的形成和破碎过程如图 9.14 红色箭头所示,条带液丝的形成和破碎过程如图 9.14 中蓝色箭头所示。

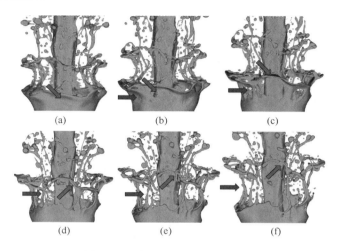

图 9.14　液丝的形成和破碎过程

　　首先,分析环带液丝的破碎过程。图 9.14(a)红色箭头所指为射流头部边缘片状结构最薄处,在此外发生破裂,产生孔洞。孔洞继续扩大[图 9.14(b)],头部边缘以甜甜圈状环带液丝的形态脱落[图 9.14(c~d)]。一方面环带液丝本身厚度不均匀,每处速度不完全相同,另一方面液丝周围气体扰动强烈,环带液丝的表面会产生非周期性表面波,进而在最不稳定处[图 9.14(e~f)红色箭头处]发生破裂。

　　接下来讨论条带液丝的破碎过程。头部边缘其他较薄处如图 9.14(b)蓝色箭头处与红色箭头所指位置均发生破裂,形成孔洞。随着液丝头部继续以高速向下游运动,即将脱落的液丝边缘速度较低,与头部整体的相对运动方向向上游,则相邻的孔洞之间的液体会受到表面张力的轴向作用,出现轴向的条状液丝,整个过程如图 9.14(c~f)蓝色箭头所示。该破碎方式与 Sallam 等[66]的实验观测结论一致。需要注意的是,与我们的计算结果相比,文献[65]考虑的是高韦伯数和高雷诺数的情况,但其中展示的破碎规律与我们发现的结果在定性上接近。至于其中是否存在数学分析上的相似性尚需进一步探讨。

- 液丝的发展和液滴形成机制

一部分液滴来源于气体与液柱表面的直接动力学作用,其形成机制与上述液丝形成机制相似。另一部分液滴来源于从液柱脱落的液丝。液丝结构不稳定,会发生进一步破碎,产生液滴。以图 9.15 中蓝色箭头所示的液丝为例,产生液滴过程可分为液滴夹止动力学的三个阶段。第一阶段如图 9.15(a～b)所示,液滴头部为高压区,在表面张力的作用下,泡状端部周围向内收缩,形成颈部结构,并向上游传播毛细波。第二阶段如图 9.15(c)所示,在压力梯度和膨胀波的作用下,液丝头部从上游吸收液体,体积逐渐增大,压力逐渐降低,颈部继续收缩,压力增大,液丝整体沿中心线拉伸。第三阶段如图 9.15(d～e)所示,当颈部收缩到足够细时,会被圆周向的表面张力夹断,液丝的泡状端部脱落成液滴。此外,图 9.15 中红色箭头所示的三岔液丝断裂过程与上述过程相似。液丝头部直径相对液滴平均直径较大,从颈部吸收更多液体,颈部直径缩小,端部体积继续增大,最终从颈部断裂产生液滴。

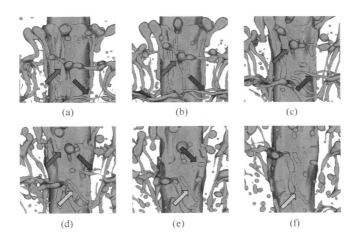

图 9.15　液丝的发展和液滴形成过程

然而,图 9.15 中黄色箭头所示液丝与蓝色箭头所示液丝的最初形态相似,但是最终发展结果不同,此液丝并未如上所述从较细的颈部夹止产生液滴。该液丝沿轴向分布,最初与轴线有一定夹角,在气流作用下逐渐与轴线平行。这主要是由于液丝周围流场紊乱,气流相对液丝的速度向上,且数值较大,使液丝表面受到较大的向上游的气动力,并在气动力和表面张力的相互作用下伸长。液丝直径减小,长度增加,暂未产生液滴。这说明了并非所有液丝的变化过程都会直接产生液滴。

9.4 基于移动粒子半隐式法的雾化过程模拟研究

移动粒子半隐式法(MPS)是一种完全拉格朗日粒子方法,界面始终清晰,不需要传统网格方法在模拟过程中存在的界面追踪或捕捉,因此,MPS在处理具有大变形、自由面等问题时具有一定优势。我们在以往的研究中已将 MPS 成功应用于射流雾化过程的模拟分析。

本节将简要介绍 MPS 应用于双股射流撞击式雾化的模拟研究。双股射流撞击雾化喷嘴具有结构简单、制造成本低、雾化性能较好、混合效率高等优点,已广泛应用于液体火箭发动机中。喷嘴的雾化过程会影响后续的蒸发、燃烧过程,继而影响发动机的燃烧效率与燃烧稳定性。因此,针对双股射流撞击式的雾化过程与雾化机理的研究对于发动机的设计具有重要意义。

9.4.1 移动粒子半隐式法控制方程与离散

在 MPS 中,不可压缩流体的控制方程为

$$\nabla \cdot \boldsymbol{u} = 0 \tag{9.15}$$

$$\frac{\mathrm{d}\boldsymbol{u}}{\mathrm{d}t} = -\frac{1}{\rho}\nabla p + \nu \nabla^2 \boldsymbol{u} + \boldsymbol{F} \tag{9.16}$$

其中,ρ 为流体的密度,$\boldsymbol{u}$ 为速度矢量,t 为时间,$\boldsymbol{F}$ 为体积力,p 为压力,ν 为运动黏度。MPS 基于核函数对控制方程进行离散,相应方程为

$$w(|\boldsymbol{r}_i - \boldsymbol{r}_j|) = \begin{cases} r_e/r - 1, & 0 \leqslant r < r_e \\ 0, & r \geqslant r_e \end{cases} \tag{9.17}$$

其中,r_e 为核函数影响域,r 为两个粒子之间的距离。粒子数值密度为

$$n_i = \sum_{j \neq i} w(|\boldsymbol{r}_i - \boldsymbol{r}_j|) \tag{9.18}$$

其中,$\boldsymbol{r}_i$ 和 $\boldsymbol{r}_j$ 分别为粒子 i 和粒子 j 的坐标。

MPS 采用梯度算子模型与拉普拉斯算子模型离散控制方程。梯度算子模型为

$$\langle \nabla \phi \rangle_i = \frac{d}{n_0} \sum_{j \neq i} \left[\frac{\phi_j - \phi_i}{|\boldsymbol{r}_j - \boldsymbol{r}_i|^2} (\boldsymbol{r}_j - \boldsymbol{r}_i) w(|\boldsymbol{r}_j - \boldsymbol{r}_i|) \right] \tag{9.19}$$

其中,d 为空间维数,n_0 为初始粒子数密度,ϕ_i 为粒子 i 的物理量,ϕ_j 为邻居粒子 j 的物理量。拉普拉斯算子模型为

$$\langle \nabla^2 \phi \rangle_i = \frac{2d}{\lambda n_0} \sum_{j \neq i} (\phi_j - \phi_i) w(\mid \boldsymbol{r}_j - \boldsymbol{r}_i \mid) \qquad (9.20)$$

其中,

$$\lambda = \frac{\sum_{j \neq i} w(\mid \boldsymbol{r}_j - \boldsymbol{r}_i \mid) \mid \boldsymbol{r}_j - \boldsymbol{r}_i \mid^2}{w(\mid \boldsymbol{r}_j - \boldsymbol{r}_i \mid)} \qquad (9.21)$$

MPS 采用简化标记和单元(simplified markerand cell,SMAC)算法对控制方程进行求解。其压力泊松方程为

$$\langle \nabla^2 p^{n+1} \rangle = -\frac{\rho}{\Delta t^2} \cdot \frac{\langle n^* \rangle_i - n^0}{n^0} \qquad (9.22)$$

其中,n^* 为显式阶段粒子移动后的粒子数密度,Δt 为时间步长,p^{n+1} 为下一时间步压力值。对压力求解后,速度修正量为

$$\boldsymbol{u}'_i = \frac{\Delta t}{\rho} \Delta p_i^{n+1} \qquad (9.23)$$

最后更新速度和位置:

$$\boldsymbol{u}_i^{n+1} = \boldsymbol{u}_i^* + \boldsymbol{u}'_i \qquad (9.24)$$

$$\boldsymbol{r}_i^{n+1} = \boldsymbol{r}_i^* + \boldsymbol{u}'_i \Delta t \qquad (9.25)$$

其中,$\boldsymbol{u}_i^*$ 和 $\boldsymbol{r}_i^*$ 分别为显式阶段的速度和位置。

我们在进行显式计算时,加入了表面张力的计算,采用一种基于自由能的表面张力模型,该模型非常易于应用到 MPS 中。

9.4.2 双股射流撞击式的雾化模拟

根据直流撞击式雾化试验,数值模拟结果如图 9.16 所示。夹角为 2θ 的两股射流位于 XOY 平面,以初始速度 v 沿各自轴线方向运动,在撞击点 O 处发生撞击,进而在 YOZ 平面形成液膜、液丝和液滴。其中,喷雾扩散角 β 是指垂直于撞击平面,在撞击点下游以撞击点为顶点的雾化区域所围成的角度。

计算中涉及的物性参数主要有密度、黏性系数和表面张力系数等(表 9.4)。

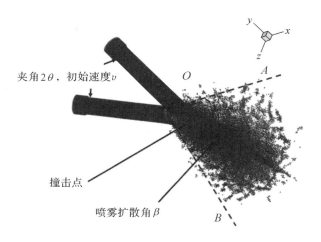

夹角 2θ，初始速度 v

撞击点

喷雾扩散角 β

图 9.16　双股射流撞击雾化计算模型

表 9.4　物性参数

参数	参数值
密度/(kg · m^{-3})	998.2
黏性系数/(MPa · s)	1.002
表面张力系数/(N · m^{-1})	0.073

液滴的索特尔平均直径(Sautermean diameter, SMD)是燃烧流场中常用的性能评价指标。在某一时刻,统计位于撞击点下游 10mm 和 20mm 处厚度为 1mm 的长方体区域内的液滴数目 N_i 和直径 D_i,如图 9.17 所示。根据 SMD 计算公式

$$\mathrm{SMD} = \frac{\sum N_i D_i^3}{\sum N_i D_i^2} \tag{9.26}$$

得到该区域内的 SMD,并近似认为其是该时刻该平面的 SMD。对不同时刻该平面的 SMD 进行算术平均,即得到该平面的 SMD。液膜破碎长度定义为自撞击点到液丝从液膜上完全剥离时的长度。

上述计算模拟了双股射流喷注单元在典型工况下的雾化过程,并与实验数据进行对比分析。喷嘴的初始直径为 1mm,孔径比为 1,动量比为 1,撞击夹角为 60°,单股射流质量流量为 10g/s,则可计算得到射流速度为 12.75m/s。

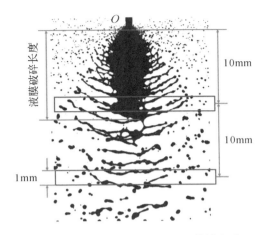

图 9.17　液膜破碎长度和 SMD 统计方法

　　两股射流撞击形成液膜,液膜在撞击波的作用下发生破碎并形成液丝,液丝进一步破碎而形成液滴。雾场达到稳定状态后的图像与实验结果对比如图 9.18 所示,雾场模拟结果与实验结果吻合较好,SMD、液膜破碎长度和喷雾扩散角也与实验结果保持较好的一致性。

图 9.18　雾场达到稳定状态后的图像与实验结果对比

　　低速情形下的雾化模型对射流雾化过程的一次雾化和二次雾化都能有较好的描述,低速射流雾化模型对超声速气流下的适用性研究也有一定程度的开展。为了提出更准确的适用于射流雾化过程尤其是超声速气流下射流雾化过程描述的数学模型,借助高性能计算设备和并行技术开展界面流模拟是行之有效的技术途径。

　　结合本章关于射流雾化问题研究现状的调研分析,我们将来的研究重点在于开发和应用具有低耗散、高精度特征的界面流模拟技术,开展高速气流下射流雾化过程的直接模拟工作,深入认识高速气流下液态射流的雾化机理,基于文献中已有的雾化模型,建立适用于高速气流下雾化过程描述的改进数学模型,为液态燃料高速燃烧问题的数值模拟提供可靠的初始条件和边界条件,从而实质性地提升液态燃料高速燃烧过程的整体模拟精度。

参考文献

[1] Jiang X，Siamas G A，Jagus K，et al. Physical modelling and advanced simulations of gas-liquid two-phase jet flows in atomization and sprays［J］. Progress in Energy and Combustion Science，2010,36(2):131-167.

[2] O'Rourke P J，Amsden A A. The TAB method for numerical calculation of spray droplet breakup［C］// International Fuels and Lubricants Meeting and Exposition，November 2，1987.

[3] Reitz R D. Modeling atomization processes in high-pressure vaporizing sprays［J］. Atomisation Spray Technology，1987,3(4):309-337.

[4] Reitz R D，Bracco F V. Mechanisms of Breakup of Round Liquid Jets［M］//Cheremisinoff N P. The Encyclopedia of Fluid Mechanics. Houston，TX: Gulf Publishing Company,1986:223-249.

[5] Liu A B，Mather D，Reitz R D. Modeling the effects of drop drag and breakup on fuel sprays［J］. SAE International Congress &. Exposition，1993:930072.

[6] Tanner F X. Liquid jet atomization and droplet breakup modeling of non-evaporating diesel fuel sprays［J］. SAE Transactions，1997,106(3):127-140.

[7] Kim S，Hwang J W，Lee C S. Experiments and modeling on droplet motion and atomization of diesel and bio-diesel fuels in a cross-flowed air stream［J］. International Journal of Heat and Fluid Flow，2010,31(4):667-679.

[8] Reitz R D，Diwakar R. Effect of drop breakup on fuel sprays［J］. SAE Transactions，1986,95(3):218-227.

[9] Reitz R D，Diwakar R. Structure of high-pressure fuel sprays［J］. SAE Transactions，1987,96(5):492-509.

[10] Vallet A，Burluka A A，Borghi R. Development of a Eulerian model for the "atomization" of a liquid jet［J］. Atomization and Sprays，2001,11(6):619-642.

[11] Lebas R，Menard T，Beau P，et al. Numerical simulation of primary break-up and atomization：DNS and modelling study[J]. International Journal of Multiphase Flow，2009，35(3)：247-260.

[12] 高剑，蒋德明，廖世勇，等. 直喷汽油机中空锥形燃油喷雾的雾化和蒸发模型[J]. 燃烧科学与技术，2004，10(3)：212-218.

[13] 刘金武，杨靖，高为国，等. 直喷式发动机喷雾模型研究进展[J]. 内燃机工程，2005，26(1)：81-84.

[14] 李会平，何伟. 气体雾化与喷射成形中雾化过程的数学模型[J]. 材料导报，2008，22(3)：107-110.

[15] 赵鹏，陈红. 网格分辨率与射流分裂雾化模型对柴油喷雾影响的仿真研究[J]. 内燃机，2010(2)：6-9.

[16] 刘静，徐旭. 超声速横向气流中喷雾的数值模拟[J]. 火箭推进，2006，32(5)：32-36.

[17] 刘静，徐旭. 超声速横向气流中燃料雾化的数值模拟[J]. 北京航空航天大学学报，2010(10)：1166-1170.

[18] 刘静，王辽，张佳，等. 超声速气流中横向射流雾化实验和数值模拟[J]. 航空动力学报，2008(4)：724-729.

[19] 杨顺华，乐嘉陵. 超声速气流中液体燃料雾化数值模拟[J]. 推进技术，2008(5)：519-522.

[20] 邹建锋，郑耀. 有界压缩 VOF 算法在界面流问题中的应用[J]. 浙江大学学报(工学版)，2008，42(2)：253-258.

[21] Wang J，Zou J，Zheng Y，et al. Marching cubes based front tracking method and its application to RT/RM instability problems[J]. Journal of Hydrodynamics，2011，23(5)：580-588.

[22] 傅燕妮，邹建锋，张阳. 气泡雾化过程的数值模拟研究[C]//第 17 届全国计算流体力学会议，2017.

[23] 李霄月，邹建锋，张阳，等. 液体射流首次破碎的直接数值模拟及动力学过程分析[J]. 推进技术，2018，39(7)：1529-1539.

[24] Shi X，Lin G，Zou J，et al. A lattice Boltzmann fictitious domain method for modeling red blood cell deformation and multiple-cell hydrodynamic interactions in flow[J]. International Journal for Numerical Methods in Fluids，2013，72(8)：895-911.

[25] Shi X，Huang X，Zheng Y，et al. A hybrid algorithm of lattice Boltzmann method and finite difference-based lattice Boltzmann method for viscous flows[J]. International Journal for Numerical Methods in Fluids，2017，85(11)：641-661.

[26] Xie F，Pan D，Zheng Y，et al. Smoothed profile method and its applications in VIV[J]. International Journal of Numerical Methods for Heat & Fluid Flow，2017，27(7)：1623-1635.

［27］马振海. 激波与气泡相互作用问题的数值研究［D］. 杭州：浙江大学，2018.

［28］李霄月. 液体射流首次破碎的直接数值模拟研究［D］. 杭州：浙江大学，2018.

［29］Hirt C W，Nichols B D. Volume of fluid（VOF）method for the dynamics of free boundaries［J］. Journal of Computational Physics，1981，39（1）：201-225.

［30］Ashgriz N，Poo J Y. FLAIR：Flux line-segment model for advection and interface reconstruction［J］. Journal of Computational Physics，1990，93（2）：449-468.

［31］Noh W F，Woodward P. SLIC（simple line interface calculation）［C］//Proceedings of the Fifth International Conference on Numerical Methods in Fluid Dynamics，June 28-July 2，1976：330-340.

［32］Youngs D L. Time-Dependent Multi-Material Flow with Large Fluid Distortion［M］// Morton K W，Baines M J. Numerical Methods For Fluid Dynamics. New York：Academic Press，1982：273-285.

［33］Unverdi S O，Tryggvason G. A front-tracking method for viscous，incompressible，multi-fluid flows［J］. Journal of Computational Physics，1992，100（1）：25-37.

［34］Tryggvason G，Bunner B，Esmaeeli A，et al. A front-tracking method for the computations of multiphase flow［J］. Journal of Computational Physics，2001，169（2）：708-759.

［35］Glimm J，Grove J W，Li X，et al. Three-dimensional front tracking［J］. SIAM Journal on Scientific Computing，1998，19（3）：703-727.

［36］Du J，Fix B，Glimm J，et al. A simple package for front tracking［J］. Journal of Computational Physics，2006，213（2）：613-628.

［37］Macphee A G，Tate M W，Powell C F，et al. X-ray imaging of shock waves generated by high-pressure fuel sprays［J］. Science，2002，295（5558）：1261-1263.

［38］Marchese A. Fluid mixing：Rayleigh-Taylor mixing rate and diesel fuel injection spray ［D］. New York：State University of New York at Stony Brook，2002.

［39］Glimm J，Li X，Kim M，et al. Jet Breakup and Spray Formation in a Diesel Engine ［M］// Bathe K J. Computational Fluid and Solid Mechanics 2003. Oxford：Elsevier Science Ltd，2003：912-914.

［40］Xu Z. Jet simulation in a diesel engine［C］// 2005 APS March Meeting，March 21-25，2005.

［41］Xu Z，Samulyak R，Li X，et al. Atomization of a high speed jet［C］// 58th Annual Meeting of the Division of Fluid Dynamics，November 20-22，2005.

［42］Bo W，Liu X，Glimm J，et al. A robust front tracking method：Verification and application to simulation of the primary breakup of a liquid jet［J］. SIAM Journal on Scientific Computing，2011，33（4）：1505-1524.

［43］Pan Y，Suga K. A numerical study on the breakup process of laminar liquid jets into a gas[J]. Physics of Fluids，2006,18(5):52101.

[44] Desjardins O，Moureau V，Pitsch H. An accurate conservative level set/ghost fluid method for simulating turbulent atomization[J]. Journal of Computational Physics，2008,227(18):8395-8416.

[45] Shinjo J，Umemura A. Simulation of liquid jet primary breakup：Dynamics of ligament and droplet formation[J]. International Journal of Multiphase Flow，2010,36(7):513-532.

[46] Shinjo J，Umemura A. Surface instability and primary atomization characteristics of straight liquid jet sprays[J]. International Journal of Multiphase Flow，2011,37(10):1294-1304.

[47] Shinjo J，Umemura A. Detailed simulation of primary atomization mechanisms in Diesel jet sprays (isolated identification of liquid jet tip effects)[J]. Proceedings of the Combustion Institute，2011,33(2):2089-2097.

[48] Chesnel J，Menard T，Reveillon J，et al. Subgrid analysis of liquid jet atomization[J]. Atomization and Sprays，2011,21(1):41-67.

[49] Delteil J，Vincent S，Erriguible A，et al. Numerical investigations in Rayleigh breakup of round liquid jets with VOF methods[J]. Computers & Fluids，2011,50(1):10-23.

[50] Sirotkin F V，Yoh J J. A new particle method for simulating breakup of liquid jets[J]. Journal of Computational Physics，2012,231(4):1650-1674.

[51] Linne M，Paciaroni M，Gord J R，et al. Ballistic imaging of the liquid core for a steady jet in crossflow[J]. Applied Optics，2005,44(31):6627-6634.

[52] Wang Y，Liu X，Im K，et al. Ultrafast X-ray study of dense-liquid-jet flow dynamics using structure-tracking velocimetry[J]. Nature Physics，2008,4(4):305-309.

[53] Blaisot J B，Yon J. Droplet size and morphology characterization for dense sprays by image processing：application to the Diesel spray[J]. Experiments in Fluids，2005,39(6):977-994.

[54] Menard T，Tanguy S，Berlemont A. Coupling level set/VOF/ghost fluid methods：Validation and application to 3D simulation of the primary break-up of a liquid jet[J]. International Journal of Multiphase Flow，2007,33(5):510-524.

[55] Gorokhovski M，Herrmann M. Modeling primary atomization[J]. Annual Review of Fluid Mechanics，2008,40:343-366.

[56] Herrmann M. A balanced force refined level set grid method for two-phase flows on unstructured flow solver grids[J]. Journal of Computational Physics，2008,227(4):2674-2706.

[57] Herrmann M. Detailed numerical simulations of the primary atomization of a turbulent liquid jet in crossflow[J]. Journal of Engineering for Gas Turbines and Power，2010,

132(6):061506.

[58] Herrmann M. The impact of density ratio on the primary atomization of a turbulent liquid jet in crossflow: American physical society[C]// 62nd Annual Meeting of the APS Division of Fluid Dynamics, November 22-24, 2009.

[59] Desjardins O, Moureau V, Pitsch H. An accurate conservative level set/ghost fluid method for simulating turbulent atomization[J]. Journal of Computational Physics, 2008,227(18):8395-8416.

[60] Pitsch H, Desjardins O. Detailed numerical investigation of turbulent atomization of liquid jets[J]. Atomization and Sprays, 2010,20(4):311-336.

[61] Fuster D, Bague A, Boeck T, et al. Simulation of primary atomization with an octree adaptive mesh refinement and VOF method[J]. International Journal of Multiphase Flow, 2009,35(6):550-565.

[62] Shinjo J, Xia J, Umemura A. Droplet/ligament modulation of local small-scale turbulence and scalar mixing in a dense fuel spray[J]. Proceedings of the Combustion Institute, 2015,35(2):1595-1602.

[63] Rusche H. Computational fluid dynamics of dispersed two-phase flows at high phase fractions[D]. London: Imperial College London, 2003.

[64] Brackbill J U, Kothe D B, Zemach C. A continuum method for modeling surface tension[J]. Journal of Computational Physics, 1992,100(2):335-354.

[65] Reitz R D. Atomization and other breakup regimes of a liquid jet[D]. Princeton, NJ: Princeton University, 1978.

[66] Sallam K A, Dai Z, Faeth G M. Liquid breakup at the surface of turbulent round liquid jets in still gases[J]. International Journal of Multiphase Flow, 2002,28(3):427-449.

第 10 章　数值模拟支撑技术和高端数字样机系统

　　在实际开展空天推进系统的设计和性能仿真时,除了前述数值方法外,还需要一系列配套的软硬件技术,如几何建模、网格剖分、可视分析、数据管理、任务管理、流程管理等。将这些支撑技术有机地结合起来,为推进系统的建模、性能仿真、工艺制造等各个方面提供一站式的解决方案,能有效地提高设计和仿真的效率。高端数字样机(HEDP)是我们自主开发的面向飞行器仿真问题求解的系统,在空天推进系统一体化仿真领域进行了大量的计算仿真工作。当前系统主要包含了燃烧模拟、传热分析、流体计算和结构分析求解器,并集成了几何建模、网格生成、可视化、性能分析、任务调度、数值计算库等多种支撑模块。本章将重点介绍 HEDP 的设计和实现方法,特别是主要的支撑技术。

　　数字样机是使用计算机模型来代替真实物理样机的技术,是 20 世纪 80 年代迅速发展起来的一项计算机辅助工程技术。数字样机的研究目的是使用数字化方法来验证设计思想,辅助产品选择,测试产品的可制造性,并提前展示产品,最终达到替代物理样机的作用。数字样机能显著缩短产品设计和制造周期,降低开发成本,提高产品质量。

　　数字样机系统作为一种问题求解环境(problem solving environment,PSE),需要提供样机建模、性能仿真、工艺、制造等各个方面所需的全部计算技术和工具[1]。PSE 的思想早在 20 世纪 60 年代就被提出[2,3],但由于计算机技术的局限,直到 80 年代末才逐渐有原型系统出现[4]。从 90 年代开始,PSE 引起了政府机构的重视和科研单位的兴趣,迅速成为研究和应用的重要领域[5,6]。

空天推进系统既涉及力、热、燃烧等多场耦合的数值计算，也涉及数字化、信息化和智能化的设计、制造和生产问题，这对数值模拟及其相应的数字样机技术提出了新的要求，也提供了新的战略机遇。我们长期从事工程与科学计算相关支撑技术研究，通过多年积累，开发了自主知识产权的数值模拟平台软件 HEDP[7,8]。HEDP 综合应用了国内外计算力学软件领域的一些新方案和新技术，在过去多年的应用实践中不断得到完善，并已初步应用于空天推进系统的数值模拟实践。

10.1　系统整体架构

10.1.1　系统特点

HEDP 系统的底层框架是基础问题求解环境，通过组合各类功能模块，实现特定的设计和仿真目标。主要特点如下。

①并行和分布式计算。精确模拟高超声速问题的计算量较大，在某些情况下并行和分布式计算是唯一的解决办法。系统总框架使用 C/S 架构，所有模块都可以在远程服务器端分布式运行。系统提供（或集成）高性能并行数值求解库，以及并行程序调试、跟踪和性能分析工具，所有计算密集型模块实现并行计算。使用消息传递接口（MPI）作为基础并行通信接口。

②即插即用和可扩展性。系统核心只实现模块和数据的管理，各种具体模块通过传输控制协议（TCP）消息与核心交互，动态地即插即用，协同解决特定问题。系统核心支持共享内存、管道、套接字和文件四种通信方式。根据模块运行的位置、程序员的习惯、数据的多少以及问题的特征，模块可以选择不同的通信实现方式。

③丰富的计算支撑技术。HEDP 系统可以提供丰富的支撑技术，使用户通过组合模块，方便地开展多样化的计算模拟。根据当前需求，系统的配套支撑工具主要包括几何建模、几何修复、网格生成、区域分解、科学可视分析以及远程任务提交、任务监控、任务调度、资源管理等。

④可视操纵。图形界面和可视操纵可以大大降低软件系统学习和使用的门槛，使得用户能以更为直观的方式操纵计算，提高效率。系统提供友好的图形界面，所有的支撑模块贯穿了可视化功能，使用户能交互地驾驭计算

的整个过程。

⑤跨平台。系统核心和主要模块能够在多数常见计算平台上运行,如
Linux、Windows、Unix 系列平台(SGI Irix、IBM AIX 等);能够支持主要硬
件平台,包括共享内存架构对称式多处理机(SMP)和分布式内存的大规模
并行处理机(MPP)等。

10.1.2　系统架构

HEDP 系统的框架采用了黑板架构,便于各种具体模块的动态插入,
协同解决问题。HEDP 逻辑分层体系如图 10.1 所示,系统主要分为三层,
从下到上分别是资源层、支撑层和应用层。

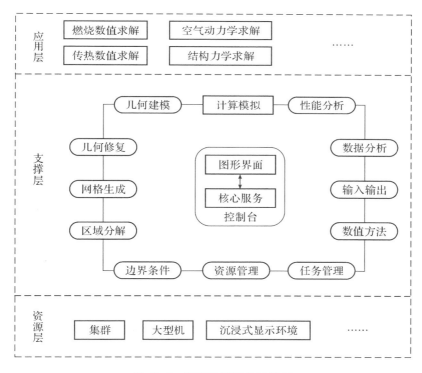

图 10.1　HEDP 逻辑分层体系

①资源层是 HEDP 系统可以使用的硬件资源和这些硬件的管理系统,
包括本地、远程的微机,各类架构的超级计算机,立体显示墙,多种操作系
统,显示墙的并行绘制引擎等。

②支撑层是 HEDP 的主体,由控制台和支撑工具组成。控制台由图形

界面和核心服务组成。核心服务管理各个模块和数据,实现模块间数据的交换,提供模块间交互的接口。通过图形界面与核心服务的交互,实现对整个计算的控制。各模块通过实现已定义的一组协议和接口,与核心服务交互,并最终与其他模块协作,组合实现复杂功能。

③应用层是具体领域问题的求解界面。应用层通过调用支撑工具和开发自己特定的求解方法来完成其主体计算。

HEDP 面向的用户可以分为两类。一类是开发某种具体功能模块的程序开发员。HEDP 为这类用户提供接口和开发库,主要是核心接口通信库、高性能数值计算库、HEDP 数据类型定义和文件读写库等。其中核心接口通信库定义了与核心交互的接口,是一组通信协议和默认方法。程序员通过调用和实现这些接口方法,实现模块与核心的通信和协作。模块可以是具体领域的求解器,也可以是通用的支撑工具,如某种可视化服务。另一类是终端用户,直接使用 HEDP 进行数值模拟。控制台的图形界面显示可被使用的模块,用户可以直接点击,使其在本地启动,也可以使用任务管理程序,使模块在指定的远程平台运行。通过启动多个模块协同工作,用户组织流水线,完成特定的计算任务。

10.1.3 系统实现

从功能类型的角度出发,可以将 HEDP 提供的模块分为四组:前处理、计算、后处理和辅助(平台控制)。具体的功能模块如图 10.2 所示。前处理模块组主要是问题建模工具,提供输入数据,主要模块包括几何建模、几何修复、网格生成等。计算模块组实现各种具体计算,主要提供高性能数值求解库以及具体领域的问题求解方法。后处理模块组对计算结果进行分析和处理,主要包括对程序性能的分析以及对数据的可视化分析。辅助模块组主要包括任务管理、资源管理和输入输出,提供非计算型服务。

为了达到可移植的目的,HEDP 选用的开发语言和开发包都具有良好的可移植性。图形界面基于开发包 QT,3D 绘图使用 OpenGL,远程方法调用使用 TCP 协议,开发语言使用 ANSI C、C++ 和 Fortran 混合编程。对于用户开发的模块,可以使用任何语言,在任何平台运行,通过 TCP 消息与 HEDP 系统通信。并行程序使用消息传递接口 MPI。系统在 SGI Irix 6.5 平台上运行时的截图如图 10.3 所示。

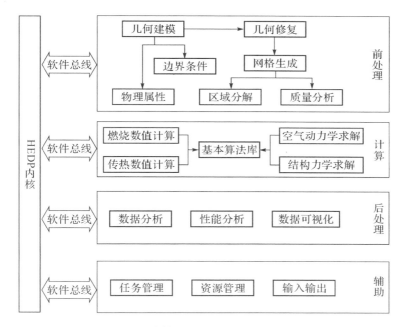

图 10.2　按计算过程分类的 HEDP 功能模块

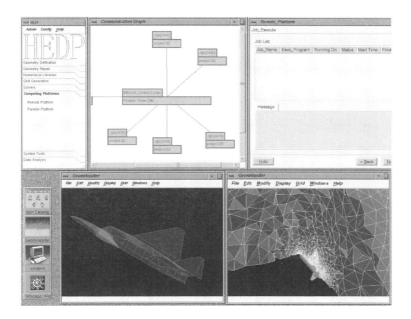

图 10.3　HEDP 典型工作界面截图

10.2 几何建模与处理

10.2.1 基于分层软件结构的几何引擎

复杂 CAD 外形通常借助商业 CAD 系统建模，再将其导入前处理软件进行再编辑（修复或简化）。与此同时，前处理软件本身需具备一定的建模能力，以满足简单外形的建模需求。此外，网格生成也需要一系列几何功能的支持。为满足这些需求，前处理软件需包含一个自己的几何引擎。

几何引擎的核心是几何造型方法及基于其上的一系列几何算法。边界表征(B-Rep)是几何造型的主流方法，特征造型等新的造型方法通常也以其为基础。几何引擎是 CAD 系统的核心，经过几十年的发展已经出现了很多功能强大的几何引擎（如 ACIS、ParaSolid、Granite 和开源 CAD 引擎 OpenCASCADE），以及基于其上的商业 CAD 系统（如 CATIA、UG、Pro/E、SolidWorks 和国产系统 CAXA）。在前处理软件中，可以自主实现简化的几何引擎，这已被证明可以满足一定复杂度的分析模型建模的需要[9]。但若想进一步增强前处理软件的几何能力，可行的途径是利用商业 CAD 系统的二次开发接口（如 CATIA 系统的 CAA），抑或利用商业几何引擎。借助商业组件的优点在于能将前处理软件开发人员的精力从繁琐而又专业的 CAD 算法开发中解脱出来，以较小的开发代价在前处理软件内实现可靠且强大的 CAD 建模能力。但缺点也是显然的，一是前处理软件的使用和商业化需要获得这些商业组件的注册许可，而许可费用昂贵且条件苛刻，二是依赖于特定的商业组件开发前处理软件的几何引擎，在与其他商业组件进行 CAD 信息交互时，或多或少会存在兼容性问题（尽管中性文件保证了不同系统之间可以进行信息交换，但交换过程通常伴随信息丢失或精度损失）。

上述策略各有优劣，从软件工程的角度，尝试引入图 10.4 所示的分层软件架构来设计前处理软件的几何引擎[10,11]，它的核心是一个基于前处理对几何算法的共性需求抽象出来的公共几何服务接口（接口层），接口主要建立在 B-Rep 造型方法之上，但其所有几何算法在接口层并未真正实现。接口层之下是 CAD 层，它真正实现了接口层所定义的几何算法。接口层之上是计算机辅助工程(CAE)层,它基于几何服务接口实现前处理包含的所有几何功能,包括几何算法(建模、修复、特征简化等)、网格算法、尺寸算法(几何自适应尺寸生成)、辅助算法(边界条件在几何上的定义等)以及几何显示等五个模块。

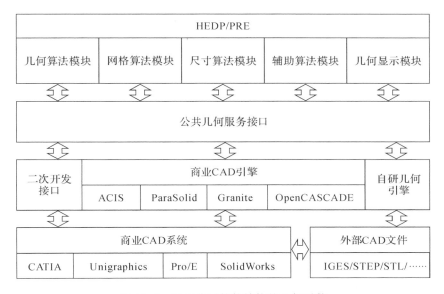

图 10.4　基于分层软件结构的几何引擎

引入几何服务接口、实现分层软件架构的优点显而易见:向下,屏蔽了CAD 系统实现的多样性,使得底层 CAD 实现方式的变动(不同的开发需求会引起这种变动)不至于影响上层前处理软件功能的实现;向上,为前处理软件的几何功能实现提供了标准的几何算法服务。实际上,这种设计方式也是 CAD/CAE 系统集成方法标准化的必然选择。

需要特别说明的是,接口层实现 CAD 系统常见的几何接口时(查询B-Rep结构、布尔操作等),通常只需将调用转接到底层的 CAD 引擎中。但对于特定于前处理软件的几何算法需求,如几何修复、特征简化、区域分解(比如分块结构网格生成所需的分区过程)等,其实现逻辑通常并未直接包含在商业 CAD 系统的二次开发接口或商业几何引擎中,需要额外考虑。

10.2.2　几何编辑

HEDP/PRE(指 HEDP 的前处理模块,以下同)支持常见的几何编辑功能,以满足创建简单几何模型以及复杂模型再编辑的需求。在 HEDP/PRE 中对某发动机燃烧室 CAD 模型进行几何编辑的典型界面如图 10.5 所示。

最直接的几何创建过程是自下向上的,用户先创建几何点,再在几何点上定义曲线,在曲线上定义环和曲面,并在几何网格生成前关联环和曲面的拓扑关系。同时,系统支持几何创建命令,例如 create 命令,其格式为 create⟨type⟩⟨description⟩。当⟨type⟩＝point 时,⟨description⟩值为 3 维坐标值;当⟨type⟩＝curve 时,⟨description⟩值为拓扑点的 ID 号;当⟨type⟩＝ surface 或 loop 时,⟨description⟩值为曲线的 ID 号。

命令创建模式使几何模型的创建过程可以批处理。用户可以将创建几何模型所需要的所有操作步骤写成一个命令文件。HEDP/PRE 可以读取该命令文件,一次性完成几何模型的创建。事实上,视图交互时,几何拓扑单元的创建也可由创建命令完成。创建命令的存在使几何模型的创建过程具有可重现性。因此,系统可以记录用户的每一步创建操作,根据这些记录撤销误操作。

HEDP 系统也提供一系列工具支持自上向下的几何创建过程,如基本形状模板(长方形、长方体、圆和圆弧、球面、半球面、半圆台体、旋转曲线或曲面、扫掠曲线或曲面等)和形体的布尔操作运算。

除几何创建外,HEDP 还支持几何增删、几何变换(旋转、平移、镜像等)、几何分解、几何合并等一系列几何编辑工具。

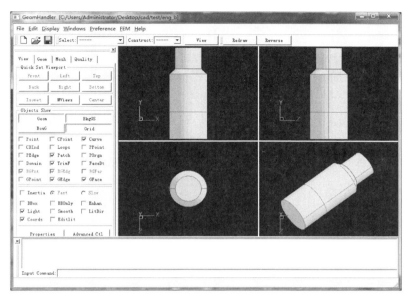

(a) 实体渲染模式

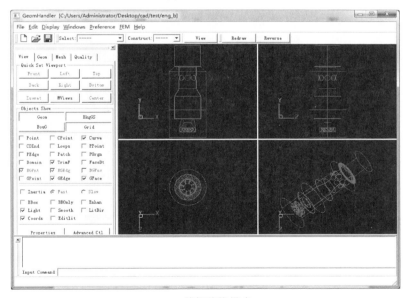

(b) 线框渲染模式

图 10.5　在 HEDP/PRE 中对某发动机燃烧室 CAD 模型进行几何编辑的典型界面

10.2.3 几何有效性检查

网格生成算法通常对几何模型有一定的几何和拓扑有效性要求,例如:B-Rep表达本身须是完整的;界定曲面边界的环须首尾相连;环上曲线须位于对应的支撑曲面上;实体的边界拓扑不能存在"洞";几何对象之间不能存在自相交;等等。需要注意的是,几何是否有效与所采用的网格生成算法是相关的,有的算法只能适应二边流形,需保证几何模型满足二边流形准则;有的算法不能处理内部约束边界,需确定模型只有外边界。

有效性检查工具不仅需确定模型是否有效,而且要确定问题出现的位置,并给出解决建议。HEDP/PRE 检测到的常见曲面定义错误类型如图 10.6 所示。

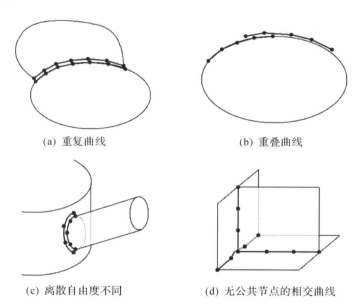

(a) 重复曲线 　　　　　　　　(b) 重叠曲线

(c) 离散自由度不同 　　　　(d) 无公共节点的相交曲线

图 10.6　HEDP/PRE 检测到的常见曲面定义错误类型

10.3　网格生成

10.3.1　算法流程

在几何模型的 B-Rep 表达中,低维的几何对象通常被多个高维的几何对象所包含。例如,在组合曲面模型中,一条非边界曲线总是用于界定多个曲面的边界,离散不同曲面时,需保证其共享曲线网格一致。为此,可按照几何对象的维度自下而上网格化组合曲面模型。将曲面网格生成流程拓展到几何实体,可以得到如图 10.7 所示的通用非结构网格生成流程[12]。遵循这一流程,任意实体模型的网格生成过程包括如下步骤。

① 预处理。

(a)定义待离散的几何体。用户选择一个待离散的几何对象后,被该对象包含的所有低维几何对象也需被离散。

(b)分析几何有效性。但需注意的是,不同网格生成算法对几何有效性的要求可能存在差异。此外,考虑用户在网格生成前用户已利用系统的有效性检查和几何修复等工具确认了几何模型的有效性,为避免重复计算,网格生成时可跳过几何有效性分析步骤。

(c)定义初始尺寸场。

② 点离散,即网格化所有待离散的几何点。几何点离散后,在其坐标位置对应生成一个网格点,并建立网格点和几何点的映射关系。

③ 线离散,即逐条网格化所有待离散曲线。

④ 面离散,即逐张网格化所有待离散曲面。

⑤ 体离散,即逐个网格化所有待离散实体。

单条线、单张面和单个体的离散过程大致相同,又可以细分成四个步骤。

① 确定离散参数,主要是确定尺寸信息及离散方法。尺寸场需要重新确定的原因是网格生成的中间结果可能会破坏初始尺寸场,使其不再满足准等比尺寸场的定义。离散方法需要重新确定的原因是很多网格生成方法对其边界的离散方式有严格限定,如扫掠法中,曲线(如侧面的边界曲线)和曲面(如目标面)网格生成有特别的拓扑限制,需要采用网格投影等技巧生

成网格。一般情形下,初始尺寸场已经按照等比过渡的要求做过光滑处理,中间网格生成结果会很好地吻合初始尺寸场的定义,采用的非结构网格生成方法也能适应任意形体,此时也可略过离散参数确定这一步骤。

②生成网格,即调用用户选定的方法离散对应的曲线、曲面或实体。在曲面和实体网格生成前,通常还需检查边界网格的绕向(以界定区域内外)、几何和拓扑有效性(是否相交,是否封闭,是否满足二边流形的定义等)。很多网格生成程序本身包含了有效性检测和质量优化模块,此时可掠过第3~4步。

③分析网格质量,即确定是否产生了无效网格或单元质量过低。如果网格质量无效或不满足用户设定的质量要求,可以考虑通过调整网格参数重启网格生成过程,也可考虑调用后续的优化算法来保证网格质量。

④调用通用的网格流程来优化网格质量。可考虑的网格质量指标通常包含两类,一类是单元的形状质量,一类是单元的尺寸分布和初始尺寸场的吻合程度。

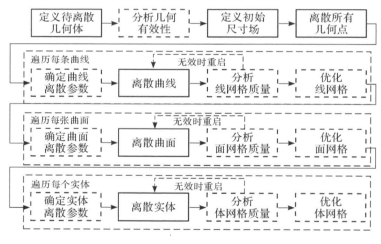

图 10.7　自下而上的网格生成流程

10.3.2　数据结构

网格模块需要考虑两个层次的数据表征问题:有限单元的表征(单元数据结构)和网格的表征(网格数据结构)。

先讨论单元数据结构。常见有限单元的几何形状有点、线、三角形、四边形、四面体、四棱锥、三棱柱和六面体等。任意多边形和多面体单元在数值模拟中也有很大的应用潜力。HEDP/PRE 遵循可视化工具箱（VTK）的标准描述上述单元[13]。此外，还可以考虑在单元的边、面和体内增加点，描述高阶单元。

网格数据结构的设计则更为复杂。网格的点、线、面、体也可类似于几何对象，利用 B-Rep 理论建模。但是，分析模型中包含的单元数通常比几何模型中包含的几何实体数高几个数量级，要利用完整的 B-Rep 模型表征包含百万单元（乃至更多）的网格，其内存开销过于庞大，在已有硬件配置条件下甚至是不现实的。为此，在设计不同网格处理算法的数据结构时，应从平衡内存开销和时间效率的角度提出很多个性化的要求。

基于上述考虑，HEDP/PRE 并不针对网格生成和优化等算法模块提供数据结构服务，各个网格算法模块负责自身数据结构的构建。HEDP/PRE 只从网格的可视化等最基本的需求出发，设计其底层网格数据结构。其包括所有网格点的信息、所有单元信息以及单元的邻接关系三个要素。

前两个要素组成了最基本的网格定义，其他拓扑信息均可由其推导获得。HEDP/PRE 和底层网格处理算法的接口也定义在上述最简单的数据结构上。例如，调用一个实体网格生成算法需要输入曲面网格，曲面网格的定义只包含边界网格点和边界网格单元的集合。网格生成算法内部可能会推导出更多的曲面网格拓扑信息，利用半边[14]、翼边[15]或辐射边[16]等方法表征曲面网格，但 HEDP/PRE 本身不处理这些逻辑。

保留单元邻接关系的主要目的是帮助实现 3 维体网格快速消隐显示算法，其逻辑如下：如果体单元的某个邻居为空，或邻居的显示属性为"隐藏"，则定义体单元和这个邻居共享的面为"边界面"；实体渲染模式下只显示边界面。

10.3.3　网格生成算法

（1）曲面网格生成

曲面网格不但是计算机图形学的主要研究对象之一，也是有限元网格的主要类别之一。一方面，工程结构中常用的薄壳结构，如球罐、压力容器、冷凝塔、飞机蒙皮和汽车外壳等，其外形通常利用圆柱、圆锥、球面等规则曲面或孔斯（Coons）曲面、贝塞尔（Bezier）曲面和非均匀有理 B 样条（NURBS）曲面等自由曲面表征。对它们进行壳分析，需要先得到这些外形的高质量曲面网格。另一方面，曲面网格是 3 维实体网格生成的输入，其质量的优劣对后续生成的实体网格特别是边界附近的实体网格质量有很大影响,而边界附近的网格质量对整个分析的成败通常至关重要。

曲面类别主要有参数曲面、离散曲面、隐式曲面和细分曲面等,其中参数曲面和离散曲面在数值模拟研究中应用最广。参数曲面通常指自由曲面,每片曲面的参数方程有严格的定义,满足一系列连续性条件,且很容易在主流 CAD 软件中进行编辑,是目前表征产品外形的主流形式。离散曲面通常指利用三角面片表征的曲面,如 STL 曲面,它在计算机图形学中有很多应用。目前,由于 3 维扫描技术的快速发展,离散曲面也已广泛应用于工业产品或人体器官的建模与分析。通过参数化,离散曲面可以转化为参数曲面,以便将适用于参数曲面的理论和算法推广应用于离散曲面。

主流参数曲面网格生成方法有映射法和直接法。映射法先利用改进的平面网格生成方法,在曲面的 2 维参数空间生成曲面的参数网格,然后将参数网格映射到 3 维实空间,形成曲面网格。早期的映射法对映射畸变问题的解决方案缺乏理论支持,网格质量及单元尺寸的控制能力较弱[17]。黎曼度量[18,19]和归一化空间[20]等数学工具的引入为如何解决映射畸变问题提供了很好的理论基础,极大地促进了映射法的发展[21-28]。映射法本质上是 2 维的,其实现比直接法更简单。德洛奈方法和前沿推进法等适用于平面区域的网格生成算法都已被证明能很好地适用于参数曲面问题。

最成功的直接法是扩展的前沿推进法[29-31],它能直接在 3 维实空间完成网格生成相关的几何计算,如确定网格点的几何位置,判断网格线和单元之间是否相交等。相比映射法,直接法不要求曲面具有参数表达,因此它不仅适用于参数曲面,也适用于离散曲面和隐式曲面。此外,直接法不受映射畸变的影响,所生成的网格通常质量更高。当然,因为映射法主要涉及 2 维几何计算,而直接法涉及的是 3 维几何计算,因此,和映射法相比,直接法通常更为耗时,保障算法的可靠性更难。

HEDP/PRE 集成了自研的曲面网格生成程序,基于映射法,采用前沿推进法生成参数平面网格,通过归一化空间的概念控制映射畸变。给定由多张曲面组成的组合参数曲面模型,网格生成程序先离散所有曲线,再逐张离散曲面,最后合并所有曲面网格,得到统一的整体曲面网格。每张曲面的网格生成过程是独立进行的,其一般流程如下:

①将曲面边界网格点投影到参数平面上;

②在参数平面上对曲面边界网格进行绕向规整;

③生成参数平面网格；

④优化参数平面网格；

⑤将参数平面网格投影到实空间。

需要特别强调的是，完全基于映射思路的参数曲面网格生成算法在处理存在极大映射畸变的曲面时存在鲁棒性问题。为增强算法的鲁棒性，Tremel 等[32]曾建议两类可增强算法鲁棒性的策略：在物理曲面上直接计算理想点；在物理空间上检测新单元的有效性。

HEDP/PRE 集成的曲面网格生成程序实现了上述策略，具备了处理复杂工业模型的能力。与之同时，实验表明，前一策略会大大降低曲面网格生成速度。为此，我们实现了前一策略的自适应版本，即首先仍然在参数平面上计算理想点位置，但当新单元的质量不尽如人意时，采用前一策略重新计算理想点位置。上述改进使得自研的曲面网格生成程序，不仅鲁棒性较好，而且网格生成效率极高。

以图 10.5 展示的某燃烧室 CAD 模型为输入，图 10.8 给出了应用上述算法获得的非结构实体网格。

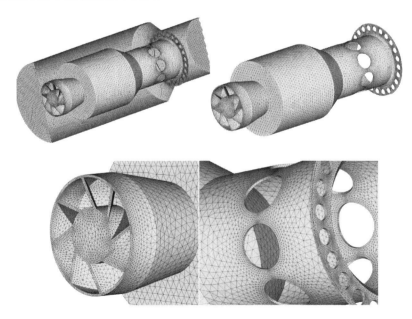

图 10.8　某燃烧室模型的非结构实体网格

（2）非结构三角形和四面体网格生成

非结构网格最初服务于有限单元计算，它对网格的规则性通常没有那么严格的要求。20世纪50～70年代，有限单元法已应用于相当复杂的固体力学问题，但计算所用的网格通常是手工构建的。也许正是因为模型过于复杂，当时的学者认为自动生成非结构网格是极其困难的，因此很少有人涉及。而计算空气动力学外形相对简单，通常可以利用映射技巧处理，反而促进了结构网格自动生成方法在这一时期的持续发展。

不过，从20世纪70年代末开始，以四面体网格（2维为三角形）为代表的非结构网格生成方法开始得到大力发展，这其中要感谢很多计算机领域学者在基础算法方面获得的成果，以及后续直接参与推动非结构网格生成的研究。现有最通用的三种四面体网格生成方法（德洛奈三角化方法、前沿推进法和四/八叉树法）都发端于20世纪80年代，并持续发展到现在[33]。这些网格生成方法不仅成功应用于固体力学等有限单元法的经典应用领域，并且，伴随着有限体积法的成功，现已广泛应用于计算流体力学领域，在航空航天工业部门也获得了大量的推广。

针对平面三角形网格和3维四面体网格生成问题，HEDP/PRE集成了两套基于德洛奈三角化方法的网格生成程序。两套程序采用类似的网格生成流程，但3维问题无疑面临更多的技术挑战。为简便起见，下面仅介绍3维四面体网格生成方法及程序。

德洛奈三角化是沃罗努瓦（Voronoï）图的对偶图。1850年，狄利克雷（Dirichlet）首先给出了平面点集领域问题及其解答[34]：对给定的一个平面点集，可以为集合中每个点定义一个区域，该区域中的任意点到这个点的距离都比到集合中其他点的距离小，这些区域是凸多边形，称为沃罗努瓦区域或沃罗努瓦多边形，所有这些沃罗努瓦多边形的集合称为狄利克雷图形，它形成了对平面区域的一个剖分，沃罗努瓦将这个问题拓展到高维情形[35,36]。如果连接相邻沃罗努瓦多边形中的给定节点，则得到对给定点集的德洛奈三角剖分，它由德洛奈于1934年提出[37]。

德洛奈三角化有很多重要的性质，例如：在德洛奈三角化中，每个单元的外接圆（球）都不包含其他节点；在平面点集的所有三角化中，德洛奈三角化所包含的三角形单元内角的最小角最大。如果点集合理分布，其德洛奈三角化的单元整体质量通常很高，这使得德洛奈三角化很适用于面向数值模拟的网格生成。但要真正将经典的德洛奈三角化理论应用于网格生成，还需要解决内部点生成、边界恢复、网格质量优化和算法效率等一系列具体的技术问题。

需要特别强调的是 3 维边界恢复问题[38]。长期以来,它是制约德洛奈网格生成方法鲁棒性的关键技术问题。在网格模型中,边界可用于区分模型内外,也可用于分隔不同材质(如岩层、复合材料),或用于表征特殊结构(如加强筋、裂缝)或特殊物理性质(如迹线、激波)的几何位置。在 2 维网格中,边界通常为一组点和线;在 3 维网格中,则还包含一组网格面。德洛奈三角化算法只能保证给定点存在于三角化中,但不能保证给定线和面存在于三角化中。边界恢复算法通过使用一系列局部操作修改初始三角化(2维三角形网格或 3 维四面体网格),使得最终网格中包含用户指定的边和面。

边界恢复问题分为两类:保形边界恢复和约束边界恢复。保形边界恢复通过在边界边和面上增加额外的点[又称斯坦纳(Steiner)点]分段恢复边界边,分块恢复边界面。恢复后的边界与原始边界在几何上是一致的(即"保形"),但在拓扑上已有变化。在很多领域,保形边界恢复是不符合需求的。例如,在两个区域独自使用保形边界恢复算法恢复边界,保持恢复后的网格在共享边界边或面上的拓扑一致性非常困难。如不能保证拓扑一致,则合并后的网格必然存在悬挂点,这会给后续的数值模拟带来很多麻烦。因此,这些问题需要使用约束边界恢复算法,保证恢复后的边界和原始边界不仅几何一致,而且拓扑一致(边界上不存在任何斯坦纳点)。

2 维边界恢复只需恢复边,相对简单,可认为已基本解决。理论上可以证明,通过有限次的对角交换,可以将 2 维点集的某个三角化转化为另一个三角化。因此,主流的 2 维边界恢复算法大都基于对角交换,其收敛性有理论保证,且不引入斯坦纳点,属于约束边界恢复范畴。当然,也可以通过在边界上加斯坦纳点(如遗失边界的中点或遗失边界和当前三角化的交点)以实现保形边界恢复。

3 维边界恢复则存在诸多理论上的困难。Schönhardt 多面体的存在从理论上否定了在不加点情形下三角化任意多面体的可能[39]。Chazelle 多面体的存在表明,需要增加的斯坦纳点的数量级可能是表面网格规模的平方[40]。此外,Ruppert 和 Seidel[41] 则证明在不加点情形下判断任意多面体能否三角化是一个 NP 完全问题。因此,3 维边界恢复研究的初步共识是:理论上收敛的边界恢复算法必须考虑如何添加斯坦纳点。从某种意义上说,3维边界恢复算法的核心是斯坦纳点的处理。

首要的问题是"在哪里加斯坦纳点"。George 等[42]提出一系列启发式规则,在区域内部直接添加斯坦纳点以实现约束边界恢复。Liu 等[43]给出了该算法无法解决的例子,说明这一算法在理论上是不收敛的。还有一种思路则是保质德洛奈细分算法研究的一个延伸,侧重要求边界恢复后的网格质量高于某个下限,为此需要在边界边的中点或边界面外接圆的圆心等位置增加斯坦纳点[44,45]。这类算法大都在理论上收敛,但应用于实际模型时可能会增加过量的斯坦纳点。目前最流行的算法是在遗失边界和当前网格的交点处加点。Weatherill 等[46]最早提出并实现这类算法,笔者和其他学者也对这类方法做过系统性研究[38,47-53]。我们注意到,George 等意识到其早期边界恢复算法的收敛性问题后,也改为采用这类加点策略实现边界恢复,并从理论上确认了这类算法的收敛性[54]。

在边界上直接加斯坦纳点只能实现保形边界恢复,要实现约束边界恢复,还要考虑斯坦纳点的移动或删除问题。由于理论上删除斯坦纳点不能总是保证约束边界恢复成功(某些多面体必须增加额外的斯坦纳点才能四面体化)。因此,斯坦纳点移动算法的收敛性则变得非常关键,它是保证约束边界恢复算法收敛性的必要条件。George 等[54]、Du 等[55]以及 Chen 等[48]都建议采用"点分解"策略实现斯坦纳点的移动,这类算法的收敛性在理论上已得到证明。

边界上的斯坦纳点会破坏原来表面网格的尺寸场,由此产生差的边界单元和体单元。移动到区域内部的斯坦纳点通常离边界很近,且会出现斯坦纳点聚集的现象,在其附近形成大量的差单元。因此,尽量减少斯坦纳点的数量通常有益于网格质量的提高。总结起来,减少辅助点数目有三条策略。

①狭长的边界三角面片附近通常会出现斯坦纳点聚集现象,而提高表面网格的质量有助于减少辅助点。实践表明,即使对表面网格执行简单的对角交换操作,也能大大降低边界恢复时所需的斯坦纳点数目。

②利用无需斯坦纳点的 3 维边/面交换操作恢复边界。

③因为存在无法四面体化的多面体,斯坦纳点删除策略总有可能失败,但提高斯坦纳点删除策略的成功率对减少辅助点非常有利。

Chen 等[48]实现了一类针对小多面体四面体化的高效穷举算法,当删除斯坦纳点后形成的空腔可以四面体化时,该算法能成功保证删除斯坦纳点,并得到局部最优的四面体网格。当该算法应用于表面网格质量不是很差的算例时,通常能删除全部斯坦纳点。即使应用于包含不少狭长三角形单元的表面网格,最后遗留的斯坦纳点也非常少。相比其他基于改进德洛奈三角化策略或改进前沿推进策略的斯坦纳点删除算法,斯坦纳点删除效果有显著的改进。

最近,提出了基于壳变换(shell transformation)的边界恢复算法。这里,壳指的是包含一条网格边的所有单元的集合。新算法给出了最优网格化一个壳区域的通用算法。更为重要的是,当单个壳变换操作不成功时,新算法允许在邻近的壳递归执行壳变换。通过上述递归的网格拓扑变换过程,新算法无需斯坦纳点,即可将一个网格转化为近似满足某种"最优目标"的另一套网格。针对边界恢复问题,当一套网格和给定边界的交点最少时,称为"最优"。

在常规的边界恢复流程(插入斯坦纳点实现保形边界恢复,然后通过点分解实现约束边界恢复,最后移除区域内部的斯坦纳点)之前调用壳变换,可极大地减少斯坦纳点的使用,从而最小化斯坦纳点对边界恢复算法鲁棒性和最终网格单元质量的负面影响。实验表明,如果输入的表面网格模型主要由单元形态良好的三角形组成,通常单独调用壳变换即可恢复所有边界,无须进入常规边界恢复流程。如果输入如图 10.9 所示、主要由狭长三角形组成的表面网格,新的边界恢复算法通常也只需插入个位数的斯坦纳点。与之相比,基于传统边界恢复算法的商业德洛奈网格生成程序需插入数十个斯坦纳点,甚至直接崩溃。利用一些极端例子探讨自研程序和某商业程序可靠性的结果(这些例子的输入可以从互联网上免费获取)如图 10.9所示。以图 10.8 展示的某燃烧室非结构实体网格模型为输入,图 10.10 给出了应用上述算法获得的非结构实体网格(全四面体单元)。

边界恢复难题的解决极大地提升了自研四面体网格生成程序的鲁棒性,使其可以适应非常复杂模型的四面体网格生成问题。此外,作为一个模块,该四面体网格生成程序还被应用于带边界层的混合网格生成、并行非结构网格生成以及动边界问题的网格生成等问题中,其鲁棒性和效率得到广泛的应用验证。

(3)黏性混合网格生成

黏性绕流计算是混合网格最典型的应用领域之一,最常见的 2 维(3 维)黏性混合网格配置形式为:边界层布置扁平的结构化四边形单元(三

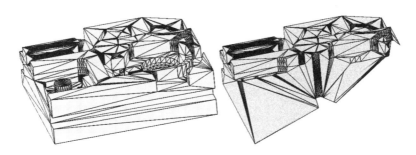

（a）Mohne模型，新的边界恢复算法插入1个斯坦纳点，某商业程序插入35个斯坦纳点

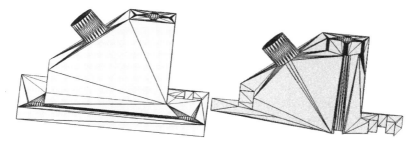

（b）Camil 模型，新的边界恢复算法无需斯坦纳点，某商业程序不能处理该模型

图 10.9　自研四面体网格生成程序和某商业程序可靠性的对比结果

棱柱单元），以适应其附近的各向异性物理现象；其余区域布置各向同性的非结构化三角形单元（四面体单元），以适应问题域的复杂几何边界。

经典的黏性混合网格生成算法包含两个独立的过程[56]：先利用前沿层进法布置边界层网格；然后布置远物面的非结构网格。现有混合网格生成算法的共同问题是如何在复杂几何特征附近（特别是 3 维复杂几何特征）生成高质量的计算网格，该领域很多最新的研究都是围绕这个问题展开的。

实践中，大多数算法关注的复杂几何特征是指凹、凸脊线，特别是凸脊线。Löhner 等[57]认为保证凸脊线附近网格的结构化特性对求解精度有重要的影响，这给算法设计带来了特殊的挑战。通常的处理技巧是在凸脊线附近采用多层进方向[58-60]，该方法会在凸脊线附近形成一部分无法用三棱柱单元填补的空白，可以用退化的三棱柱单元（三棱柱的某一条边退化为一个点）[58,61]、四面体单元或四棱锥单元加以填充。值得注意的是，除非加以扩展，当前很多求解器不能处理退化的三棱柱单元，此时需要引入单元分解操作，将退化单元分解为符合需要的单元拓扑形式的组合[58]。

Sharov 等[62]通过对表面网格生成做特殊处理来解决凹凸脊线附近边

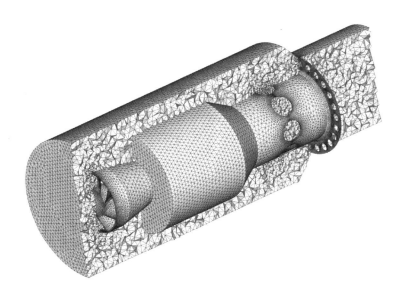

图 10.10　某燃烧室模型的非结构实体网格(全四面体单元)

界层网格生成问题,提高了算法的稳健性,但这种方法耦合了曲面网格和体网格生成模块,且会使凹凸脊线附近出现高密度单元聚集现象,从而降低算法的计算效率。

国内在基于非结构混合网格的黏性流动计算方面开展了大量研究工作。张来平等[56,63,64]在这方面有系统性的研究成果;Sang 等[65]发展了一类在非黏性作用区布置笛卡儿网格的混合网格生成及其求解算法;王刚等[66]和成娟[67]也做了有意义的研究。从公开的文献看,国内给出的非结构性混合网格生成算法较少涉及复杂几何情形下网格生成处理技巧的讨论。

基于经典的前沿层进边界层网格生成算法和德洛奈非结构体网格生成算法,引入多方向层进等适应复杂几何情形的边界层网格处理技术,我们开发了一套混合网格生成程序[68]。该方法通过采取法向优化、步长调整、多法向层进、自动缩层等技术,很好地处理了包含凹凸脊线(点)、狭缝等的复杂外形的几何特征,生成了高质量的黏性混合网格。以图 10.8 展示的某燃烧室非结构实体网格模型为输入,图 10.11 给出了应用上述算法获得的带边界层的非结构黏性混合网格。

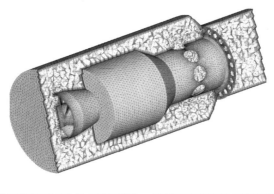

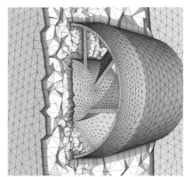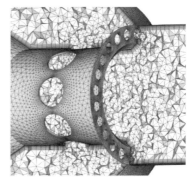

图 10.11　某燃烧室模型的非结构黏性混合网格

前沿点层进法向的计算是边界层网格生成过程中的一个主要难点问题,前沿点层进法向的计算不仅影响网格单元质量,还可能影响算法的稳定性。不合适的法向计算策略可能导致相邻前沿点的层进法向过渡剧烈,从而产生低质量网格单元,有时甚至产生反转单元,或者产生的单元与其他单元存在局部相交。因此,混合网格生成过程中的很大一部分工作是围绕如何解决上述这些问题而展开的。我们提出了一种新的基于偏微分求解的边界层网格生成方法[69]。受热传导现象的启发,我们将用于边界层网格生成的控制方程选为拉普拉斯方程。

10.3.4　DRAGON 混合网格生成

第一作者在 1998—2002 年在 NASA 格伦研究中心工作时,曾独立地将 2 维 DRAGON(direct replacement of arbitrary grid overlapping by nonstructured)网格技术推广到 3 维情形,解决了针对 3 维问题的特殊难

点。并且,曾独立地将 3 维 DRAGON 网格技术应用到涡轮机械与推进系统的流体流动分析中。DRAGON 网格技术通过利用非结构网格对任意结构网格的重叠部分进行直接替换而生成,它吸取和强化了结构和非结构网格的优点,同时克服或减少了它们的缺点。该方法大大地减少了网格生成过程中的人工工作量——目前这类数值模拟中的瓶颈问题。

这一工作以长篇连载形式发表于期刊 *Computer Methods in Applied Mechanics and Engineering* 上(共 46 页)[70,71],在此不再赘述。DRAGON 网格技术已进入实质性应用阶段,相关软件已推广到 NASA 的其他研究中心使用。基于 3 维 DRAGON 网格技术的流动求解器 DRAGONFLOW 解决了 NASA 已有的成熟的求解器 OVERFLOW 在求解超声速问题时不可避免的流场变量插值不守恒问题。DRAGONFLOW 已被用于解决涡轮机械和飞机投弹等复杂流场问题。图 10.12 给出了 DRAGON 网格技术应用于薄层冷却涡轮叶片的实例。

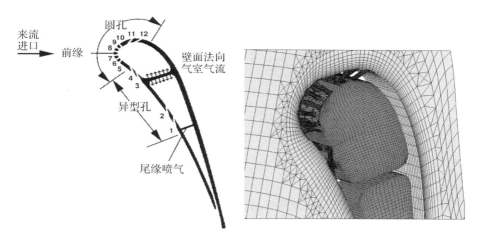

图 10.12　DRAGON 网格技术应用于薄层冷却涡轮叶片

10.3.5　并行网格生成

在工程与科学计算的很多领域,如计算流体动力学和计算电磁学,为对某些问题进行更精细的模拟和分析,往往需要生成大规模的网格数据。以开展飞机全机数值模拟为例,要做到物理高精度和几何高精度,就要求物理特征和几何特征处网格单元尺寸足够精细,以减小模型误差。Weatherill 等[72]曾对不同计算方法整机数值模拟所需网格生成规模给出一张图

（图 10.13）。考虑湍流模型的真实飞机模拟所需网格规模将达到$10^8 \sim 10^9$量级，即需要数亿乃至数十亿网格节点。而在计算电磁场领域，所需网格规模是和波长成反比，有些问题甚至需要包含几十亿单元的网格才能准确求解[72]。

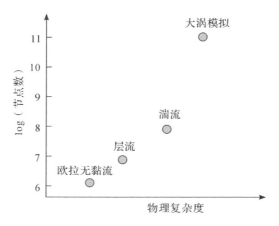

图 10.13　不同计算方法整机数值模拟所需网格生成规模（网格节点数）

　　利用串行程序生成大规模计算网格面临的首要难题是内存不足，早期的 32 位系统支持的最大内存是 4GB，串行程序在普通微机上大致只能获得包含百万量级单元的实体网格。外存技术可缓解单机内存不足的问题，但同时会大大增加时间消耗。某些计算问题需要频繁更新网格，更不适宜利用外存技术生成大规模计算网格。

　　随着计算机技术的发展，在 64 位系统下，单机可以配置几十 GB 的内存，内存问题不再是阻碍大规模计算网格生成的主要障碍。如果有足够好的串行程序、足够多的内存，利用 8～10 个小时单机生成包含上亿单元的网格已成为可能。但这并不意味着并行网格生成的研究没有必要。以日常的大规模 CFD 计算为例，相比单次流场计算需要耗费数周的时间，单次网格生成过程所耗费的时间要小 1～2 个数量级。但网格生成过程严重依赖于模型的复杂性和用户的经验，一次最终成功的网格生成过程通常建立在几十次甚至更多失败的尝试之上，而所有这些尝试耗费的总时间可能会远远多于流场计算的时间。此外，随着日常可获取资源计算能力的不断提高，很多大型 CFD 计算不再是运行在几百或几千个核之上，而是运行在数万乃至更多的计算核之上。此时流场计算的时间也已大大缩短。相对而言，自动化程度更低、需要不断试错的网格生成过程仍然是大规模计算的主要性能瓶颈。显然,并行网格生成程序的研究和应用是解决这一瓶颈的主要途径。

　　HEDP/PRE 集成了完整的并行曲面/实体网格生成以及并行体网格优化程序,形成了完整的并行前处理程序流程,通过集成并行求解程序,实现了真正意义上的全过程并行数值模拟(并行网格生成＋并行求解)。限于篇幅,下面简单介绍 HEDP/PRE 集成的并行四面体网格生成程序PDMG3D,其可利用几十个计算核快速生成数亿四面体网格,为开展大规模科学计算提供了很好的支撑[38,73-75]。

　　基于主从模式设计的并行实体网格生成流程如图 10.14 所示。输入数据是有效的、封闭的且绕向正确的三角形表面网格以及体网格单元的尺寸

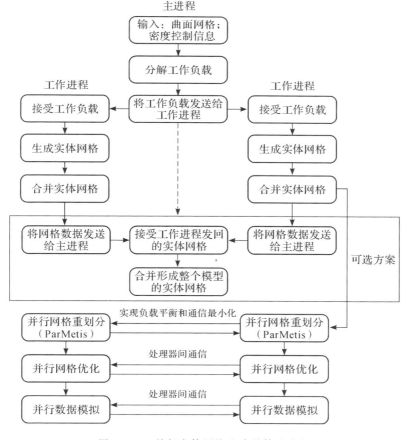

图 10.14　并行实体网格生成的算法流程

定义。主进程首先利用几何分解方法,添加交界面网格,将由表面网格描述的整个外形分解为多个各自封闭的子曲面网格(子模型)。子模型数目通常远远大于工作进程数目(过度分解),以实现动态负载平衡。随后主进程负责分配工作负载,工作进程负责网格生成及优化。分配给每个工作进程的子模型数量可能大于 1,工作进程负责将其产生的所有子模型实体网格合并(不同子网格之间可能存在共享网格节点,合并时需要对其统一编号,以保证整体网格兼容性)。网格生成完成后,如果集中存储所有网格不存在内存瓶颈,工作进程也可将网格数据发回至主进程,由主进程负责合并全部网格(可选方案)。对于大规模数值模拟,集中存储体网格数据存在很难跨越的内存瓶颈,因此采用分布式存储策略。利用 ParMETIS 这一并行网格重划分工具实现并行求解程序的负载平衡和通信最小化后,即可执行并行网格优化程序及并行数值模拟程序。

PDMG3D 是典型的前置处理类并行算法,其突出优点是可实现对串行网格生成方法的完全复用,且并行子网格生成时处理器之间的通信需求非常小。子网格生成采用串行德洛奈网格生成程序,为保证不同子网格在交界面上的网格一致性,采用了约束边界恢复方法。

区域分解过程采用直接在区域内部插入交界面网格的思路。区域分解是递归进行的,其过程可以用一棵二叉树表示,树的每个结点代表一个几何区域:根结点代表给定问题域;枝干代表区域分解的中间结果;叶子代表最终得到的子域。区域递归分解的终止条件是给定的子域粒度控制值。粗略地,子域边界三角片的数量可用于近似子域的粒度,用户在程序中设定一个最大值以控制最终子域的大小,所有叶子结点的表面三角边数应小于用户设定的最大值。

单次分割操作指的是将区域一分为二的过程,它包含七个步骤(图 10.15 例子说明了这一过程的主要步骤,图中故意隐藏了部分球面单元,以方便观察其内部效果)。

①确定分割平面位置[图 10.15(a)],交界面的内部网格点都将位于分割平面上。

②在分割平面附近形成一个或多个由表面网格边组成的环,并由其定义交界面网格的边界[图 10.15(b)]。

③将环边节点投影到分割平面上,形成一个 2 维区域,利用平面三角形网格程序网格化该区域后,将边界点(投影点)用对应的表面网格点替换,即

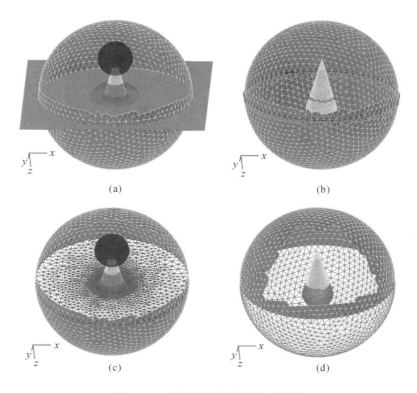

图 10.15　单次分割操作的主要步骤

可获得交界面网格[图 10.15(c)]。

　　④判断交界面网格和表面网格是否相交,如果不相交,转至步骤⑦。

　　⑤尝试修复相交问题,如果修复成功,转至步骤⑦。

　　⑥重新计算分割平面,回到步骤②。

　　⑦利用交界面网格将区域一分为二[图 10.15(d)]。

　　上述算法存在两个主要问题。

　　①交界面网格可能与原表面相交。在已有研究中,很少详细讨论这个问题,只提及通过改变分割面位置并重启分割操作的备份策略来保证程序的可靠性。当外形非常复杂时,这类相交是非常频繁的,使得整个程序变得非常不可靠。此外,分割过程非常耗时,不断地重复无效的分割过程会大大增加整个区域分解的时间消耗。

　　②交界面上及交界面与原表面相交处可能形成一些小的二面角,子网格生成后,这些区域附近会产生不少质量比较差的单元。当然,可以通过合

并所有子网格然后执行全局网格优化来尝试消除这些差单元。但考虑时间效率或内存限制,在无法合并所有子网格为全局网格时,受子网格边界限制,局部网格优化很难消除这些差单元。如何有效地消除这些差单元是提高并行算法稳定性的关键(这对后续计算的效率和精度至关重要),也是提高并行计算预处理整个过程效率的关键。

针对上述问题,PDMG3D 中集成的新算法给出了对应的解决办法[95]。利用并行网格生成程序获得的 F16 飞机外流场计算网格如图 10.16 所示。自动分区算法能处理如此复杂的飞机模型,是并行网格生成程序实用化的关键所在。体网格包含约 3000 万四面体单元,曲面网格生成、体网格生成和体网格优化等三个主要网格处理步骤均允许在 32 个核上,总耗时 154 秒,其中最耗时的步骤为并行网格优化,约耗时 79 秒。

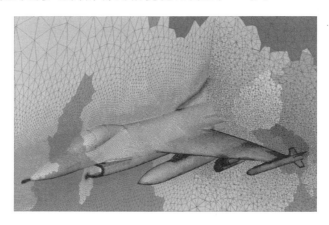

图 10.16　并行网格生成的 F16 飞机外流场计算网格

10.4　其他模块

10.4.1　可视化

可视化是当前分析数值模拟结果的主要手段。HEDP 的后处理模块可提供通用的科学可视化方法,如切面与切体剖分、颜色映射云图、等值线、等值面、矢量箭头、流线、迹线、流管、飘带以及动画等;另外,HEDP 重点开发了一些新颖的可视化方法,如流场特征检测、跟踪和度量,基于纹理的可视化和智能体绘制,以及流场数据挖掘等[76,77]。

　　HEDP 后处理模块的开发基于 ParaView 框架,图 10.17 和图 10.18 是系统运行时的截图。图 10.17 中上半部分是对瑞利-贝纳尔热对流数据进行基于纹理的绘制,下半部分是对同一数据其进行涡核抽取的结果。基于纹理的绘制方法非常直观易懂,但只能看到某个切面的流动情况;涡核可以抽象显示整个流场的结构,但不够形象。二者的结合可以互相印证,协助用户了解整个流场的流动情况。图 10.18 是对同样数据进行流线绘制和流线的多元标度法(MDS)降维分析。在 3 维空间中,流线虽然能直观表达流场的流动情况,但会互相遮挡,很难观察整体流场的整体结构。使用 MDS 将其映射到 2 维空间,则可以大致分析出流动的拓扑结构。

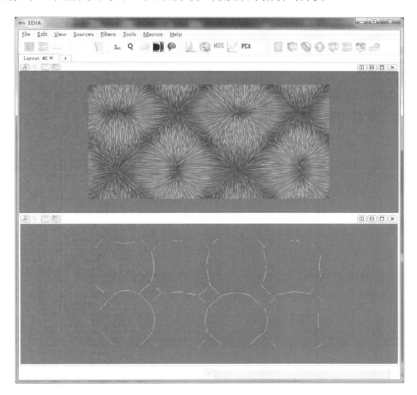

图 10.17　基于纹理的绘制与涡核抽取结果对比(RB 对流数据)

10.4.2　任务管理

　　在求解问题过程中,往往会同时运行大量任务,许多计算任务通常需要远程执行。任务的定义、提交、执行、调度、监控、终止以及资源分配等统称

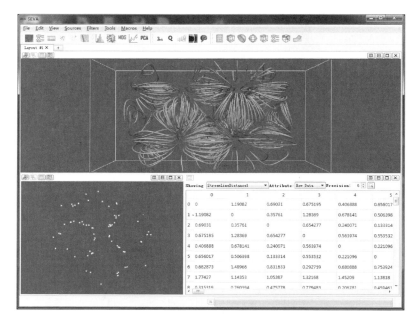

图 10.18　流线 MDS 降维分析（RB 对流数据）

为任务管理。HEDP 控制台可以直接在本地启动和管理模块，但远程和分布式的计算任务需要借助专门的任务管理系统完成。

任务管理的方式与所运行的平台密切相关。在集群上广泛使用的任务管理系统有 PBS、Condor、LSF 和 Loadleveler 等；在网格环境下广泛使用的系统有 Legion、NetSolve 和 Globus 的 GRAM 等[78]。但是，直接使用这些管理系统比较繁琐，在异构的网络环境中往往同时存在多种管理系统，为使用一台不同的远程超级计算机而让用户学习一种新的管理软件使用方法，代价太高。

HEDP 开发了一个统一的任务管理界面，将任务提交、任务监控、任务启动和结束以及参数文件和结果文件的传输等公共功能抽象出来，为用户提供一致的用户界面。HEDP 通过对具体任务管理软件的包装，实现各种具体功能的映射，理论上 HEDP 可以使用任意管理软件。该管理系统运行时的界面截图如图 10.19 所示。

当前，HEDP 任务管理系统的实现中自带两个任务管理系统。一个是基于 rsh 和 ssh 的轻量级远程任务管理系统，它利用 rsh 和 ssh 协议和命令来手动执行远程任务提交、远程资源和任务状态查询，以及任务的终止和文

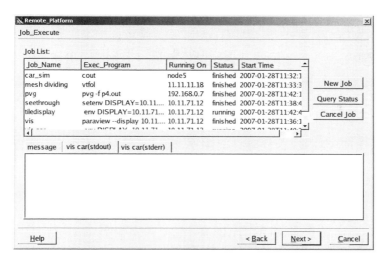

图 10.19　任务监控界面

件传输等。另一个是网格任务管理系统[79]，该管理系统的主要部件包括任务生成器、任务调度器、任务执行器、任务监控器及文件控制器等，体系结构如图 10.20 所示。任务生成器对任务进行描述，主要包括任务名称、任务类

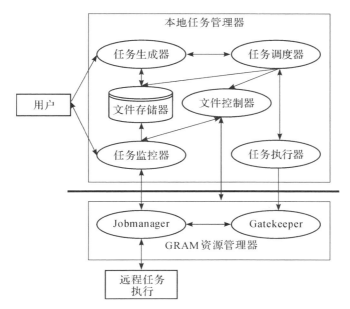

图 10.20　HEDP 网格任务管理系统体系结构

型、进程数量、执行文件、运行参数、工作目录、需要的结点数量、CPU 速度、CPU 空闲率、内存容量和空闲内存大小等。任务调度器按照预定的调度策略及调度算法为任务分配物理资源。任务执行器是一个驻留内存的守护进程，接收已分配物理资源的任务，并将其提交到远程资源执行。任务监控器监控任务的执行情况，负责收集任务执行的有关信息，并控制任务的执行，如暂停或继续任务的执行、提前结束任务等。除此之外，任务管理系统还有一些辅助功能模块，包括任务性能预测、检查点设置、任务迁移等。

10.4.3　性能分析

并行计算的效率非常重要，性能分析是找出程序瓶颈并实现程序优化的关键。目前广泛使用的 MPI 并行程序分析与跟踪软件（组合）有 KOJAK、Paraver、TAU、HPCToolkit、MPE 和 Jumpshot、Intel Trace Collector 和 Trace Analyzer、MPICL 和 ParaGraph，以及在线性能分析软件 Paradyn、DynaProf 等[80]。HEDP 选用 MPICL 和 ParaGraph 分析软件组合作为基本的性能分析工具，供用户进行离线的性能评测。这套开源工具开发时间久，比较成熟和稳定[81]。

MPICL 是一个子程序库，用于收集消息传递并行程序中的通信及用户定义事件的消息。对于 MPI 并行程序，MPICL 利用 MPI 的 profiling 接口生成踪迹文件以记录并行程序执行过程中所有 MPI 函数的调用。踪迹文件包含每行一个事件记录，该事件记录由一组描述事件类型、时间戳、处理器数量、消息长度及其他相似信息的数值构成。在使用 MPICL 时，只需在源程序中添加几条语句，然后重新编译即可。在执行并行程序时，会把相关性能数据记录在踪迹文件中。

MPICL 生成的性能跟踪数据使用 ParaGraph 来可视化。ParaGraph 提供了类型丰富的视图，易用，易理解，可移植，被广泛用于 MPI 并行程序的性能分析。

联合使用 MPICL 和 ParaGraph，可以方便地发现大多数性能瓶颈。

10.5.4　数值软件库

各种科学计算问题最终多归结为基本数值问题，可以通过调用成熟的高性能数值软件库获得求解。广泛应用的高性能数值软件库有可扩展可移植科学计算工具箱（PETSc）、大型稀疏线性方程组并行迭代求解库

（AZTEC）、高级最优化工具箱（TAO）、线性代数库（LAPACK）和快速傅里叶变换包（FFTW）等。

　　HEDP 集成了 PETSc 作为基础数学库，供用户开发计算模块。PETSc 使用 MPI 通信，内含许多并行的线性和非线性方程求解器，可以通过 C、C++、Fortran、Python 等语言调用。PETSc 支持分布式数组，并行的数组和向量收集等特性，性能非常好，被广泛用于许多大规模科学计算程序。

参考文献

[1] Gallopoulos E，Houstis E N，Rice J R. Future research directions in problem solving environments for computational science[R]. Department of Computer Sciences Technical Reports，Paper 954，Purdue University，1992.

[2] Culler G J，Fried B D. An on-line computing center for scientific problems[C]// Proceedings of IEEE Pacific Computer Conference，1963.

[3] Rice J R，Rosen S. NAPSS：A numerical analysis problem solving system[C]// Proceedings of the 21st National Conference，1966.

[4] Ford B J，Chatelin F. Problem solving environments for scientific computing[C]// Proceedings of the IFIP TC2 Wg2.5 Working Conference on Problem Solving Environments for Scientific Computing，1987.

[5] Gallopoulos E，Houstis E，Rice J R. Computer as thinker/doer：problem-solving environments for computational science [J]. IEEE Computational Science and Engineering，1994，1(2)：11-23.

[6] Gallopoulos E，Houstis E N，Rice J R. Workshop on problem-solving environments：findings and recommendations[J]. ACM Computing Surveys，1995，27(2)：277-279.

[7] 郑耀，解利军.高端数字样机技术及应用[M]. 北京：科学出版社，2015.

[8] 郑耀，陈建军.非结构网格生成：理论、算法和应用[M]. 北京：科学出版社，2016.

[9] Zheng Y，Weatherill N P，Turner-Smith E A. An interactive geometry utility environment for multi-disciplinary computational engineering[J]. International Journal for Numerical Methods in Engineering，2002，53(6)：1277-1299.

[10] Beall M W，Walsh J，Shephard M S. A comparison of techniques for geometry access related to mesh generation[J]. Engineering with Computers，2004，20(3)：210-221.

[11] Cao BW，Chen J J，Huang Z G，et al. CAD/CAE integration framework with layered software architecture[C]// 11th IEEE International Conference on Computer-Aided Design and Computer Graphics，August 19-21，2009.

[12] Owen S J. An introduction to mesh generation algorithms[C]// Short Courses of the 14th International Meshing Roundtable，2005.

[13] Kitware. File Formats for VTK Version 4.2[EB/OL]. [2012-10-16]. http://www.vtk.org/VTK/img/file-formats.pdf.

[14] Martti M. An Introduction to Solid Modeling[M]. Rockville, MD：Computer Science Press，1988.

[15] Baumgart B G. A polyhedron representation for computer vision[C]// Proceedings of the May 19-22，1975，National Computer Conference and Exposition，1975.

[16] Weiler K. The radial-edge structure：A topological representation for non-manifold geometric boundary modeling[M]// Wozny M J，McLauglin H W，Encamacao J L. Geometric Modelling for CAD Applications. North Holland，1988.

[17] Zheng Y，Lewis R W，Gethin D T. Three-dimensional unstructured mesh generation. Part 2. Surface meshes[J]. Computer Methods in Applied Mechanics and Engineering，1996,134(3-4)：269-284.

[18] Borouchaki H，George P L，Hecht F，et al. Delaunay mesh generation governed by metric specifications. Part I. Algorithms[J]. Finite Element in Analysis and Design，1997,25(1-2)：61-83.

[19] Borouchaki H，George P L，Mohammadi B. Delaunay mesh generation governed by metric specifications. Part II. Applications [J]. Finite Elements in Analysis and Design，1997,25(1-2)：85-109.

[20] Peirò J. Surface Grid Generation[M]// Thompson J F，Soni B K，Weatherill N P. Handbook of Grid Generation. Boca Raton：CRC Press，1999.

[21] Guan Z，Shan J，Zheng Y，et al. An extended advancing front technique for closed surfaces mesh generation [J]. International Journal for Numerical Methods in Engineering，2007，74(4)：624-667.

[22] 陈立岗.面向工程与科学计算的表面网格处理方法的若干问题研究[D].杭州:浙江大学,2008.

[23] 梁义.自适应表面网格生成研究[D].杭州:浙江大学,2009.

[24] 梁义,陈建军,陈立岗,等.基于STL模型的快速曲面网格生成[J].中国机械工程,2010,21(17)：2123-2127.

[25] 梁义,陈建军,陈立岗,等.几何自适应参数曲面网格生成[J].计算机辅助设计与图形学学报,2010,22(2)：327-335.

[26] 陈建军,梁义,黄争舸,等.面向STL模型的几何自适应曲面网格生成[J].机械工程学报,2011,27(7)：128-133.

[27] 陈建军,郑建靖,季廷炜,等.前沿推进曲面四边形网格生成算法[J].计算力学学报,2011,28(5)：779-784.

[28] Xie L，Chen J，Liang Y，et al. Geometry-based adaptive mesh generation for continuous and discrete parametric surfaces [J]. Journal of Information &

Computational Science，2012,9(8)：2327-2344.

[29] Nakahashi K，Sharov D. Direct surface triangulation using the advancing front method [C]//Proceedings of the 12th AIAA Computational Fluid Dynamics Conference，1995：442-451.

[30] Lau T S，Lo S H. Finite element mesh generation over analytical curved surfaces[J]. Computers & Structures，1996,59(2)：301-309.

[31] Rypl D，Bittnar Z. Direct triangulation of 3D surfaces using the advancing front technique[C]// Numerical Methods in Engineering，ECCOMAS'96，1996.

[32] Tremel U，Deister F，Hassan O，et al. Automatic unstructured surface mesh generation for complex configurations[J]. International Journal for Numerical Methods in Fluids，2004,45(4)：341-364.

[33] Baker T J. Mesh generation：Art or science? [J]. Progress in Aerospace Sciences，2005,41(1)：29-63.

[34] Dirichlet P G L. Über die Reduktion der positiven quadratischen Formen mit drei unbestimmten ganzen Zahlen[J]. Journal für die Reine und Angewandte Mathematik，1850,40：209-227.

[35] Voronoï G. Nouvelles applications des paramètres continus à la théorie des formes quadratiques，premier mémoire：sur quelques propriétés des formes quadratiques positive parfaites[J]. Journal für die Reine und Angewandte Mathematik，1908,133：97-178.

[36] Voronoï G. Nouvelles applications des paramètres continus àla théorie des formes quadratiques，deuxième mémoire：Recherches sur les parallélloèdres primitifs[J]. Journal für die Reine und Angewandte Mathematik，1908,134：198-287.

[37] Delaunay B. Sur la sphère vide [J]. Izvestiya Akademii Nauk SSSR，Otdelenie Matematicheskii i Estestvennyka Nauk，1934,7：793-800.

[38] 陈建军.非结构化网格生成及其并行化的若干问题研究[D].杭州:浙江大学，2006.

[39] Schönhardt E. Über die zerlegung von dreieckspolyedern in tetraeder[J]. Mathematische Annalen，1928,98：309-312.

[40] Chazelle B. Convex partitions of polyhedra：A lower bound and worst-case optimal algorithm[J]. SIAM Journal on Computing，1984,13(3)：488-507.

[41] Ruppert J，Seidel R. On the difficulty of triangulating three-dimensional Nonconvex Polyhedra[J]. Discrete and Computational Geometry，1992,7(3)：227-254.

[42] George P L，Hecht F，Saltel E. Automatic mesh generator with specified boundary [J]. Computer Methods in Applied Mechanics and Engineering，1991,92：269-288.

[43] Liu A，Baida M. How far flipping can go towards 3D conforming/constrained triangulation[C]// Proceedings of the 9th International Meshing Roundtable，2000.

[44] Shewchuk J R. Delaunay refinement mesh generation[D]. Pittsburgh，PA：Carneigie Mellon University，1997.

[45] Si H. Three dimensional boundary conforming Delaunay mesh generation[D]. Berlin：Technische Univerisität，2008.

[46] Weatherill N P，Hassan O. Efficient three-dimensional delaunay triangulation with automatic point creation and imposed boundary constraints[J]. International Journal for Numerical Methods in Engineering，1994，37：2005-2039.

[47] Chen J，Zheng Y. Redesign of a conformal boundary recovery algorithm for 3D Delaunay triangulation[J]. Journal of Zhejiang University-SCIENCE A，2006，7(12)：2031-2042.

[48] Chen J，Zhao D，Huang Z，et al. Three-dimensional constrained boundary recovery with an enhanced Steiner point suppression procedure[J]. Computers and Structures，2011，89(5-6)：455-466.

[49] Zheng Y，Lewis R W，Gethin D T. Three-dimensional unstructured mesh generation：Part 1. Fundamental aspects of triangulation and point creation[J]. Computer Methods in Applied Mechanics and Engineering，1996，134：249-268.

[50] Lewis R W，Zheng Y，Gethin D T. Three-dimensional unstructured mesh generation：Part 3. Volume meshes [J]. Computer Methods in Applied Mechanics and Engineering，1996，134(3-4)：285-310.

[51] Guan Z，Song C，Gu Y. The boundary recovery and sliver elimination algorithms of three-dimensional constrained Delaunay triangulation [J]. International Journal for Numerical Methods in Engineering，2006，68：192-209.

[52] Du Q，Wang D S. Boundary recovery for three dimensional conforming Delaunay triangulation[J]. Computer Methods in Applied Mechanics and Engineering，2004，193：2547-2563.

[53] 陈建军，黄争舸，杨永健，等.复杂外形的非结构四面体网格生成算法[J]. 空气动力学学报，2010，28(4)：400-404.

[54] George P L，Borouchaki H，Saltel E. "Ultimate" robustness in meshing an arbitrary polyhedron[J]. International Journal for Numerical Methods in Engineering，2003，58：1061-1089.

[55] Du Q，Wang D S. Constrained boundary recovery for three dimensional Delaunay triangulations[J]. International Journal for Numerical Methods in Engineering，2004，61：1471-1500.

[56] 张来平，吕超，张涵信.任意平面域的三角形网格和混合网格生成[J]. 空气动力学学报，1999，17(1)：8-14.

[57] Löhner R，Cebral J. Generation of non-isotropic unstructured grids via directional

enrichment[J]. International Journal for Numerical Methods in Engineering，2000，49 (1-2)：219-232.

[58] Athanasiadis A N，Deconinck H. A folding/unfolding algorithm for the construction of semi-structured layers in hybrid grid generation[J]. Computer Methods in Applied Mechanics and Engineering，2005，194(48-49)：5051-5067.

[59] Garimella R V，Shephard M S. Boundary layer mesh generation for viscous flow simulations[J]. International Journal for Numerical Methods in Engineering，2000，49(1-2)：193-218.

[60] Ito Y，Shih A M，Soni B K，et al. Multiple marching direction approach to generate high quality hybrid meshes[J]. AIAA Journal，2007，45(1)：162-167.

[61] Chalasani S，Thompson D. Quality improvements in extruded meshes using topologically adaptive generalized elements[J]. International Journal for Numerical Methods in Engineering，2004，60(6)：1139-1159.

[62] Sharov D，Luo H，Baum J D，et al. Unstructured Navier-Stokes grid generation at corners and ridges[J]. International Journal for Numerical Methods in Fluids，2003，43(6-7)：717-728.

[63] 张来平，王志坚，张涵信.动态混合网格生成及隐式非定常计算方法[J].力学学报，2004，36(6)：664-672.

[64] Zhang L，Chang X，Duan X，et al. Applications of dynamic hybrid grid method for three-dimensional moving/deforming boundary problems[J]. Computers & Fluids，2012，62：45-63.

[65] Sang W，Li F. An unstructured/structured multi-layer hybrid grid method and its application[J]. International Journal for Numerical Methods in Fluids，2007，53(7)：1107-1125.

[66] 王刚，叶正寅，陈迎春.三维非结构粘性网格生成方法[J].计算物理，2001，18(5)：402-406.

[67] 成娟.非结构网格粘性流动计算研究[D].南京:南京航空航天大学,2001.

[68] 陈建军，曹建，徐彦，等.适应复杂外形的三维粘性混合网格生成算法[J].计算力学学报，2014，31(3)：363-370.

[69] Zheng Y，Xiao Z，Chen J，et al. Novel methodology for viscous-layer meshing by the boundary element method[J]. AIAA Journal，2018，56(1)：209-221.

[70] Zheng Y，Liou M S. A novel approach of three-dimensional hybrid grid methodology：Part 1. Grid generation [J]. Computer Methods in Applied Mechanics and Engineering，2003，192(37-38)：4147-4171.

[71] Liou M-S，Zheng Y. A novel approach of three-dimensional hybrid grid methodology：Part 2. Flow solution[J]. Computer Methods in Applied Mechanics and Engineering，

2003,192(37-38)：4173-4193.

[72] Weatherill N P, Hassan O, Morgan K, et al. Aerospace simulations on parallel computers using unstructured grids[J]. International Journal for Numerical Methods in Fluids, 2002,40(1-2)：171-187.

[73] Chen J, Zhao D, Huang Z, et al. Improvements in the reliability and element quality of parallel tetrahedral mesh generation[J]. International Journal for Numerical Methods in Engineering, 2012,92(8)：691-693.

[74] Chen J, Zhao D, Zheng Y, et al. Fine-grained parallel algorithm for unstructured surface mesh generation [C]// Proceedings of the 22nd International Meshing Roundtable, 2014：559-578.

[75] Zhao D, Chen J, Zheng Y, et al. Fine-grained parallel algorithm for unstructured surface mesh generation[J]. Computers & Structures, 2015,154：177-191.

[76] 解利军，张帅，张继发，等.基于特征的流场数据挖掘[J]. 空气动力学报，2010，28(5)：540-546.

[77] 解利军.基于可伸缩立体显示墙的可视计算环境构建[D].杭州:浙江大学，2007.

[78] Papakhian M. Comparing job-management systems：the user's perspective[J]. IEEE's Computational Science and Engineering, 1998,5(2)：4-9.

[79] 栾翠菊.计算网格环境中任务管理的研究[D].杭州:浙江大学，2006.

[80] Leko A, Sherburne H, Su H, et al. Practical experiences with modern parallel performance analysis tools：An evaluation[J/OL]. https://upc.lbl.gov/ppw-archive/publications/WhitepaperLeko.pdf.

[81] MPICL[EB/OL]. http://www.csm.ornl.gov/picl.

彩图附录

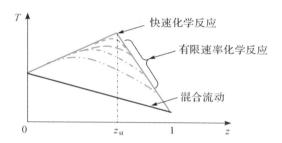

图 4.1　不同燃烧模态对应的温度函数关系

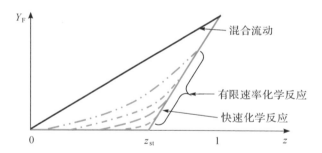

图 4.2　不同燃烧模态对应的燃料组分函数关系

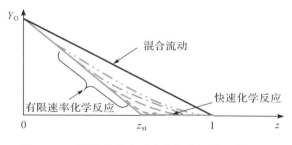

图 4.3　不同燃烧模态对应的氧化组分函数关系

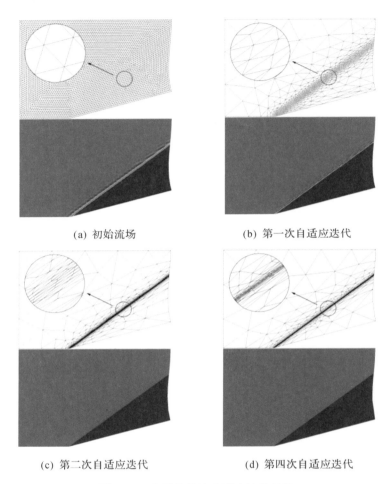

(a) 初始流场   (b) 第一次自适应迭代

(c) 第二次自适应迭代   (d) 第四次自适应迭代

图 6.20　楔形体扰流自适应迭代过程

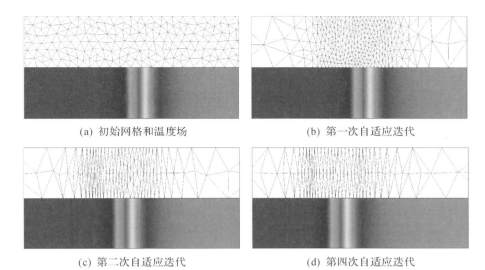

(a) 初始网格和温度场   (b) 第一次自适应迭代

(c) 第二次自适应迭代   (d) 第四次自适应迭代

图 6.21 自适应网格和温度演变过程

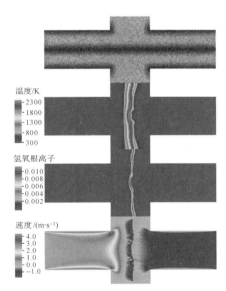

温度/K
- 2300
- 1800
- 1300
- 800
- 300

氢氧根离子
- 0.010
- 0.008
- 0.006
- 0.004
- 0.002

速度/(m·s⁻¹)
- 4.0
- 3.0
- 2.0
- 1.0
- 0.0
- -1.0

(a) 各向同性网格及流场解

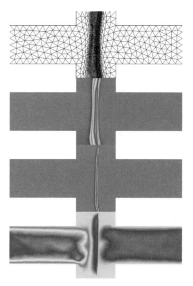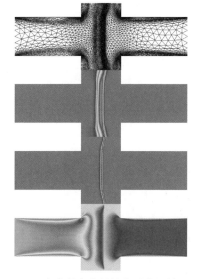

(b) 单变量各向异性自适应计算　　　　　(c) 多变量各向异性自适应计算

图 6.24　不同网格系统及对应流场解

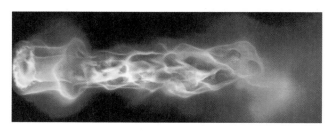

图 6.29　3 维本生火焰瞬时特征(温度场)

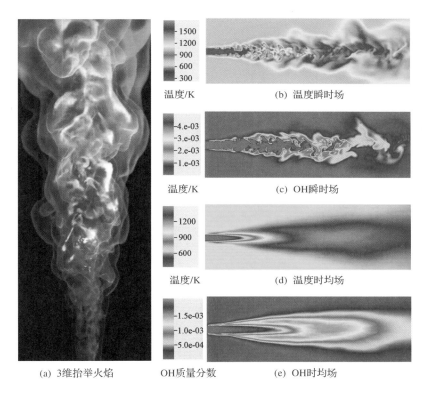

(a) 3维抬举火焰　　温度/K　　(b) 温度瞬时场

温度/K　　(c) OH瞬时场

温度/K　　(d) 温度时均场

OH质量分数　　(e) OH时均场

图 6.31　3 维抬举火焰的瞬时特征与时均特征(温度场和 OH 场)

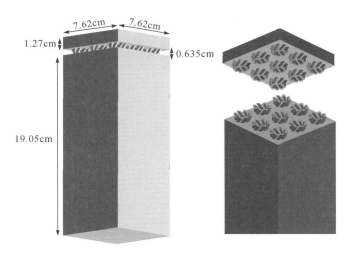

图 7.2　LDI 燃烧室的几何示意

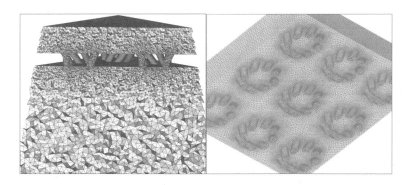

图 7.3　LDI 燃烧室的网格系统示意

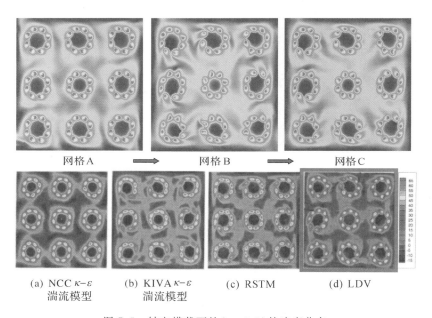

网格 A　　➡　　网格 B　　➡　　网格 C

(a) NCC κ-ε　　(b) KIVA κ-ε　　(c) RSTM　　(d) LDV
湍流模型　　　　湍流模型

图 7.5　轴向横截面处 (z＝0.3) 的速度分布

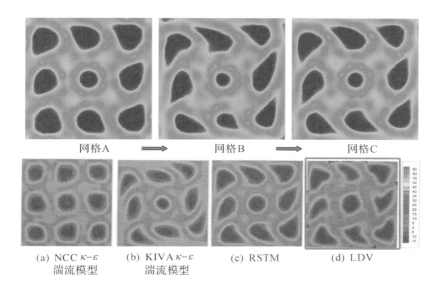

图 7.6　轴向横截面处($z=1.3$)的速度分布

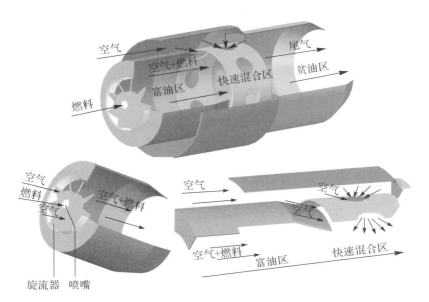

图 7.9　RQL 燃烧室的 3 维几何和局部剖析图

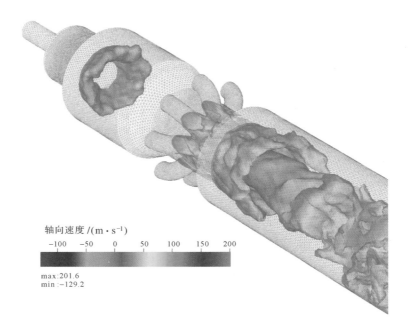

图 7.12　RQL 燃烧室内部温度场等值面分布(着色:轴向速度)

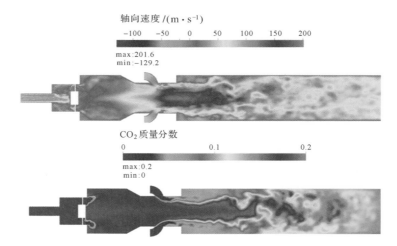

图 7.13　中心截面轴向速度和 CO_2 质量分数分布

温度/K

300 600 900 1200 1500 1800 2100

max:2321
min:292

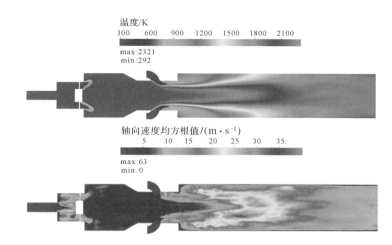

轴向速度均方根值/(m · s⁻¹)

5 10 15 20 25 30 35

max:63
min:0

图 7.14 中心截面平均温度和轴向脉动速度分布

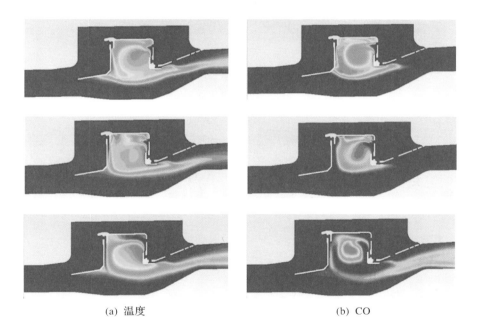

(a) 温度   (b) CO

图 7.20 模型 A 各截面温度和 CO 分布

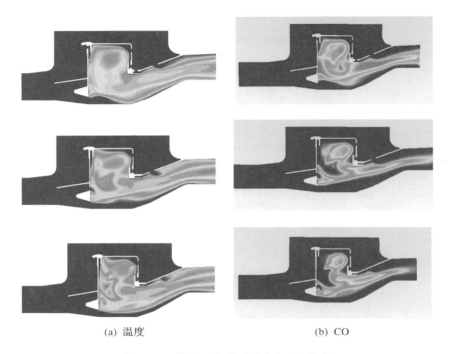

(a) 温度　　　　　　　　　　　　　　(b) CO

图 7.21　模型 B 各截面温度和 CO 分布

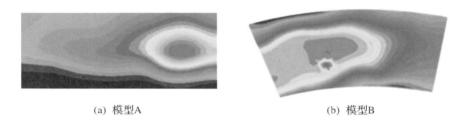

(a) 模型A　　　　　　　　　　　　　　(b) 模型B

图 7.22　出口截面温度分布

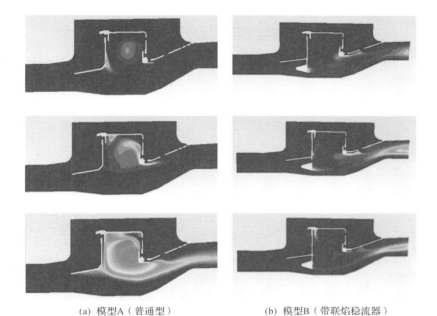

(a) 模型A（普通型）　　　　　　　(b) 模型B（带联焰稳流器）

图 7.23　模型 A、B 三个截面驻涡燃烧室内部 NO 分布情况对比

图 8.13　冷态流场中的拟序结构

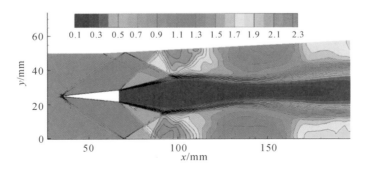

图 8.17　燃烧室内密度场的计算结果

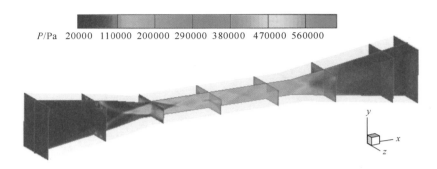

P/Pa 20000 110000 200000 290000 380000 470000 560000

图 8.31   反应流工况下的发动机压力场

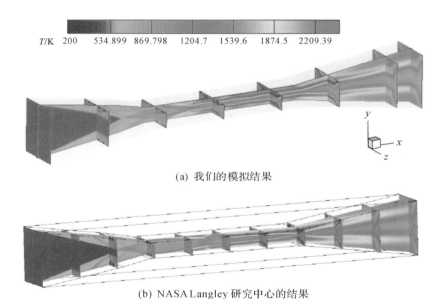

T/K 200 534.899 869.798 1204.7 1539.6 1874.5 2209.39

(a) 我们的模拟结果

(b) NASA Langley 研究中心的结果

图 8.32   反应流工况下的发动机温度场分布

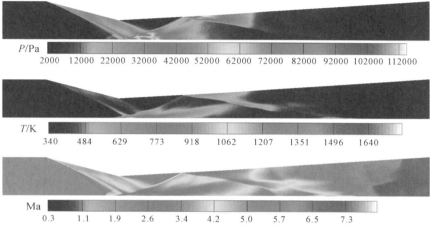

P/Pa
2000 12000 22000 32000 42000 52000 62000 72000 82000 92000 102000 112000

T/K
340 484 629 773 918 1062 1207 1351 1496 1640

Ma
0.3 1.1 1.9 2.6 3.4 4.2 5.0 5.7 6.5 7.3

图 8.36　冷态工况下与 z 轴垂直的截面上压力、温度和马赫数分布

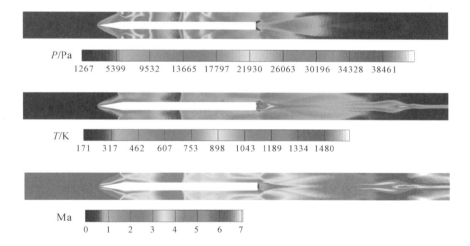

P/Pa
1267 5399 9532 13665 17797 21930 26063 30196 34328 38461

T/K
171 317 462 607 753 898 1043 1189 1334 1480

Ma
0 1 2 3 4 5 6 7

图 8.37　冷态工况下与 y 轴垂直的截面上压力、温度和马赫数分布

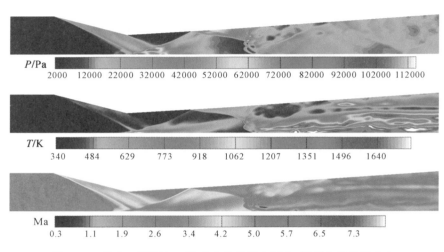

图 8.38　热态工况下与 z 轴垂直的截面上压力、温度和马赫数分布

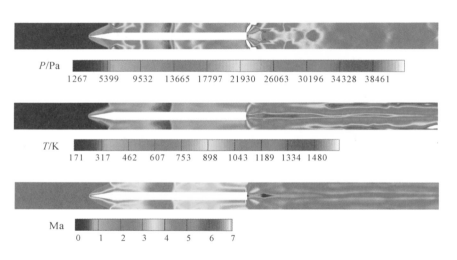

图 8.39　热态工况下与 y 轴垂直的截面上压力、温度和马赫数分布

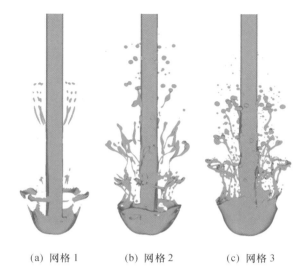

(a) 网格 1   (b) 网格 2   (c) 网格 3

图 9.8　不同网格下的射流结构

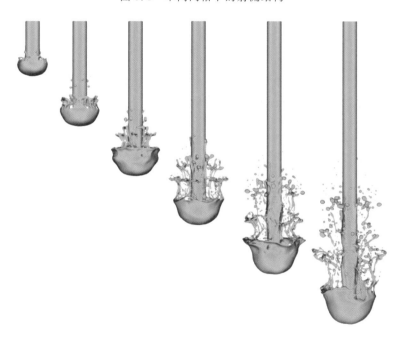

图 9.9　射流结构的时间历程

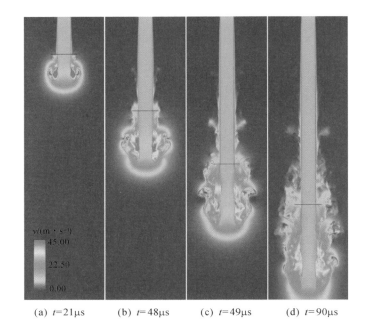

(a) $t=21\mu s$ (b) $t=48\mu s$ (c) $t=49\mu s$ (d) $t=90\mu s$

图 9.10 纵向速度场分布的时间历程

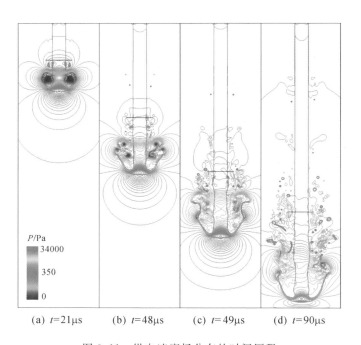

(a) $t=21\mu s$ (b) $t=48\mu s$ (c) $t=49\mu s$ (d) $t=90\mu s$

图 9.11 纵向速度场分布的时间历程

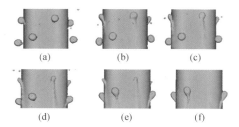

图 9.12　液滴碰撞和融合

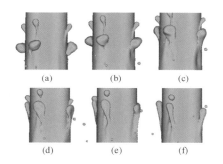

图 9.13　液滴碰撞形成液丝的过程

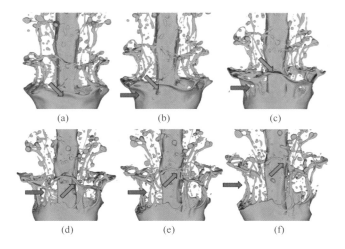

图 9.14　液丝的形成和破碎过程

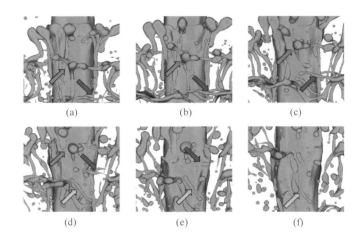

图 9.15　液丝的发展和液滴形成过程

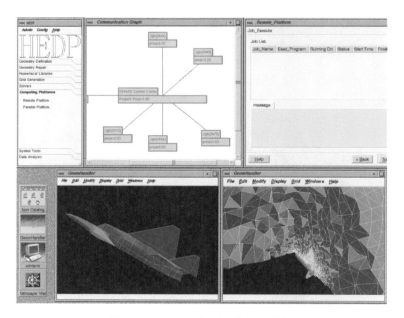

图 10.3　HEDP 典型工作界面截图

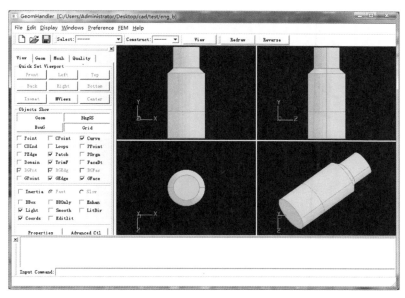

(a) 实体渲染模式

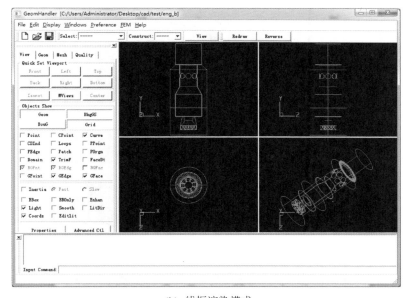

(b) 线框渲染模式

图 10.5　在 HEDP/PRE 中对某发动机燃烧室 CAD 模型进行几何编辑的典型界面

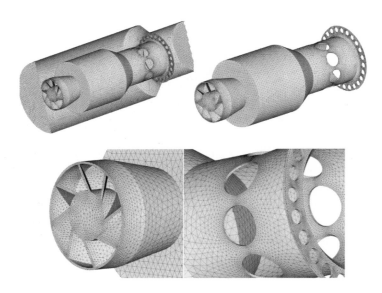

图 10.8　某燃烧室模型的非结构实体网格

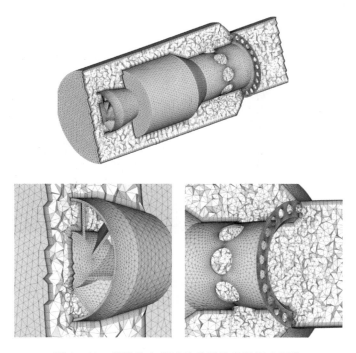

图 10.11　某燃烧室模型的非结构黏性混合网格

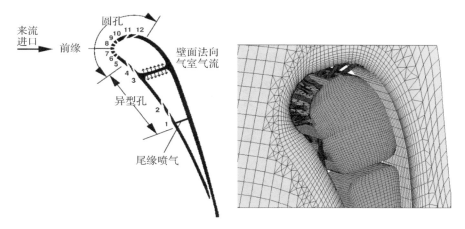

图 10.12　DRAGON 网格技术应用于薄层冷却涡轮叶片

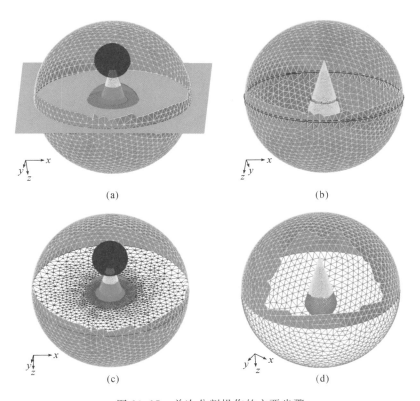

图 10.15　单次分割操作的主要步骤

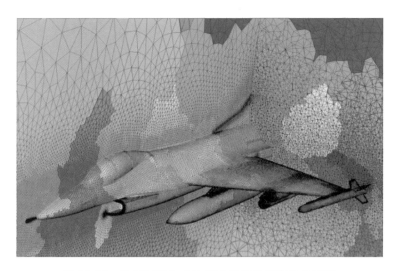

图 10.16　并行网格生成的 F16 飞机外流场计算网格

索　引

图书在版编目（CIP）数据

航空宇航推进系统燃烧过程的数值模拟 / 郑耀, 邹建锋著. —杭州：浙江大学出版社, 2018.10
ISBN 978-7-308-16574-7

Ⅰ.①航… Ⅱ.①郑… ②邹… Ⅲ.①航空航天器—推进系统—燃烧过程—数值模拟 Ⅳ.①V43

中国版本图书馆 CIP 数据核字（2017）第 005396 号

航空宇航推进系统燃烧过程的数值模拟

郑　耀　邹建锋　著

责任编辑	金佩雯　　许佳颖
责任校对	郝　娇
封面设计	续设计
出版发行	浙江大学出版社
	（杭州市天目山路 148 号　邮政编码 310007）
	（网址：http://www.zjupress.com）
排　　版	浙江时代出版服务有限公司
印　　刷	浙江新华数码印务有限公司
开　　本	710mm×1000mm　1/16
印　　张	18
字　　数	306 千
版 印 次	2018 年 10 月第 1 版　2018 年 10 月第 1 次印刷
书　　号	ISBN 978-7-308-16574-7
定　　价	98.00 元